中国科协高端科技创新智库丛书

2049年中国科技与社会愿景

海洋科技与海洋资源

中国海洋学会　编著

中国科学技术出版社

·北　京·

图书在版编目（CIP）数据

海洋科技与海洋资源 / 中国海洋学会编著. —北京：中国科学技术出版社，2020.10

（2049 年中国科技与社会愿景）

ISBN 978-7-5046-8673-2

Ⅰ.①海… Ⅱ.①中… Ⅲ.①海洋开发－科学技术－研究－中国 ②海洋资源－研究－中国 Ⅳ.① P74

中国版本图书馆 CIP 数据核字（2020）第 083772 号

策划编辑　王晓义
责任编辑　王晓义
装帧设计　中文天地
责任校对　邓雪梅
责任印制　徐　飞

出　　版　中国科学技术出版社
发　　行　中国科学技术出版社有限公司发行部
地　　址　北京市海淀区中关村南大街16号
邮　　编　100081
发行电话　010-62173865
传　　真　010-62173081
网　　址　http://www.cspbooks.com.cn

开　　本　710mm×1000mm　1/16
字　　数　380千字
印　　张　23
版　　次　2020年10月第1版
印　　次　2020年10月第1次印刷
印　　刷　北京瑞禾彩色印刷有限公司
书　　号　ISBN 978-7-5046-8673-2 / P・206
定　　价　98.00元

2049年中国科技与社会愿景

策划组

策　划　罗　晖　苏小军　陈　光

执　行　周大亚　朱忠军　孙新平　齐志红　马晓琨
薛　静　徐　琳　张海波　侯米兰　马骁骁

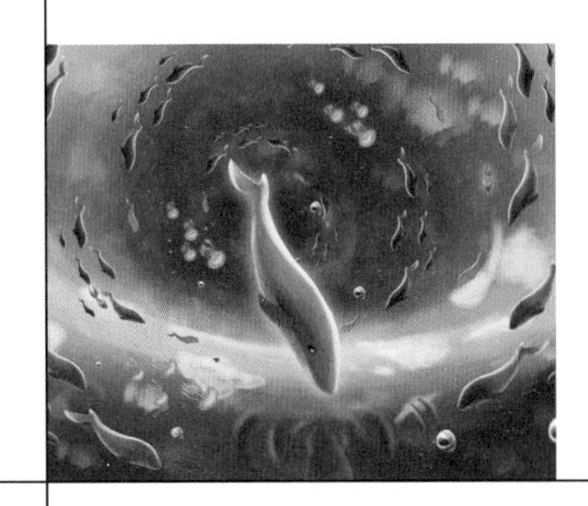

2049年中国科技与社会愿景
海洋科技与海洋资源

主　编　姜美洁

副主编　王宗灵　高建东　孟凡涛

编　辑　参与编写人员（按姓氏笔画排序）

丁剑玲　卜文瑞　王　炜　王　影
王守强　王岩峰　王萱喆　丰爱平
石丰登　石洪华　邢文秀　曲方圆
朱晓彤　刘大海　刘伟民　刘伊丹
刘海丹　齐　源　孙开明　孙承君
李培英　李淑云　李富超　杨红生
吴桑云　张朝晖　陈　颢　林学政
周　健　周　斌　周相君　赵　君
赵林林　徐兴永　黄　沛　温　泉
潘　诚

总 序

科技改变生活，科技创造未来。科技进步的根本特征就在于不断打破经济社会发展的既有均衡，给生产开拓无尽的空间，给生活带来无限便捷，并在这个基础上创造新的均衡。当今世界，新一轮科技革命和产业革命正在兴起，从后工业时代到智能时代的转变已经成为浩浩荡荡的世界潮流。以现代科技发展为基础的重大科学发现、技术发明及广泛应用，推动着世界范围内生产力、生产方式、生活方式和经济社会发生前所未有的变化。科学技术越来越深刻地给这个急剧变革的时代打上自己的烙印。

作为世界最大的发展中国家和世界第二大经济体，中国受科技革命的影响似乎更深刻、更广泛一些。科技创新的步伐越来越快，新技术的广泛应用不断创造新的奇迹，智能制造、互联网 +、新材料、3D 打印、大数据、云计算、物联网等新的科技产业形态令人目不暇接，让生产更有效率，让人们的生活更加便捷。

按照邓小平同志确定的我国经济社会发展三步走的战略目标，2049 年中华人民共和国成立 100 周年时我国将进入世界中等发达国家行列，建成社会主义现代化强国。这将是我们全面建成小康社会之后在民族复兴之路上攀上的又一个新的高峰，也是习近平总书记提出的实现中华民族伟大复兴中国梦的关键节点。为了实现这一宏伟目标，党中央始终坚持科学技术是第一生产力的科学论断，把科技创新作为国家发展的根本动力，全面实施创新驱动发展战略。特别是在中共十八届五中全会上，以习近平同志为总书记的党中央提出了创新、协调、绿色、开放、共享五大发展理念，强调创新是引领发展的第一动力，人才是支撑发展的第一资源，要把创新摆在国家发展全局的核心位置，以此引领中国跨越“中等收入陷阱”，进入发展新境界。

那么，科学技术将如何支撑和引领未来经济社会发展的方向？又会以何种方式改变中国人的生产生活图景？我们未来的生产生活将会呈现出怎样的面貌？为回答这样一些问题，中国科协调研宣传部于2011年启动“2049年的中国：科技与社会愿景展望”系列研究，旨在充分发挥学会、协会、研究会的组织优势、人才优势和专业优势，依靠专家智慧，科学、严谨地描绘出科技创造未来的生产生活全景，展望科技给未来生产生活带来的巨大变化，展现科技给未来中国带来的发展前景。

“2049年的中国：科技与社会愿景展望”项目是由中国科学技术协会学会服务中心负责组织实施的，得到全国学会、协会、研究会的积极响应。中国机械工程学会、中国可再生能源学会、中国人工智能学会、中国药学会、中国城市科学研究会、中国可持续发展研究会率先参与，动员260余名专家，多次集中讨论，对报告反复修改，经过将近3年的艰苦努力，终于完成了《制造技术与未来工厂》《生物技术与未来农业》《可再生能源与低碳社会》《生物医药与人类健康》《城市科学与未来城市》5 部报告。这 5 部报告科学描绘了绿色制造、现代农业、新能源、生物医药、智慧城市以及智慧生活等领域科学技术发展的最新趋势，深刻分析了这些领域最具代表性、可能给人类生产生活带来根本性变化的重大科学技术突破，展望了这样一些科技新突破可能给人类经济社会生活带来的重大影响，并在此基础上提出了推动相关技术发展的政策建议。尽管这样一些预见未必准确，所描绘的图景也未必能够全部实现，我们还是希望通过专家们的理智分析和美好展望鼓励科技界不断奋发前行，为政府提供决策参考，引导培育理性中道的社会心态，让公众了解科技进展、理解科技活动、支持科技发展。

研究与预测未来科学技术的发展及其对人类生活的影响是一项兼具挑战性与争议性的工作，难度很大。在这个过程中，专家们既要从总体上前瞻本领域科技未来发展的基本脉络、主要特点和展示形式，又要对未来社会中科技应用的各种情景做出深入解读与对策分析，并尽可能运用情景分析法把科技发展可能带给人们的美好生活具象地显示出来，其复杂与艰难程度可想而知。尽管如此，站在过去与未来的历史交汇点，我们还是有责任对未来的科技发展及其社会经济影响做出前瞻性思考，并以此为基础科学回答经济建设和科技发展提出的新问题、新挑战。基于这种考虑，“2049 年的中国：科技与社会愿景展望”项目还将继续做下去，还将不断拓展预见研究的学科领域，陆续推出新的研究成果，以此进一步凝聚社会各界对科技、对未来生活的美好共识，促进社会对科技活动的理解和支持，把创新驱动发展战略更加深入具体地贯彻落实下去。

最后，衷心感谢各相关全国学会、协会、研究会对这项工作的高度重视和热烈响应，感谢参与课题的各位专家认真负责而又倾心的投入，感谢各有关方面工作人员的协同努力。由于这样那样的原因，这项工作不可避免地会存在诸多不足和瑕疵，真诚欢迎读者批评指正。

中国科协书记处书记 王春法

出版者注：鉴于一些熟知的原因，本研究暂未包括中国香港、澳门、台湾的内容，请读者谅解。

前言

21世纪是海洋的世纪。中共十八大提出了“提高海洋资源开发能力，发展海洋经济，保护海洋生态环境，坚决维护国家海洋权益，建设海洋强国”的国家战略。

中国是一个发展中的海洋大国，有着18000千米的大陆岸线和300万千米^{2}的主张管辖海域，具有丰富的海洋资源和能源。在国际海底区域的资源和能源更是不可估量，随着陆地资源的日趋枯竭，人类的生存和发展将越来越多地依赖海洋。同时，伴随新科技革命和新科学技术带来的重大发现、发明及其广泛的应用，海洋新资源和能源被发现，传统海洋资源的利用将更加有效，对海洋资源和能源的开发利用将进入一个新时期。

2049年是中华人民共和国成立100周年，也是中国进入世界中等发达国家行列宏伟目标的实现之年。海洋资源开发利用将为“中华民族伟大复兴”这一中国梦的实现起到不可或缺的支撑作用。

那么，海洋科技发展和资源利用将如何支撑和引领社会的发展，又将如何改变我们的生产生活？随着海洋科技的发展和海洋新资源能源的利用，人们未来的生产生活又将呈现出怎样的面貌？

基于此，中国科学技术协会于2014年启动了“2049年的中国海洋资源与利用社会愿景展望”研究，通过中国及世界对海洋资源开发与利用发展的历史、现状、趋势的分析，探索中华人民共和国成立100周年时，海洋科技发展状况及其如何促进海洋资源利用、支撑社会发展，展望海洋资源开发与利用技术发展给未来生活带来的影响，以激发全社会对海洋资源开发利用及科技发展的关注和参与热情，特别是激发青少年对依靠科技实现未来美好生活的向往。

本书共分为五章。第一章，认识地球上的蓝色空间：海洋。本章主要从全球海洋和中国海洋的自然地理、世界对海洋的利用、中国对海洋的利用和海洋文化、中国海洋开发与经济发展等方面介绍海洋的相关知识。第二章，海洋科技与资源利用助推强国梦。本章内容包括海洋科技发展与资源利用的社会期望、对经济社会发展进程的影响、海洋科技发展方向与创新及其对海洋资源利用的促进等。第三章，面向2049年的海洋资源利用。本章首先介绍了海洋资源类型，然后分别介绍了海洋生物资源、海水淡化、海洋能源、海水化学资源、海底矿产资源、海洋工程技术与装备、海洋观测网等发展现状、发展趋势和未来技术。第四章，未来海洋生活。本章包括海洋科技发展改变未来生活、人们对未来海洋生活的畅想、未来海洋社会特征，并据此设计了海上城市、海底城市、海底工厂等未来生活与工作情景。第五章，构建实现蓝色梦想的支撑体系和政策环境。本章从构建适应海洋科技向创新引领型转变的支撑体系和政策环境两方面，提出了实现2049年海洋生活改变蓝色梦想的政策建议。

虽然人类的生命活动和生产、生活一直没有离开海洋，但目前我们对海洋还是知之甚少，甚至少于对太空的了解。我们对深海还几乎一无所知，甚至近海也了解得甚少，海洋科技发展远不能满足人类对海洋利用的需求，海洋可再生能源、深海资源的利用还刚刚起步。随着科技的快速发展，人类对海洋的认识和了解将不断加深，海洋开发利用能力将逐渐加强，海洋不仅将为人类提供丰富的食品、资源和能源，而且将在不远的未来改变我们的生活方式。

目　录

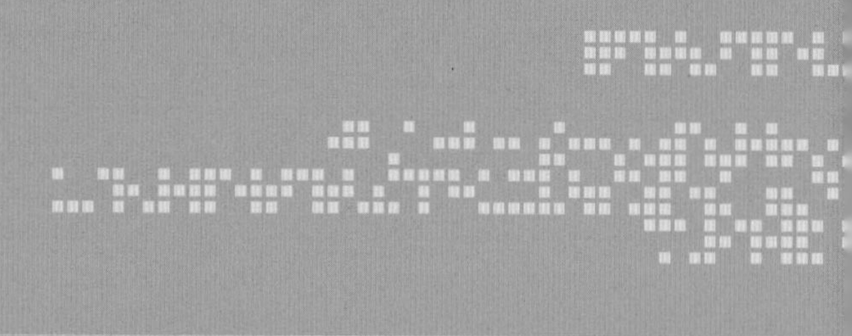

第一章
认识地球上的蓝色空间：海洋

“将我们这个星球称之为地球是多么得不合适，确切地应当称之为水球。”

—— 亚瑟·克拉克

>>>

第一节 地球上的海洋

海洋是地球系统的重要组成部分。在太阳系中，除了地球，尚未发现其他星球上有海洋。

一、海洋的自然地理

1 地表海陆分布

地球表面总面积约 5.1×10^8 千米^2，分属于陆地和海洋。如以大地水准面为基准，陆地面积为 1.49×10^8 千米^2，占地表总面积的 29.2%；海洋面积为 3.61×10^8 千米^2，占地表总面积的 70.8%。海陆面积之比为 2.5∶1，可见地表大部分为海水所覆盖（图 1–1）。

图 1–1 地球上的海洋和陆地

地球上的海洋是相互连通的，构成统一的世界海洋；而陆地是相互分离的，故没有统一的世界大陆。在地球表面，是海洋包围、分割所有的陆地，而不是陆地分割海洋。

地表海陆分布极不均衡。陆地总面积的 67.5% 分布在北半球，32.5% 分布在南半球。北半球海洋和陆地的比例分别为 60.7% 和 39.3%，南半球海陆比例分别是 80.9% 和 19.1%。如果以经度 0°、北纬 38° 点和经度 180°、南纬 47° 点为两极，把地球分为两个半球，海陆面积的对比达到最大，两者分别称“陆半球”和“水半球”。陆半球的中心位于西班牙东南沿海，陆地占 47%，海洋占 53%。这个半球集中了全球陆地的 81%，是陆地在一个半球内最大的集中。水半球的中心位于新西兰的东北沿海，海洋占 89%，陆地占 11%。这个半球集中了全球海洋的 63%，是海洋在一个半球的最大集中。这就是它们分别称为陆半球和水半球的原因。但必须说明，即使在陆半球，海洋面积仍然大于陆地面积。陆半球的特点，不在于它的陆地面积大于海洋（没有一个半球是这样），而在于陆地面积超过任何其他划分下的一个半球。水半球的特点，也不在于它的海洋面积大于陆地（任何一个半球都是如此），而在于海洋面积比任何划分下的其他半球都大。

地球表面是凹凸不平的，我们可以用海陆起伏曲线（图 1–2）表示陆地各高度

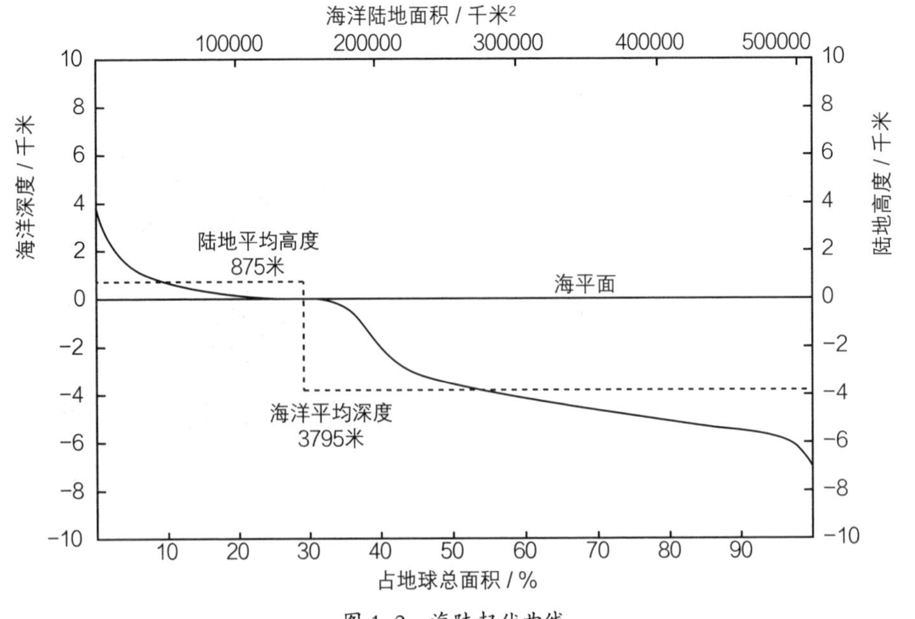

图 1–2　海陆起伏曲线

带和海洋各深度带在地表的分布面积和所占比例。地球上的海洋，不仅面积超过陆地，而且深度也超过了陆地的高度。深度大于 3000 米的海洋占海洋总面积的 75%，而高度不足 1000 米的陆地占陆地总面积的 71%。海洋的平均深度为 3795 米，而陆地的平均高度却只有 875 米，两者形成强烈对比（4.26∶1）。如果将高低起伏的地表削平，则地球表面将会被约 2646 米厚的海水均匀覆盖。

2 海洋的划分

地球上互相连通的广阔水域构成统一的世界海洋。根据海洋要素特点及形态特征，可分为主要部分和附属部分。其主要部分为洋，附属部分为海、海湾和海峡。

（1）洋

洋或称大洋，是海洋的主体部分，一般远离大陆，面积广阔，占海洋总面积的 90.3%；深度大，一般大于 2000 米。大洋要素，如盐度、温度等，不受大陆影响，盐度平均为 35‰，且年变化小；具有独立的潮汐系统和强大的洋流系统。

世界大洋通常被分为四大部分，即太平洋、大西洋、印度洋和北冰洋。各大洋的面积、容积和深度如表 1–1 所示。太平洋、大西洋和印度洋靠近南极洲的那一片水域，在海洋学上具有特殊意义。它具有自成体系的环流系统和独特的水团结构，既是世界大洋底层水团的主要形成区，又对大洋环流起着重要作用。因此，从海洋学（而不是从地理学）的角度，一般把三大洋在南极洲附近连成一片的水域称为南大洋或南极海域。联合国教育、科学及文化组织（简称联合国教科文组织，UNESCO）下属的政府间海洋学委员会（IOC）在 1970 年的会议上，将南大洋定义为：“从南极大陆到南纬 40° 为止的海域，或从南极大陆起，到亚热带辐合线明显时的连续海域。”

表1-1 世界各大洋的面积、容积和深度

名称	含附属海						不含附属海					
	面积		容积		深度/米		面积		容积		深度/米	
	10^6千米^2	%	10^6千米^3	%	平均	最大	10^6千米^2	%	10^6千米^3	%	平均	最大
太平洋	179.679	49.8	723.699	52.8	4028	11034	165.246	45.8	707.555	51.6	4282	11034
大西洋	93.363	25.9	337.699	24.6	3627	9218	82.422	22.8	323.613	23.6	3925	9218
印度洋	74.917	20.7	291.945	21.3	3897	7450	73.443	20.3	291.030	21.3	3963	7450
北冰洋	13.100	3.6	16.980	1.3	1296	5449	5.030	1.4	10.970	0.8	2179	5449
世界海洋	467.059	100	1476.323	100	3795	11034	432.141	90.3	1439.168	97.3	3795	11034

资料来源：①中国地图出版社，世界地图集，1995；② Readers Digest Atlas of the World，1991。

1）太平洋

太平洋位于亚洲、大洋洲、北美洲、南美洲和南极洲之间，北部以白令海峡与北冰洋相接；东部以通过南美洲最南端合恩角的经线（68° W）与大西洋分界；西部以经过塔斯马尼亚岛的经线（146° 51′ E）与印度洋分界。太平洋是四个大洋中面积最大、最深的，面积为179.679×10^6千米^2。太平洋的最大宽度达到1.99×10^4千米，南北最大长度为1.59×10^4千米，平均深度为4028米。全球最深的地方——马里亚纳海沟位于太平洋，深度达到11034米。

太平洋海域蕴藏有非常丰富的海洋矿产资源、海洋生物资源、海水化学资源和海洋动力资源。

矿产资源方面，除了我们常见的石油、天然气等，近年来，人们在太平洋深海区逐渐发现了几种自生沉积矿床，如锰结核、磷钙石结核、重晶石结核等。太平洋底的锰结核分布最为广泛，从北美洲及南美洲岸外的深水区开始，横跨整个太平洋。在北太平洋的夏威夷群岛附近，是世界各大洋中锰结核最为富集的海域。据测算，太平洋蕴藏的锰结核储量约占世界大洋的一半。

太平洋的生物是世界各大洋中最为丰富的，生物量超过世界大洋的50%。其中，单细胞藻类有1300多种，大洋底部的植被有4000多种，还有世界上最大的海藻。太平洋的动物种类为其他大洋的3～4倍，仅印度尼西亚群岛附近就有2000

多种鱼类。太平洋沿岸渔场广布，主要渔区在西北部和东南部。西北部渔区包括中国的台湾海峡、东海、黄海，以及日本海、鄂霍茨克海和白令海的一部分。

太平洋水体体积约 7×10^8 千米^3，占世界大洋总水量的一半。海洋中拥有丰富的海水化学资源和强大动力资源。海水中存在着多种化学元素和化合物，成分复杂。目前有 4 种元素被大量提取，即以食盐形式出现的钠、氯、溴及镁和一些镁的化合物。

大洋拥有取之不尽的动力资源。主要动力资源有潮汐、洋流和波浪。太平洋潮汐多为不规则的半日潮，潮差 2 ~ 5 米，最大潮差在鄂霍茨克海的舍列霍夫湾，可达 12.9 米。人类可以利用潮汐涨落具有的能量发电，但这种能量在远海不如狭窄的浅海、港湾、海峡可观。

2）大西洋

大西洋位于南、北美洲与欧洲、非洲之间，南接南极洲，还通过地中海和黑海与亚洲濒临。大西洋以德雷克海峡与太平洋相接，与印度洋的分界是经过非洲厄加勒斯角的经线，与北冰洋的分界是从斯堪的纳维亚半岛的诺尔辰角经冰岛、过丹麦海峡至格陵兰岛南端的连线。大西洋面积为 93.363×10^6 千米^2，是世界第二大洋。大西洋的平均深度为 3627 米，最大深度为 9218 米。大西洋呈“S”状南北延伸。大西洋海岸线南北相差很大：南部海岸线平直，北部海岸线则相对曲折。大西洋的内海和海湾主要集中在北部海岸，如地中海、黑海、北海、波罗的海、墨西哥湾、加勒比海等。大西洋中比较著名的海峡有英吉利海峡、直布罗陀海峡、伊斯坦布尔海峡等，群岛和岛屿则主要有大不列颠群岛、巴哈马群岛、百慕大群岛、爱尔兰岛、冰岛、纽芬兰岛等。

大西洋有着丰富的矿产资源，其中最为主要的是石油、天然气、铁、锰结核等。在大西洋的大陆架上蕴藏有丰富的海底石油和天然气资源，其中以墨西哥湾和北海中部最具代表性。在纽芬兰东海岸外侧，蕴藏有丰富的铁矿资源，估计储量超过 4×10^9 吨。此外，法国诺曼底半岛海岸外和芬兰湾中也发现有海底铁矿。大西洋锰结核主要分布在北美海盆和阿根廷海盆的底部。除此之外，在波罗的海、北海、黑海等较浅海底亦有锰结核分布。

大西洋海域的生物资源也异常丰富，尤其是鱼类的捕获量，年平均超 25×10^6 吨，占世界海洋捕鱼总量的40%。大西洋的主要渔场有冰岛及法罗群岛周围、挪威海东部的罗弗敦群岛周围、纽芬兰岛东南的大浅滩等。

3）印度洋

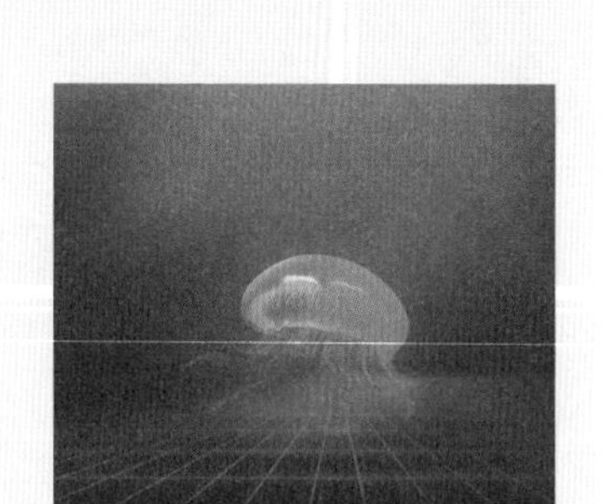

印度洋位于亚洲、非洲、南极洲和澳大利亚大陆之间，与大西洋的分界是经过非洲南端阿古拉斯角的经线（20° E），东南以塔斯马尼亚岛和南极洲之间的 146° 51′ E 经线与太平洋分界，在红海通过苏伊士运河与大西洋的地中海相接。印度洋是世界第三大洋，面积达 74.917×10^6 千米 ^{2}，占世界海洋总面积的 20.7%。印度洋的平均深度为 3897 米，最大深度为 7450 米。印度洋的东、西、南三面的海岸线相对较为平直，内海和边缘海较少。在印度洋的北部，海岸线曲折，构成了众多的边缘海、内海、海湾和海峡，主要有红海、阿拉伯海、安达曼海、亚丁湾、波斯湾、孟加拉湾、曼德海峡、霍尔木兹海峡、马六甲海峡等。

印度洋的矿产资源主要有石油、天然气、锰结核、磷灰石等。印度洋的波斯湾盛产石油和天然气，储量和产量都居世界前列。据估计，波斯湾海底石油储量为 12×10^{9} 吨，天然气储量达 7.1×10^{11} 米 ^{3}。印度洋的锰结核通常分布在深 4000 ~ 5000 米的深海盆地内，其中南澳海盆、西澳海盆和中印度洋海盆的储量较大。印度洋的磷灰石矿床主要发现在非洲南端的阿古拉斯海台。

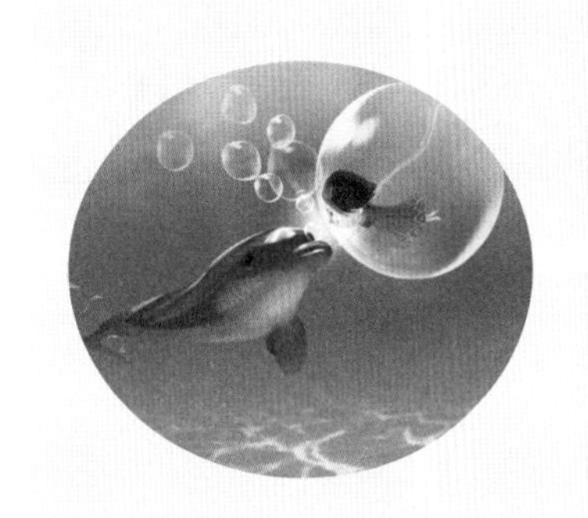

印度洋的生物资源相对其他大洋并不是很丰富，捕捞量也较少。在印度洋南部的亚寒带和寒带水域分布有丰富的浮游生物。

4）北冰洋

北冰洋位于地球最北端，大致以北极为中心，被亚欧大陆和美洲大陆环抱。北冰洋通过白令海峡与太平洋相连。北冰洋是世界最小的大洋，面积约为 14.75×10^{6} 千米 ^{2}，约为太平洋面积的 1/12。北冰洋也是世界上最浅的大洋，平均深度仅 1097 米，最深处 5527 米。北冰洋海岸线曲折，有大量岛屿，并且有很多浅而宽阔的边缘海。在亚欧大陆北侧，分布有巴伦支海、喀拉海、拉普帖夫海、东西伯利亚海和楚科奇海等。北美洲沿岸的西部有波弗特海。格陵兰岛东部依次为格陵兰海和挪威海。以上各边缘海多数大陆架宽阔，海上除夏季 1 ~ 2 个月有浮冰漂浮，其余时间多为岸冰所封冻。

北冰洋海域内蕴藏的矿产资源相当丰富。在巴伦支海、波弗特海等海区发现有石油和天然气。其中，加拿大北部沿海，石油储量预计有 10×10^{9} 吨。在北冰洋海底也发现有锰结核蕴藏，主要在巴伦支海和喀拉海等海区的海底。

由于北冰洋气温较低，大部分海域常年被海冰覆盖，阻碍了浮游生物的大量繁殖，而浮游生物数量直接关系到以此为饵料的鱼类种类和数量。因此，北冰洋海域内的生物数量远少于其他大洋。不过，对寒冷气候较为适应的哺乳动物如海象、海豹、北极熊等在北冰洋海域内广泛分布。

(2) 海和海湾

海是海洋的边缘部分。据国际水道测量局的材料，全世界共有 54 个海，面积只占世界海洋总面积的 9.7%。海的深度较浅，平均深度不超过 2000 米。温度和盐度等海洋水文要素受大陆影响很大，并有明显的季节变化。水色低，透明度小，没有独立的潮汐和洋流系统。潮波多系由大洋传入，但涨落往往比大洋显著。海流有自己的环流形式。

按照海所处的位置可分为陆间海、内海和边缘海。陆间海指位于大陆之间的海，面积较大且有深度，如地中海和加勒比海。内海是伸入大陆内部的海，面积较小，水文特征受周围大陆的强烈影响，如渤海和波罗的海等。陆间海和内海一般有狭窄的水道与大洋相通，物理性质和化学成分与大洋有明显差别。边缘海位于大陆边缘，以半岛、岛屿或群岛与大洋分隔，但水流交换通畅，如东海、日本海等。

海湾是洋或海延伸进大陆且深度逐渐减小的水域，一般以入口处海角之间的连线或入口处的等深线作为与洋或海的分界。海湾中的海水可以与毗邻的海洋自由沟通，故海洋状况与邻接海洋很相似，但在海湾中常出现最大潮差，如我国杭州湾最大潮差可达 8.9 米。

需要指出的是，由于历史上形成的习惯叫法，有些海和海湾的名称被混淆了，有的海叫成了湾，如波斯湾、墨西哥湾等；有的湾则被称作海，如阿拉伯海等。世界主要的海和海湾如表 1-2 所示。其中，面积最大、最深的海是珊瑚海。

表 1-2 世界主要的海和海湾

洋	海或海湾	面积 /10^4 千米^2	容积 /10^4 千米^3	深度 / 米	
				平 均	最 大
太平洋	白令海	230.4	368.3	1598	4115
	鄂霍茨克海	159.0	136.5	777	3372
	日本海	101.0	171.3	1752	4036
	黄海	40.0	1.7	44	140
	东海	77.0	285.0	370	2717
	南海	360.0	424.2	1212	5517
	爪哇海	48.0	22.0	45	100
	苏禄海	34.8	55.3	1591	5119
	苏拉威西海	43.5	158.6	3645	8547
	班达海	69.5	212.9	3064	7260
	珊瑚海	479.1	1147.0	2394	9140
	塔斯曼海	230.0			5943
	阿拉斯加湾	132.7	322.6	2431	5659
	加利福尼亚湾	17.7	14.5	818	3127
印度洋	红海	45.0	25.1	558	2514
	阿拉伯海	386.0	1007.0	2734	5203
	安达曼海	60.2	66.0	1096	4189
	帝汶海	61.5	25.0	406	3310
	阿拉弗拉海	103.7	20.4	197	3680
	波斯湾	24.1		40	102
	大澳大利亚湾	48.4	45.9	950	5080
	孟加拉湾	217.2	561.6	258	5258
大西洋	波罗的海	42.0	3.3	86	459
	北海	57.0	5.2	96	433
	地中海	250.0	375.4	1498	5092
	黑海	42.3	53.7	1271	2245
	加勒比海	275.4	686.0	2491	7680
	墨西哥湾	154.3	233.2	1512	4023
	比斯开湾	19.4	33.2	1715	5311
	几内亚湾	153.3	459.2	2996	6363

续表

洋	海或海湾	面积 /10^4 千米^2	容积 /10^4 千米^3	深度 / 米	
				平　均	最　大
北冰洋	格陵兰海	120.5	174.0	1444	4846
	楚科奇海	58.2	5.1	88	160
	东西伯利亚海	90.1	5.3	58	155
	拉普帖夫海	65.0	33.8	519	3385
	喀拉海	88.3	10.4	127	620
	巴伦支海	140.5	32.2	229	600
	挪威海	138.3	240.8	1742	3970

资料来源：1. 中国地图出版社，世界地图集，1995；2. Readers Digest Atlas of the World，1991。

(3) 海峡

海峡是两端连接海洋的狭窄水道。海峡最主要的特征是流急，特别是潮流速度大。海流有的上下分层流入流出，如直布罗陀海峡等；有的分左右侧流入或流出，如渤海海峡等。由于海峡往往受不同海区水团和环流的影响，故海洋状况通常比较复杂。

3 海水的起源与演化

海水的形成与地球物质整体演化作用有关。一般认为，海水是地球内部物质排气作用的产物，即水汽和其他气体是通过岩浆活动和火山作用不断从地球内部排出的。现代火山排出的气体中，水汽往往超过 75%。据此推测，地球原始物质中水的含量应当较高。在地球的早期，火山作用排出的水汽凝结为液态水，积聚成原始海洋。还有些火山喷发的气体溶解于水，从而转移到原始海洋中。而另一些不溶或微溶于水的气体则组成了原始大气圈。

在漫长的地球演化过程中，海水因地球排气作用而不断累积和增长。最初的原始海洋体积可能有限，深海大洋的形成也要晚些。根据对海洋动物群种属的多样性分析，至少在寒武纪以前就出现了深海大洋。

海水的化学成分，一是来源于大气圈中或火山排出的可溶性气体，如 CO_2、NH_3、Cl_2、H_2S、SO_2 等。这些气体形成的是酸性水；二是来自陆上和海底遭受侵蚀破坏的岩石。受蚀破坏的岩石为海洋提供了钠、镁、钾、钙、锂等阳离子。目前，海水中阴离子的含量，如 Cl^-、F^-、SO_4^{2-}、HCO_3^- 等远远超过从岩石中析出的数量。因此，海水中盐类的阴离子主要是火山排气作用的产物。而阳离子则由被侵蚀破坏的岩石产生，其中有很大部分是通过河流输入海洋的。另外，受蚀的岩石也为海洋提供了部分可溶性盐。

前寒武纪晚期以来，尽管地球上的海水量继续增加，特别是各种元素和化合物从陆地或通过火山活动源源不断地输入海洋，然而，海洋生物调节着海水的成分，促使碳酸盐、二氧化硅和磷酸盐等沉淀下来——硫酸盐、氯化物的含量相对增加，钙、镁、铁等大量沉淀，钠则明显富集。于是，海水的成分逐渐演变而与现代海水成分相近。根据对动物化石的研究，在显生宙期间，海水的盐度变化不大。这说明，由于海洋生物的调节作用，世界大洋海水的成分自古生代以来已处于某种平衡状态中。

总之，大洋海水的体积和盐分的显著变化发生在前寒武纪的漫长地球演变历史时期，自古生代（距今约 6×10^8 年）以来，大洋水的体积和盐度已大体与现代相近。

4 海底的地貌形态

(1) 海岸带

世界海岸线全长约 44×10^4 千米，它是陆地和海洋的分界线。由于潮位变化和风引起的增水—减水作用，海岸线是变动的：水位升高便被淹没，水位降低便露出的狭长地带即是海岸带。目前，世界上约有 2/3 的人口居住在狭长的沿海地带。海岸带的地貌形态及其变化对人类的生活和经济活动具有重大意义。

海岸带是海陆交互作用的地带。海岸地貌是在波浪、潮汐、海流等作用下形成的。现代海岸带一般包括海岸、海滩和水下岸坡三部分（图 1–3）。海岸是高潮线以上狭窄的陆上地带，大部分时间裸露于海水面之上，仅在特大高潮或暴风浪时才被淹没，又称潮上带。海滩是高低潮之间的地带，高潮时被水淹没，低潮时露出水面，又称潮间带。水下岸坡是低潮线以下直到波浪作用所能到达的海底部分，又称潮下带。水下岸坡的下限相当于 1/2 波长的水深处，通常为 10 ~ 20 米。

海岸发育过程受多种因素影响，交叉作用十分复杂，故海岸形态也错综复杂，国内外至今没有统一的海岸分类标准。《全国海岸带和海涂资源综合调查简明规程》将我国海岸分为河口岸、基岩岸、砂砾质岸、淤泥质岸、珊瑚礁岸和红树林岸 6 种基本类型。

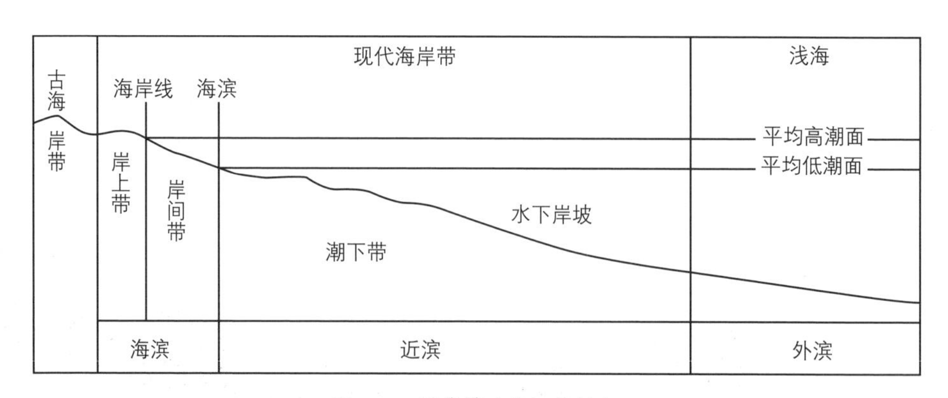

图 1–3　海岸带及其组成部分

(2) 大陆边缘

大陆边缘是大陆与大洋之间的过渡带，按构造活动性分为稳定型和活动型两大类。

1）稳定型大陆边缘

稳定型大陆边缘没有活火山，也极少有地震活动，反映了近代时期在构造上是稳定的。此型以大西洋两侧的美洲和欧洲、非洲大陆边缘比较典型，故也称大西洋型大陆边缘，此外也广泛出现在印度洋和北冰洋周围。稳定型大陆边缘由大陆架、大陆坡和大陆隆 3 部分组成（图 1–4）。

大陆架简称陆架，亦称大陆浅滩或陆棚。根据 1958 年国际海洋法会议通过的《大陆架公约》，将大陆架定义为“邻接海岸但在领海范围以外深度达 200 米或超过此限度而上覆水域的深度容许开采其自然资源的海底区域的海床和底土”，以及“邻近岛屿与海岸的类似海底区域的海床与底土”。依自然科学的观点，大陆架则是大陆周围被海水淹没的浅水地带，是大陆向海洋底的自然延伸，范围是从低潮线起以极其平缓的坡度延伸到坡度突然变大的地方为止。坡度陡然增加的地方称为陆架坡折或陆架外缘，因此陆架外缘线不是某一特定深度。大陆架最显著的特点是坡度平缓，平均坡度只有 007′，内侧比外侧更缓。大陆架的宽度与深度变化较大，如北冰洋陆架宽度可超过 1000 千米；深度取决于陆架坡折处的深度，如北冰洋的西伯利亚和阿拉斯加陆架宽超过 700 千米，外缘深度不足 75 米，但东面的加拿大岸外陆架宽约 200 千米，陆架外缘深度却超过 500 米。东海大陆架是世界较宽的大陆架之一，最大宽度为 500 千米以上，其外缘深度为 130 ~ 150 米。在漫长的地

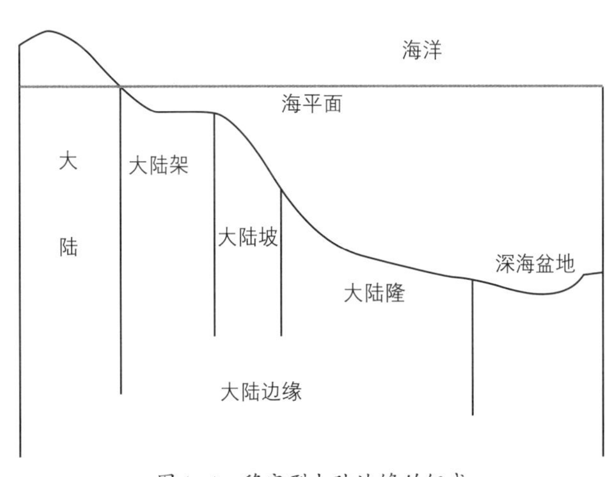

图 1–4 稳定型大陆边缘的组成

质时期中，大陆架曾屡经沧桑，如第四纪冰期的末次亚冰期，全球海平面平均下降130米左右。冰后期气候转暖，海平面又逐渐回升，距今约6000年时，海平面与现代接近。海平面下降时大陆架成为陆地，海平面上升时成为海底。现代大陆架是经过陆上和海洋各种地质营力交替作用的地区，并留下这些作用产生的地貌形态。大陆架表面常见的地形主要包括：①沉没的海岸阶地；②中一低纬地带沉溺的河谷和高纬地带沉溺的冰川谷；③海底平坦面，如大西洋陆架上可划分出6～9级海底平坦面；④水下沙丘、丘状起伏和冰碛滩等微地貌形态。

大陆坡是一个分开大陆和大洋的全球性巨大斜坡，上限是大陆架外缘（陆架坡折），下限水深变化较大。大陆坡的坡度一般较陡，但不同海区差别很大，谢泼德（Sherpard，1973）计算的世界大陆坡的平均坡度为4°17′。大陆坡一般宽度大、坡度小，如大西洋为3°05′、印度洋为2°55′，坡度均小于世界平均值。全球陆坡最陡的海域却分布在稳定型陆缘，如斯里兰卡岸外陆坡达35°～45°。多数大陆坡的表面崎岖不平，发育有复杂的次一级地貌形态，最主要的是海底峡谷和深海平坦面。海底峡谷是陆坡上一种奇特的侵蚀地形。它形如深邃的凹槽切蚀于大陆坡上，横剖面通常为“V”形，下切深度数百甚至上千米，谷壁最陡超过40°，与陆上河谷极为相似。关于海底峡谷的成因目前还有争论，多数人认为是由于浊流侵蚀作用所致。它是把陆源物质从陆架输送到坡麓及深海区的重要通道。深海平坦面是大陆坡表面坡度接近水平（<0°30′）的面，宽数百米至数千米，长数十千米。大西洋大陆坡上可识别出3个较大的平坦面，水深分别是550米、1650米和2950米，呈阶梯分布，成因可能是陆坡发育过程中岩性差异侵蚀或夷平面断陷所致。

大陆隆又叫大陆裾或大陆基，是自大陆坡坡麓缓缓倾向洋底的扇形地，位于水深2000～5000米处。它跨越陆坡坡麓和大洋底，是由沉积物堆积而成的沉积体。大陆隆表面坡度平缓，沉积物厚度巨大，常以深海扇的形式出现。大陆隆的巨厚沉积是在贫氧的底层水中堆积的，富含有机质，具备生成油气的条件。地震探查证实其中富含砂层的大陆隆很可能是海底油气资源的远景区。

2）活动型大陆边缘

活动型大陆边缘与现代板块的汇聚型边界相一致，是全球最强烈的构造活动带，集中分布在太平洋东西两侧，故又称太平洋型大陆边缘。太平洋型大陆边缘的最大特征是具有强烈而频繁的地震（释放的能量占全世界的80%）和火山（活火山占全世界80%以上）活动，有环太平洋地震带和太平洋火环之称。

太平洋型大陆边缘又可进一步分为岛弧亚型和安第斯亚型两类。两者都以深邃的海沟与大洋底分界（图1–5）。海沟是由于板块的俯冲作用而形成的深水（大于6000米）狭长洼地，往往作为俯冲带的标志。海沟长数百至数千千米，宽数千米至数十千米，横剖面呈不对称的“V”形，一般是陆侧坡陡而洋侧坡缓。全球已识别出海沟20多条，绝大多数分布在太平洋周缘，其中深度超过万米的6条海沟也全部在太平洋（表1–3）。

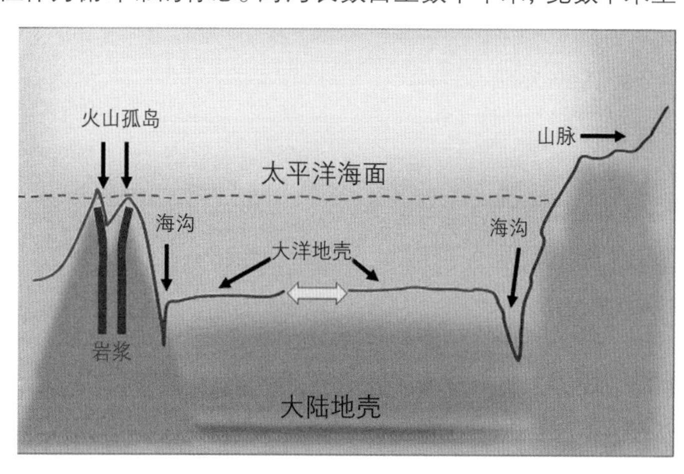

图1–5 活动型大陆边缘

岛弧亚型大陆边缘主要分布在西太平洋，组成单元除大陆架和大陆坡外一般缺失大陆隆，以发育海沟—岛弧—边缘海盆地为最大特点。这类大陆边缘的岛屿在平面分布上多呈弧形凸向洋侧，故称岛弧，大都与海沟相伴存在。在岛弧与大陆之间，以及岛弧与岛弧之间的海域称为边缘海。其中的深水盆地往往具有洋壳结构，深达数千米，因位于岛弧后方（即陆侧），又叫弧后盆地。海沟、岛弧和弧后盆地具有成生联系，从而构成沟—弧—盆体系。

安第斯亚型大陆边缘分布在太平洋东侧的中美—南美洲陆缘，高大陡峭的安第斯山脉直落深邃的秘鲁—智利海沟，大陆架和大陆坡都较狭窄，大陆隆被深海沟取代，形成全球高差（15千米以上）最悬殊的地带。

表 1-3　全球沟—弧体系

海沟名称	最大水深 / 米	最深部的位置	海沟长度 / 千米	平均宽度 / 千米	毗邻岛弧或山弧
		太平洋			
千岛—堪察加海沟	10542	44° 15′ N, 150° 34′ E	2200	120	千岛群岛
日本海沟	8412	36° 04′ N, 142° 41′ E	800	100	日本群岛
伊豆—小笠原海沟	10554	29° 06′ N, 142° 54′ E	850	90	伊豆—小笠原群岛
马利亚纳海沟	10920	11° 21′ N, 142° 12′ E	2550	70	马利亚纳群岛
雅浦（西加罗林）海沟	8527	8° 33′ N, 138° 03′ E	700	40	西加罗林群岛
帛琉海沟	8138	7° 42′ N, 135° 05′ E	4000	40	帛琉群岛
琉球海沟	7881	26° 20′ N, 129° 40′ E	1350	60	琉球群岛
菲律宾（棉兰老）海沟	10497	10° 25′ N, 126° 40′ E	1400	60	菲律宾群岛
西美拉尼西亚海沟	6534		1100	60	美拉尼西亚群岛
东美拉尼西亚（勇士）海沟	6150	10° 27′ S, 170° 17′ E	550	60	美拉尼西亚群岛
新不列颠海沟	8320	5° 52′ S, 152° 21′ E	750	40	新不列颠群岛
布干维尔（北所罗门）海沟	9140	6° 35′ S, 153° 56′ E	500	50	北所罗门群岛
圣克里斯特瓦尔（南所罗门）海沟	8310		800	40	南所罗门群岛
北赫布里底（托里斯）海沟	9165		500	70	北赫布里底群岛
南赫布里底海沟	7570	20° 37′ S, 168° 37′ W	1200	50	南赫布里底群岛
汤加海沟	10882	23° 15′ S, 174° 45′ W	1400	55	汤加群岛
克马德克海沟	10047	31° 53′ S, 177° 21′ W	1500	60	克马德克群岛

续表

海沟名称	最大水深／米	最深部的位置	海沟长度／千米	平均宽度／千米	毗邻岛弧或山弧
阿留申海沟	7822	51° 13′ N，174° 48′ W	3700	50	阿留申群岛
中美（危地马拉、阿卡普尔科）海沟	6662	14° 02′ N，93° 39′ W	2800	40	中美马德雷山脉
秘鲁海沟	6262		1800	100	安第斯山脉
智利（阿塔卡马）海沟	8064	23° 18′ N，71° 21′ W	3400	100	安第斯山脉
大西洋					
波多黎各海沟	8385	19° 38′ N，66° 69′ W	1500	120	大安的列斯群岛
南桑德韦奇海沟	8264	55° 07′ N，26° 47′ W	1450	90	南桑德韦奇群岛
印度洋					
爪哇（印度尼西亚）海沟	7450	10° 20′ S，110° 10′ E	4500	80	印度尼西亚群岛

注：①括号里的名称是别称或曾用过的名称。②据《海洋测绘》（1996 年第 4 期），世界最深的马利亚纳海沟为 10920±10 米。此前最大通用深度 11034 米

(3) 大洋底

位于大陆边缘之间的大洋底是大洋的主体，由大洋中脊和大洋盆地两大单元构成。

1) 大洋中脊

大洋中脊又称中央海岭，是指贯穿世界四大洋、成因相同、特征相似的海底山脉系列。它全长 6.5×10^4 千米，顶部水深在 2 ~ 3 千米，高出盆底 1 ~ 3 千米，有的露出海面成为岛屿，宽数百至数千千米不等，面积占洋底面积的 32.8%，是世界上规模最巨大的环球山系（图 1–6）。

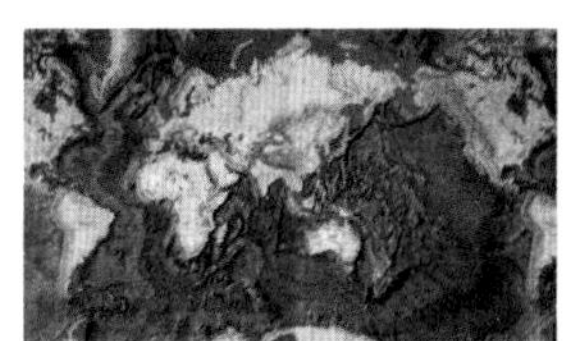

图 1–6 大洋中脊体系［据 Ross D. A. Introduction to Oceanography.（2nd ed.）Prentice–Hall International Inc.，1977］

大洋中脊体系在各大洋的展布各具特点（图 1–6）。在大西洋，中脊位居中央，延伸方向与两岸平行，边坡较

陆，称为大西洋中脊；印度洋中脊也大致位于大洋中部，但歧分三支，呈“入”字形展布；在太平洋内，因中脊偏居东侧且边坡平缓，故称东太平洋海隆。

大洋中脊的北端在各大洋分别延伸上陆，如印度洋中脊北支延展进入亚丁湾、红海，并与东非大裂谷和西亚死海裂谷相通；东太平洋海隆北端通过加利福尼亚湾后潜没于北美大陆西部；大西洋中脊北支伸入北冰洋的部分成为北冰洋中脊，在勒拿河口附近伸进西伯利亚。太平洋、印度洋和大西洋中脊的南端互相连接，东太平洋海隆的南部向西南绕行，在澳大利亚以南与印度洋中脊东南支相接，印度洋中脊的西南分支绕行于非洲以南与大西洋中脊南端相连。

大洋中脊的轴部都发育有沿其走向延伸的断裂谷地，称为中央裂谷，向下切入的深度为 1 ~ 2 千米，宽数十至一百多千米。中央裂谷是海底扩张中心和海洋岩石圈增生的场所，沿裂谷带有广泛的火山活动。中脊地形比较复杂，纵向上呈波状起伏形态，横向上呈岭谷相间排列。

大洋中脊体系在构造上并不连续，而是被一系列与中脊轴垂直或高角度斜交的断裂带切割成许多段落，并错开一定的距离，如罗曼奇断裂带，把大西洋中脊错移 1000 千米以上，沿该断裂带形成 7856 米的海渊。这种断裂表现为脊槽相间排列的形态。大洋中脊体系是一个全球性地震活动带，但震源浅、强度小，所释放的能量只占全球地震释放能量的 5%。

2）大洋盆地

大洋盆地是指大洋中脊坡麓与大陆边缘（大西洋型的大陆隆、活动型的海沟）之间的广阔洋底，约占世界海洋面积的 1/2（图 1-7）。大洋盆地的轮廓受大洋中脊分布格局的控制，在大洋盆地中还分布着一些隆起的正向地形，它们进一步把大洋盆地分割成许多次一级盆地。大洋盆地水深一般为 4 ~ 6 千米，局部可超过 6 千米。

把大洋盆地分隔开的正向地形主要是一些条带状的海岭和近于等轴

状的海底高原。海岭往往由链状海底火山构成，由于缺乏地震活动（仅有火山活动引起的微弱地震）而被称作无震海岭，如太平洋的天皇—夏威夷海岭、印度洋的东经九十度海岭等，它们与大洋中脊体系的成因和特征明显不同。有的无震海岭顶部露出水面形成岛屿，如夏威夷群岛等。海底高原又叫海台，是大洋盆地中近似等轴状的隆起区，其边坡较缓、相对高差不大，顶面宽广且呈波状起伏，如太平洋的马尼西基海底高原和大西洋的百慕大海台等。

在大洋盆地中还有星罗棋布的海山，它们大多数为火山成因，相对高度小于 1000 米者称为海丘（海底丘陵），大于 1000 米者称为海山。海丘呈圆形或椭圆形，直径从不足 1 千米至 5 千米不等，分布较广泛。海山一般具有比较陡峭的斜坡和面积较小的峰顶，成群分布的海山称为海山群，顶部平坦的称作平顶海山或海底平顶山。西北太平洋海盆、中太平洋海盆和西南太平洋海盆是海山、海山群、平顶海山和珊瑚礁岛分布最密集的地区。

大洋盆地底部相对平坦的区域是深海平原。它的坡度极微，一般小于 10^{-3}，有的小于 10^{-4}。深海平原的基底原来并不平坦，是由于后来不断的沉积作用把起伏的基底盖平了。

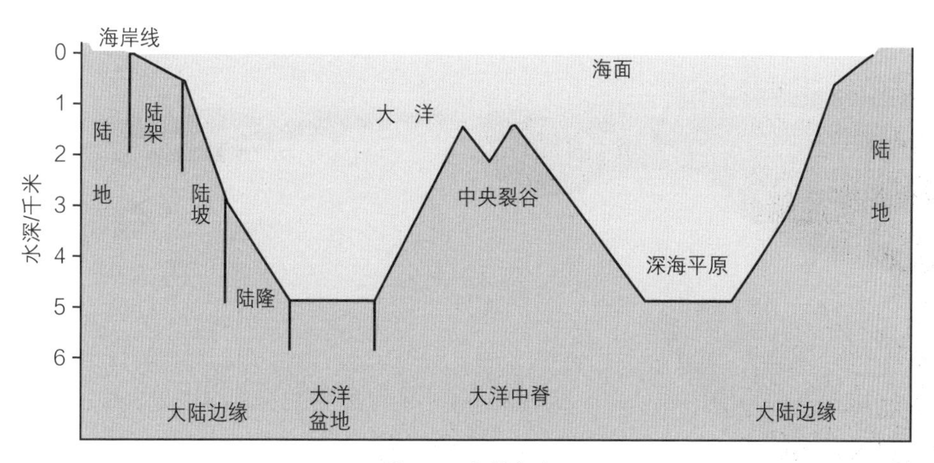

图 1–7 大洋盆地

二、海洋的国际约定

1 《联合国海洋法公约》的产生

《联合国海洋法公约》于 1982 年 12 月 10 日在牙买加的蒙特哥湾召开的第三次联合国海洋法会议最后会议上通过，1994 年 11 月 16 日生效，已获 150 多个国家的批准。

(1) 联合国海洋法公约第一次会议

1958 年，联合国在瑞士日内瓦召开第一次海洋法会议，在两年后达成《领海和毗连区公约》《公海公约》《公海渔业与生物资源养护公约》和《大陆架公约》。这些公约在 1958 年前后由美国、苏联等国家批准生效。

(2) 联合国海洋法公约第二次会议

1960 年，联合国继续召开第二次海洋法会议，却未能达成更新的决议。

(3) 联合国海洋法公约第三次会议

1973 年，联合国在美国纽约再度召开会议，预备提出一个全新条约以涵盖早前的几项公约。1982 年，断续而漫长的会议终于以各国代表共同表决达成结论，决议出一本整合性的海洋法公约。依规定，公约在 1994 年第 60 国签署后生效。此公约对内水、领海、邻接海域、大陆架、专属经济区（亦称“排他性经济海域”，简称 EEZ）、公海等重要概念做了界定。对当前全球各国及地区的领海主权争端、海上天然资源管理、污染处理等具有重要的指导和裁决作用。

第一次和第二次海洋法会议，由于当时历史条件所限，参加会议的国家中，亚洲、非洲和拉丁美洲的发展中国家只占其中的一半，不利于广大发展中国家，尤其是广大沿海国家维护主权和海洋权益。而第三次海洋法会议是一次所有主权国家参加的全权外交代表会议，此外还有联合国专门机构的成员参加，一共有 168 个国家或组织参加了会议。该次会议也是迄今联合国召开时间最长、规模最大的国际立法会议。会议通过的《联合国海洋法公约》是广大发展中国家团结斗争的结晶。

2 《联合国海洋法公约》中的重要界定

《联合国海洋法公约》规定一国可对距其海岸线 200 海里（1 海里 =1.85 千米，

约 370 千米)的海域拥有经济专属权(图 1–8、图 1–9)。该公约共分 17 部分，连同 9 个附件共有 446 条。其主要内容包括领海、毗连区、专属经济区、大陆架、用于国际航行的海峡、群岛国、岛屿制度、闭海或半闭海、内陆国出入海洋的权益和过境自由、国际海底，以及海洋科学研究、海洋环境保护与安全、海洋技术的发展和转让等。

(1) 领海

领海基线：测算沿海国家领海宽度的起算线，也是沿海国家管辖海域宽度的起算线和基准线。

领海：沿海国的主权基于其陆地领土及其内水以外邻接的一带海域，在群岛国的情形下则基于群岛水域以外邻接的一带海域，即自领海基线向外一侧 12 海里的宽度区域，称为领海。

领海的无害通过权：在本公约的限制下，所有国家，不论为沿海国或内陆国，

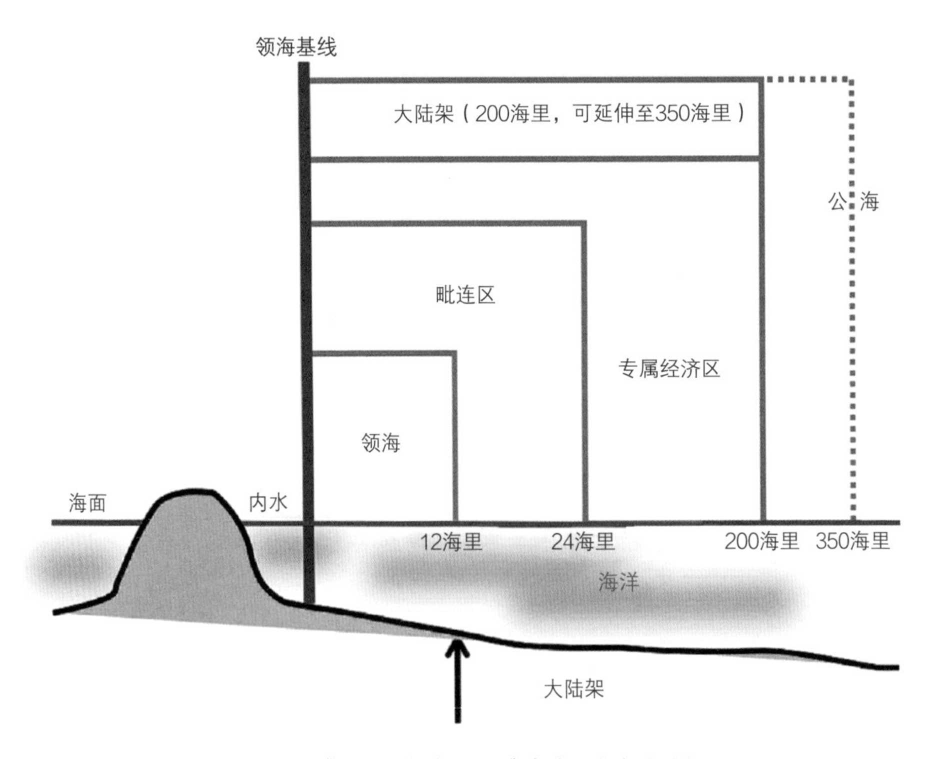

图 1–8 《联合国海洋法公约》中关于海域的划分

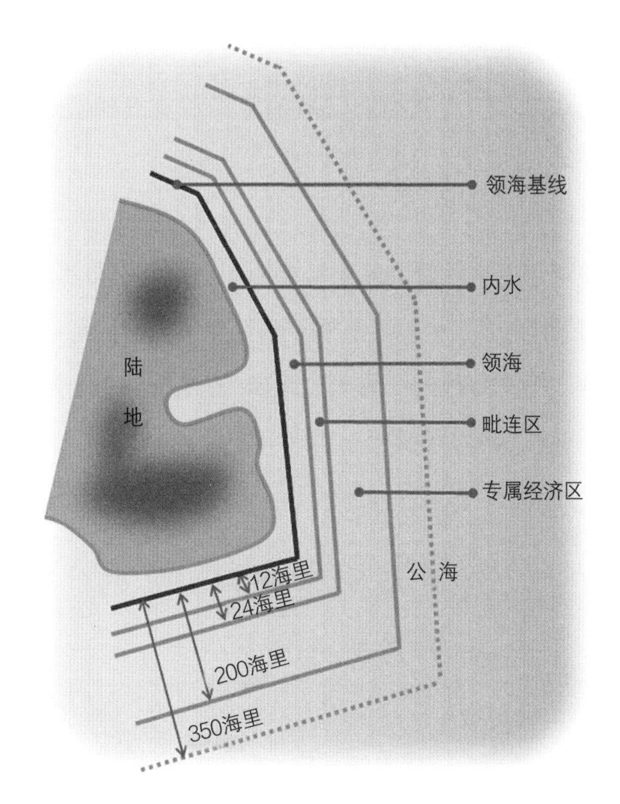

图 1-9 《联合国海洋法公约》中相关区域的界定示意

其船舶均享有无害通过领海的权利。

(2) 内水

内水是指领海基线向陆一侧的水域构成国家内水的一部分，沿海国享有主权权利。

(3) 毗连区

沿海国可在毗连其领海称为毗连区的区域内，行使为下列事项所必要的管制：防止在其领土或领海内违犯其海关、财政、移民或卫生的法律和规章；惩治在其领土或领海内违犯上述法律和规章的行为。毗连区从测算领海宽度的基线量起，不得超过 24 海里。

(4) 专属经济区

专属经济区是领海以外并邻接领海的一个区域，受本部分规定的特定法律制度的限制。在这个制度下，沿海国的权利和管辖权及其他国家的权利和自由均受本公约有关规定的支配。专属经济区从测算领海宽度的基线量起，不应超过200海里。

（5）大陆架

沿海国的大陆架包括其领海以外依其陆地领土的全部自然延伸，扩展到大陆边缘的海底区域的海床和底土；如果从测算领海宽度的基线量起到大陆边的外缘距离不到200海里，则扩展到200海里的距离；在海底洋脊上的大陆架外部界限不应超过从测算领海宽度的基线量起350海里（图1–10）。

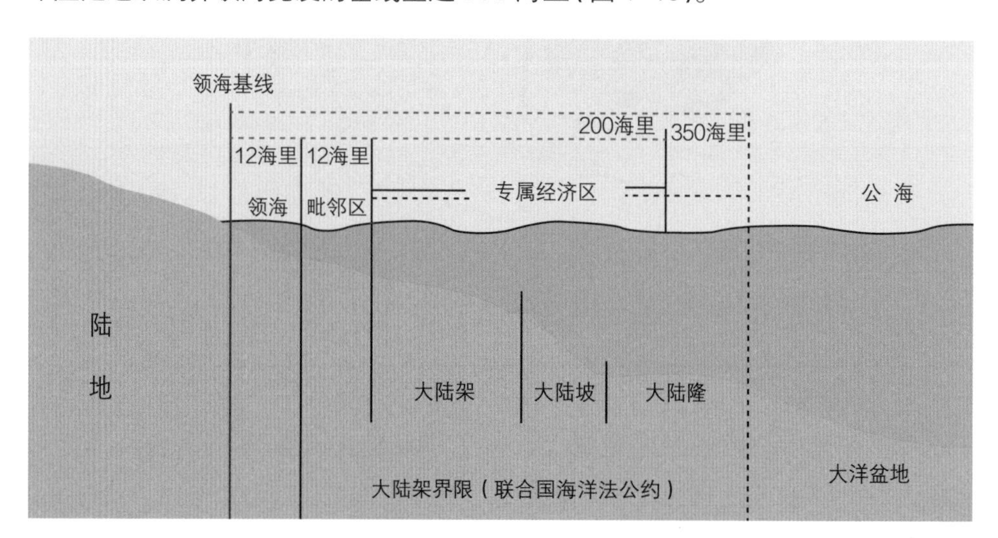

图1–10 《联合国海洋法公约》规定的大陆架界限

（6）公海

本部分的规定适用于不包括在国家的专属经济区、领海或内水或群岛国的群岛水域内的全部海域。公海对所有国家开放，不论其为沿海国或内陆国。公海自由是在本公约和其他国际法规则规定的条件下行使的。公海自由对沿海国和内陆国而言，除其他外，包括航行自由；飞越自由；铺设海底电缆和管道的自由，但受第Ⅵ部分的限制；建造国际法所容许的人工岛屿和其他设施的自由，但受第Ⅵ部分的限制；捕鱼自由，但受第2节规定条件的限制；科学研究的自由，但受第Ⅵ和第Ⅷ部分的限制。

第二节 中国的海洋

海洋是地球的重要组成部分，在太阳系中，除了地球，尚未发现其他星球上有海洋。

一、中国海洋的自然地理

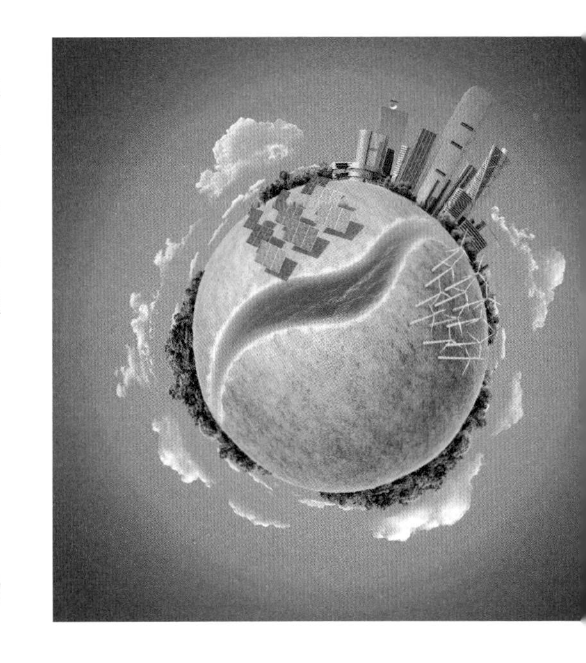

中国位于亚洲大陆的东部，雄踞北太平洋西侧，大陆岸线总长度18000多千米。邻近海域陆架宽阔，地形复杂，纵跨温带、亚热带和热带3个气候带，四季交替明显，沿岸径流多变，因而具有独特的区域海洋学特征。

1 地理位置、区划和岸线

中国近海，依传统分为4个海区，即渤海、黄海、东海和南海。

（1）渤海

渤海界于37° 07′ ~ 41° 0′ N、117° 35′ ~ 121° 10′ E，属于中国内海。渤海是深入中国大陆的近封闭型的一个浅海，仅通过东面的渤海海峡与黄海相通；其北、西、南三面均被陆地包围，即分别邻接辽宁省、河北省、山东省三省和天津市。渤海海峡北起辽东半岛南端的老铁山角（老铁山头），南至山东半岛北端的蓬莱角（登州头），宽度约106千米。渤海的形状大致呈三角形，凸出的3个角分别对应于辽东湾、渤海湾和莱州湾。北面的辽东湾，位于长兴岛与秦皇岛连线以北；西边的渤海湾和南边的莱州湾，则由黄河三角洲分隔开来。

渤海的总面积约为7.7×10^4千米^2，东北至西南的纵长约555千米，东西向的宽度为346千米，海区平均水深仅18米，最深处只有83米，位于老铁山水道西侧。在黄河、海河、辽河和滦河等河口地区，由于河流从陆地带来大量陆源物质在该区沉积，因而水深较浅。

渤海沿岸以粉砂淤泥质海岸占优势，尤以渤海湾与莱州湾为最。黄河口附近的三角洲海岸则是比较典型的扇状三角洲海岸。辽东半岛西岸盖平以南，小凌河至北戴河，鲁北沿岸虎头崖至蓬莱角等段，属于基岩沙砾质海岸。

（2）黄海

黄海位于北太平洋西海岸，中国大陆东部，界于31° 40′ ~ 39° 50′ N，119° 10′ ~ 126° 50′ E。黄海是全部位于大陆架上的一个半封闭的浅海。因古黄河在江苏北部入海时，携运大量泥沙而来，使水色呈黄褐色，从而得名。黄海北界辽宁省，西傍山东省、江苏省两省，东邻朝鲜、韩国，西北边经渤海海峡与渤海沟通，南面以长江口北岸的启东嘴至济州岛西南角的连线与东海相接，东南面至济州海峡。习惯上又常将黄海分为南、北两部分，其间以山东半岛的成山角（成山头）至朝鲜半岛的长山（串）一线为界。北黄海的形状近似为椭圆形，南黄海则可大致视为六边形。北黄海东北部有西朝鲜湾，南黄海西侧有胶州湾和海州湾，东岸较重要的海湾有江华湾等。

黄海的面积比渤海大得多，仅北黄海就有7.13×10^4千米^2，已可与渤海相比拟，南黄海的面积更大，为 30.9×10^4 千米 ^{2}，比渤海大 3 倍多。北黄海平均水深 38 米，南黄海平均水深 46 米，整个黄海总平均水深 44 米。最深处 140 米，位于济州岛北侧。

黄海海岸类型复杂。沿山东半岛、辽东半岛和朝鲜半岛，多为基岩沙砾质海岸或港湾式沙质海岸。苏北沿岸至长江口以北及鸭绿江口附近，则为粉砂淤泥质海岸。

(3) 东海

东海位于中国岸线中段的东部，是西太平洋的一个边缘海，界于 21° 54′ ~ 33° 17′ N，117° 05′ ~ 131° 03′ E。东海西有广阔的大陆架，东有深海槽，故兼有浅海和深海的特征。东海西邻上海市和浙江省、福建省两省，北界是启东嘴至济州岛西南角的连线。东北部经朝鲜海峡、对马海峡与日本海相通，分界线一般取为济州岛东端—五岛列岛—长崎半岛野母崎角的连线。东面以九州岛、琉球群岛和中国台湾连线为界，与太平洋相邻接。南界至台湾海峡的南端。台湾海峡的北界是福建省海潭岛至中国台湾富贵角的连线，宽约 172 千米。南界宽约 370 千米，东端止于中国台湾南端的猫鼻头，西端起于福建省、广东省两省交界线，亦有谓起自南澳岛或东山岛。海峡南北长约 333 千米，面积约 7.7×10^4 千米 ^{2}。

东海的总面积为 77×10^4 千米 ^{2}，相当于黄海的 2 倍、渤海的 10 倍，平均水深为 370 米，最深可达 2719 米，位于中国台湾东北方的冲绳海槽中。

东海的西岸，即中国的福建省、浙江省两省和中国台湾沿岸，岸线曲折，港口和海湾众多。其中，最大的海湾是杭州湾。海岸类型北部多为侵蚀海岸，但在杭州湾以南至闽江口以北，也间有港湾淤泥质海岸，这是因沿岸水流搬移的细颗粒泥沙，堆积于隐蔽的海湾形成的。南部在 27° N 以南，则有红树林海岸，属于生物海岸的一种；中国台湾东岸则属于典型的断层海岸，陡崖逼临深海，峭壁高达数百米。东海东岸九州至琉球、中国台湾一线，有众多的海峡、水道，与太平洋沟通。其中，最重要的是苏澳—与那国水道、宫古岛—冲绳岛水道及吐噶喇海峡和大隅海峡。

(4) 南海

南海位于中国大陆南方，界于 2° 30′ ~ 23° 30′ N，99° 10′ ~ 121° 50′ E，纵跨热

带与亚热带，以热带气候为主要特征，也是中国海疆国界伸展最南之处。虽然有人将南海称为亚澳陆间海，但从洲际和大洋区划上看，仍属于西太平洋的一个边缘海。原因在于，南海的东边界经巴士海峡、巴林塘海峡等众多的海峡和水道与太平洋沟通；南界是加里曼丹岛和苏门答腊岛，并不紧接大洋洲，而是经卡里马塔海峡及加斯帕海峡与爪哇海相邻。南海西南面经马六甲海峡与印度洋相通，东南面经民都洛海峡、巴拉巴克海峡与苏禄海相接，西邻中南半岛和马来半岛，北靠中国的广东省、广西壮族自治区和海南省三省，东邻菲律宾群岛。

南海海域非常广阔，总面积达 35×10^5 千米 ^{2}，几乎为渤海、黄海、东海面积总和的 3 倍。南海有许多大海湾，其中最大的是泰国湾（曾名暹罗湾），面积约 25×10^4 千米 ^{2}，位于中南半岛与马来半岛之间，湾口以金瓯角至哥打巴鲁一线为界。其次是北部湾，面积 12.7×10^4 千米 ^{2}，北临广东省、广西壮族自治区，西接越南，其东界是雷州半岛南端的灯楼角至海南岛西北部的临高角一线，南界为海南岛西南的莺歌海与越南永灵附近来角的连线。其他较重要的海湾有广州湾、苏比克湾和金兰湾等。南海的平均水深为 1212 米，最深在马尼拉海沟南端，可达 5377 米。

南海的海岸线绵长，曲折多变，形态类型更为复杂。海岸类型以沙质海岸为主，其次为基岩海岸，同时生物海岸占优势，如众多的红树林海岸和各种形式的珊瑚礁海岸。珠江口附近属于三角洲海岸，但以多汊道、多岛屿为特色。

2 海底地形地貌与沉积

（1）渤海

在四个海区中，渤海深度最浅，小于 30 米的海域近 7.2×10^4 千米 ^{2}，海底地势最为平坦，地形也较单调。

从渤海水深分布特征来看，为东北—西南向的浅海，海底地形从3个海湾向渤海中央及渤海海峡方向倾斜，坡度平缓，平均坡度为0°0′28″。平均水深为18米，有26%的海域水深在10米以内，中央海盆最深处的水深只有30米，在渤海海峡的老铁山水道，局部异常区水深可达86米。在海河和辽河河口附近，由于河口水下三角洲的堆积作用，致使等深线向海突出，5米等深线距岸分别为30千米和45千米。黄河口受大量泥沙的影响，除了形成陆上三角洲，还形成特有的水下三角洲。若再细分，可分为以下4部分。

1）渤海海峡

渤海海峡因有庙岛群岛散布其中，将海峡分为8个主要水道。其中以最北面的老铁山水道最宽（44.5千米）、最深（水深50～65米，最深处83米），是黄海水进入渤海的主要通道。由于水流急，海底冲刷成“U”形深槽。潮流流出老铁山水道西北深槽之后，水流分散，流速减小，于是在深槽末端形成六道指状的水下沙脊，通称“辽东浅滩”。其表面沉积为分选良好的细砂。

2）辽东湾

辽东湾是处于两大断裂之间的一个地堑型的坳陷，中部地势平坦，平均水深不到30米，最大水深32米。河口之外，大多有水下三角洲。由于古辽河河谷沉溺于海底，形成了一条长约180千米的水下谷地。湾内沉积物以粗粉砂和细砂为主。

3）渤海湾和莱州湾

渤海湾和莱州湾是两个凹陷区，地形均平缓而单调。黄河口外有巨大的水下三角洲发育，因黄河平均每年输沙1亿吨以上，使河口沙嘴每年平均向外延伸2.5千米。渤海湾水深一般小于20米，北部深水区可达30米；有一条因潮波作用而形成的水下谷地；沉积物以软泥（粉砂和黏土质）为主。莱州湾绝大部分水深小于10米，最深仅为18米；沉积物以粉砂质占优势；东北部有大片沙质浅滩与沿岸沙嘴。

4）中央海盆

中央海盆是一个近似三角形的海盆，北窄南宽；水深 20 ~ 40 米，为地堑型凹陷；盆地中心沉积物为分选良好的细砂。渤海为中生代、新生代沉降盆地，基底为前寒武纪变质岩，第四纪的沉积厚度为 300 ~ 500 米。地壳厚度，中部为 29 千米，向四周增加，为 31 ~ 34 千米。中生代之后，几经沉降、断裂、海侵、沉积与上升，才形成了现在的渤海。

（2）黄海

黄海海底地势比东海和南海平坦，但地貌形态却比渤海复杂。最突出的特征有黄海槽、潮流脊和水下阶地。

黄海槽是自济州岛经南黄海，一直伸向北黄海的、狭长的水下洼地，深度 60 ~ 80 米，自南向北逐渐变浅。洼地东侧地势较陡，西侧则较平缓。黄海槽对黄海的水文状况影响很大。

所谓潮流脊，是在潮差大、潮流急的海域冲刷海底沙滩而形成的与潮流平行的海底地貌形态。在北黄海，从鸭绿江口到大同江口外的海底，有大片的潮流脊呈东北—西南走向。在南黄海中，更有大型潮流脊群，如以弶港镇为顶端向外呈辐射状分布的潮流脊群，其范围相当大，南北长约 200 千米，东西宽约 90 千米，有大小沙体 70 多个。

在北纬 38° 以南的黄海两侧，还分布着宽广的水下阶地，西侧比较完整，东侧则受到溺谷切割，在岛间或岛麓，又常出现较深的掘蚀洼地。

1）北黄海地形概况

北黄海位于成山角与长山串连线以北，平均水深 38 米，大部分水深在 70 米以浅，40 ~ 70 米水深占海域的 1/2 以上，海底地势由北、西、西南向中部缓倾，并由中部向南倾入南黄海。该区北部和东部被辽东半岛和西朝鲜湾海岸所环绕；西南与山东半岛北岸遥遥相对，沿岸岛屿礁石众多；西面与渤海连接；南面与南黄海相通。北黄海地形除渤海海峡和成山角有冲刷洼地，其余海底地势均缓缓向南黄海倾斜，可分为 4 个地貌单元，即辽南岸坡、山东半岛岸坡与台地、西朝鲜湾潮流沙脊和北黄海中部平原。

2）南黄海地形概况

南黄海位于成山角至长山串连线以南，为一个开阔的浅海平原，海底地形由东、西两面向中部缓倾，北面狭窄，并与北黄海相通；南面开阔，与东海相连。

南黄海地形中部有一个宽缓的洼地纵贯南北，俗称“黄海槽”。该洼地北浅南深，略偏向朝鲜一侧，形成南黄海地形东陡西缓的不对称格局。

3）海峡地形概况

黄海西北有渤海海峡，东南有济州海峡。

渤海海峡是中国第二大海峡，位于北黄海西北部，黄海和渤海、山东半岛和辽东半岛之间，是黄海和渤海联系的咽喉要道。海峡南北相距约 105 千米，北起辽宁大连老铁山，南至山东烟台蓬莱阁。庙岛列岛罗列在海峡之间。

济州海峡位于南黄海东南部朝鲜半岛西南端与济州岛之间水域，宽 130 千米。它西连黄海，东通朝鲜海峡，为朝鲜半岛东西两岸海上联系的重要航道，也是沟通黄海与日本海的通道。海峡北浅南深，是黄海最深的海域，济州岛侧最大水深 140 米。海峡中有楸子群岛、巨文岛、珍岛等。

黄海的表面沉积物属陆源碎屑物。东部海底沉积物主要来自朝鲜半岛，西部则是黄河和长江的早期输入物，中部深水区是以泥质为主的细粒沉积物。

北黄海基底主要由前寒武纪变质岩组成，南黄海具有统一的古生代褶皱基底，新生代有大规模断陷，之后又接受巨厚的沉积，第四纪沉积物厚 300 ~ 500 米。第四纪以来，随冰期与间冰期交替，海面有多次升降，大约距今 6000 年，海面才接近现今的态势。

（3）东海

东海兼有浅海和深海的特征而不同于渤海和黄海，但仍以浅海特征比较显著。

海底地形总体表现以宽阔水浅的大陆架地形为主，呈西北向东南缓缓倾斜。水深至160米附近时海底地形坡度加大，进入200米以深区域海底地形急剧变陡，形成了狭长带状的陆坡，即大陆坡（冲绳海槽西坡），钓鱼岛及附属岛屿正位于东海大陆架东南前哨。大陆坡再向东，依次为向东南凸出呈弧形排列的冲绳海槽、地形起伏明显的琉球岛弧和琉球海沟。

根据海底变化及等深线分布特征，将东海海底地形分为东海陆架地形、东海陆坡地形、冲绳海槽地形、琉球岛坡地形和台湾海峡地形5类地形区。

1）东海陆架地形

东海陆架占东海总面积的2/3，最宽达610千米，是世界上最宽的陆架。陆架北宽南窄，北缓南陡，向东南缓缓倾斜，大多数水深小于150米，平均水深约78.4米。东海陆架地形可分为内陆架和外陆架两个区域，二者以55米等深线分界。

2）东海陆坡地形

东海陆坡北起男女群岛，南至台湾岛北端，以窄带型弧状镶嵌于东海陆架外缘和冲绳海槽之间，长1100千米。海底地形陡峻，北宽南窄，平均宽度约35千米。东北部陆坡坡度较小，西南部峡谷区地形急剧变陡。其上发育有众多的东北—西南向活动断层，直接切穿海底，造成阶梯式台地和沟槽。在男女群岛与日本的福江岛之间有一规模较大的峡谷，走向为西北—东南，深度大于400米，可视为冲绳海槽向西北的延伸部分。

3）冲绳海槽地形

冲绳海槽为“U”形海槽，海槽北宽南窄，西坡陡，底平缓。西坡即东海大陆坡，窄而陡峻。东坡较西坡稍缓且宽，由琉球岛岛坡构成，地形复杂，坡上有断崖、海底谷、小丘和孤峰，坡顶为琉球群岛出露于海面，成为东海与太平洋的天然分界线。槽底北部水深800～1000米，南部水深1000～2000米，最深处为2700米以上。槽底发育了大量海山、海丘、槽谷和洼地。

4）琉球岛坡地形

琉球岛弧北起日本九州，南至中国台湾岛，位于冲绳海槽东侧，是由一系列大大小小的岛屿组成的一条向太平洋凸出的弧形岛链，蜿蜒延伸约 1200 千米。岛弧分内弧和外弧，内弧由众多较小岛屿和水下暗礁组成，外弧由一系列较大岛屿组成。所谓的岛坡，实际是指外岛弧通过内岛弧向冲绳海槽过渡的区域。

5）台湾海峡地形

台湾海峡界于福建省与中国台湾省之间，其地理界线为北边是福建省海坛岛与中国台湾岛的富贵角连线；南边是南澳岛和中国台湾南端西角的猫鼻头之间的连线。台湾海峡地形区全长约 375 千米，最窄的地方约 130 千米。这一区域地形可分为海峡两岸岸坡、台湾浅滩、澎湖台地、台中浅滩、海底“分水岭”、西南洼地、澎湖水道、乌丘水槽、东北谷地 9 个单元。

东海海底地貌自西向东可分为陆架、陆坡、冲绳海槽和琉球岛弧 4 个大型地貌单元。

陆架地貌 东海大陆架是中国大陆向海延伸的部分，陆架坡折线水深 160 米左右。大致以 20 米、50 米和 100 ~ 110 米等深线为界，分为海岸带、内陆架平原、中部陆架平原和外陆架平原4个地貌单元。

陆坡地貌 东海陆坡是东海大陆架与冲绳海槽半深海盆地的过渡带。坡顶即东海陆架坡折线，水深 160 米；坡脚水深 600 ~ 2000 米。东海陆坡地貌的发育主要受陆架边缘断裂带、陆坡断裂带和冲绳海槽扩张构造活动的控制，形成自南向北延伸的 3 个坡度不同的斜坡带：上部为简单斜坡带，坡度平缓；中部为陡峭的断阶式斜坡带，其上有断续分布的陆坡台地、陆坡海脊和陆坡断陷洼地发育，海底峡谷主要发育在该斜坡带；下部为分布不连续的浊积缓坡带。

冲绳海槽地貌 冲绳海槽的地貌发育主要受东海陆坡断裂带和吐噶喇西缘断裂带控制，吐噶喇断裂带和宫古断裂带将东海海槽分为北、中、南3段。冲绳海槽的北段、中段和南段，海底地貌均顺海槽延伸方向呈带状分布。西部为向东微倾斜的浊流堆积平原，受断裂构造的控制作用，形成鼓丘状起伏的微地貌；中部为沿海槽扩张轴发育的裂谷盆地和中央火山链交错的地貌组合，为海槽区地形起伏最大的地貌单元；东部为岛坡坡麓断陷洼地和倾斜的火山碎屑堆积平原。

琉球岛弧地貌 琉球岛弧的地貌发育也明显受构造的控制。自西向东分别为吐噶喇火山脊构成的岛坡海岭带，奄美坳陷带串珠状断续分布的岛弧西坡坳陷盆地，琉球脊火山岛屿及岛架台地、浅滩带，弧前坳陷带的岛坡深水阶地和断坳盆地，岛弧东南边缘为大陆边缘增生楔海脊构成的岛坡海岭和岛坡台地及山间盆地。这些正、负地貌单元之间以断阶式岛坡相接。

表面沉积自西向东形成与海岸线平行的3个带：近岸细粒沉积物带，中间粗粒沉积物带和外海细粒沉积物带。另外，在济州岛西南有一大片细粒沉积物区，大致呈椭圆形，其中心为粒径甚细的泥质。冲绳海槽底部，沉积物亦为黏土质泥。

东海地质构造主要是3个隆起带和两个坳陷带。前者为浙闽隆起带、东海陆架边缘隆褶带和琉球岛弧带；后者为东海陆架坳陷带和冲绳海槽张裂带。海槽南部地壳厚度较小，仅 15 千米。东海陆架边缘隆褶带产生于第三纪，第四纪之后又几经变化，海面也随之有升有降；晚更新世（第四纪的早期）曾为大陆平原，而后又逐渐沉没，形成现在的陆架浅海。

(4) 南海

南海范围形似菱形，长轴为东北—西南向，长约 3100 千米，横宽（北西方向）约 1200 千米。南海属于深海，大陆架、大陆坡和深海盆地等形态相当齐全。海底地形的基本特点是由岸边向海盆中心的阶梯状下降，但突出特征是南北坡度缓，东西坡度陡。

1）南海大陆架

南海大陆架包括北陆架、南陆架、西陆架及东陆架 4 部分。

北陆架西起北部湾，东至台湾海峡南口，北东偏东向展布，长约 1425 千米。其中，北部湾是个半封闭的浅水湾，东北部岸边浅滩、沙堤发育；西北部的红河口外有一个古三角洲地形；中部水深大于 50 米的海域地形变化较为复杂，浅滩、沟谷沿北西和北东向纵横交错，相对高差 5 ~ 10 米。琼州海峡位于海南岛和雷州半岛之间，连接北部湾和南海东北部陆架，海槽底部地形起伏不平。海南岛东南部陆架较窄，毗邻西沙海槽。自雷州湾以东陆架十分宽阔，但自西向东宽度也逐渐变窄，雷州湾至吴川岸外陆架宽度最大，可达 348 千米，该区陆架坡度十分平缓，平均坡降为 3′30″。南海北部陆架的东端为台湾浅滩，位于台湾海峡南部，长约 180 千米，最宽处约 70 千米，面积约 8800 千米 ^{2}，主要由形态各异的水下沙丘和少量沙垄组成，地形变化复杂，沙丘密布，沟谷相间。

南陆架由巽他陆架和加里曼丹岛北部陆架（岛架）组成。

巽他陆架十分宽阔，但在不同地段形态特征有较大的差异。湄公河口外，分布有一系列互相重叠的古三角洲地形。纳土纳群岛附近海域地形较复杂，岛屿、浅滩、沟谷和洼地甚多，群岛之间分布着大小和形态不同的槽谷地形。巽他陆架东南端 40 ~ 50 米的海底上分布着曾母、八仙、立地、亚西北、亚西南等 10 个礁滩和暗沙，统称为曾母暗沙。在宽阔平坦的陆架上，一般可见到三级水下阶地，尤其是北纳土

纳群岛的东北部（万安盆地南部），水深100～140米，为一个宽阔的平坦面，平均坡度只有1′～2′。

加里曼丹岛北部陆架（岛架）位于加里曼丹岛北侧，狭长状呈东北偏东向，平均水深60米，最深处达200米。地貌为陆架堆积—侵蚀平原，陆架内部发育有4处大型浅滩。

西陆架呈长条状近南北向分布，长约670千米。南、北两端较为宽阔，宽度65～215千米；中间狭窄，最窄处仅有27千米。陆架外缘坡折处水深一般为200～250米。根据该区的地形特征可分为陆架斜坡和陆架平原。前者位于陆架的内侧，水深100米以内，平均坡度28′～40′；后者位于陆架的外侧，宽度25～30千米，地形非常平坦，平均坡度仅有8′～13′。

东陆架位于吕宋岛和巴拉望岛西岸。吕宋岛的岛架沿着吕宋岛的西部呈狭窄的条带状分布。岛架外缘坡折处水深100米左右，个别地段仅有50米，宽度为1.6～13.5千米，坡度为38′～1°55′。民都洛岛西岸岛架外缘坡折处的水深为100～200米，宽度为3～14千米，坡度为9′～1°55′。巴拉望岛的西北部岛架，自卡拉棉群岛经巴拉望岛至巴拉巴克岛，全长约615千米，岛架外缘坡折处水深很浅，一般只有20～50米，宽度23～63千米，坡度为2′～4′。

2）南海大陆坡

南海的大陆坡分布在水深150～3600米，呈阶梯状下降，大致从150米开始，海底坡度明显地逐渐变陡，由平坦的大陆架变为陆坡，并隔以深沟。在1000～1800米深处，地形转缓，成为断续相连的平坦面，宽达数百千米。在平坦面的外侧，又是个急陆坡，至3600米附近大陆坡终止，到达南海深海平原。南海大陆坡围绕着海盆四周可分为4个区：北陆坡、西坡阶地、南陆坡和东陆坡。

北陆坡大约位于台湾岛以南至珠江口大陆架的外缘。陆坡上为波状起伏的平原，并有隆起的暗礁。在东沙群岛附近水深增至 1000 ~ 2000 米，地势向南凸出。

西坡阶地上有许多水下峡谷，把阶梯状的陆坡分割为许多地块。西坡阶地的坡麓有一狭长坳陷，深 5567 米，为目前已知南海的最深处。

南陆坡也是阶梯状的大陆坡，南部与巽他陆架相接，东南部与巴拉望海槽相邻。陆坡中部有一海底高原，水深 1000 ~ 2000 米，中国南沙群岛即位于这个高原的山脊上。因地形复杂，水深变化多端，成为航海上的“危险地区”。

东陆坡位于吕宋岛、民都洛岛及巴拉望岛西侧的岛架外缘。陆坡范围很窄，坡度陡峻（10° 之多），呈狭窄的阶梯状下降，并受水下峡谷切割，形成许多海峡与通道。

3）深海盆地

深海盆地位于南海中部，北东—南西向展布，大致以南北向的中南海山为界，分为中央海盆和西南海盆。

中央海盆是南海海盆的主体，大体以珍贝海山和黄岩海山为界，分为南、北两部分。

西南海盆长轴为北东向，长约 525 千米，东北部最宽处达 342 千米，向西南宽度逐渐变窄。海盆与陆坡交接处水深 4000 ~ 4200 米。以平原地形为主体，但在中部分布着与海盆长轴平行的舟状洼地，水深 4400 米上下，因而盆底平原从东北和西南两侧微微地向中部舟状洼地倾斜，其平均坡度为 2′ ~ 12′。海盆中有数条北东向线状海山、链状海山海丘分布，以长龙线状海山及南侧的 3 条线状、链状海山最为壮观。长龙海山长 234 千米、宽 20 千米左右，最大高差 888 米。

南海海底地貌类型复杂多样，具有深海平原、海沟、海底火山、珊瑚岛屿与岛礁等地貌类型。中央海盆北、西、南侧的陆架和陆坡，为其相邻大陆断裂解体沉陷而成，因而与相邻大陆有密切的亲缘关系，具有大陆地貌所常见的山脉、山谷、丘陵、平原和台地等类型。从宏观来看，南海海底地貌可分为三大块。

南海陆架地貌 南海北部大陆架可分为水下岸坡、内陆架平原、外陆架平原和陆架外缘斜坡等类型。

南海西部大陆架，从海岸线向外至水深100米处，坡度较陡，平均为0°29′~0°44′，宽度仅几千米，称为陆架内缘斜坡地貌。其余为陆架平原，水深100～200米，宽25～30千米，地形平坦，坡度为0°05′～0°08′，到水深200米左右地形变陡，转入陆坡地貌。

南海南部大陆架指巽他陆架北部和加里曼丹北部的陆架，平均坡度0°01′30″，南部陆架西南部地形复杂，等深线不规则弯曲，岛屿浅滩、沟谷和洼地甚多，主要有昆仑群岛、两兄弟群岛、斯考凡尔浅滩、沙勒特浅滩、北纳土纳群岛、亚南巴斯群岛等。中部有曾母暗沙、南康暗沙、北康暗沙。东部有沃嫩浅滩、萨腊森浅滩、曼塔纳尼群岛等。陆架平原上发育水下阶地、古河道、古三角洲、海底扇等地貌类型。

南海陆坡地貌 南海南部陆坡、西部陆坡、北部陆坡都很宽广，这是南海陆架地貌显著的特征之一。

南海南部大陆坡西起南沙西缘海槽，东至马尼拉海沟的南端，海底切割强烈，崎岖不平，有海台、斜坡、海槽、海底谷和珊瑚礁体等地貌类型。

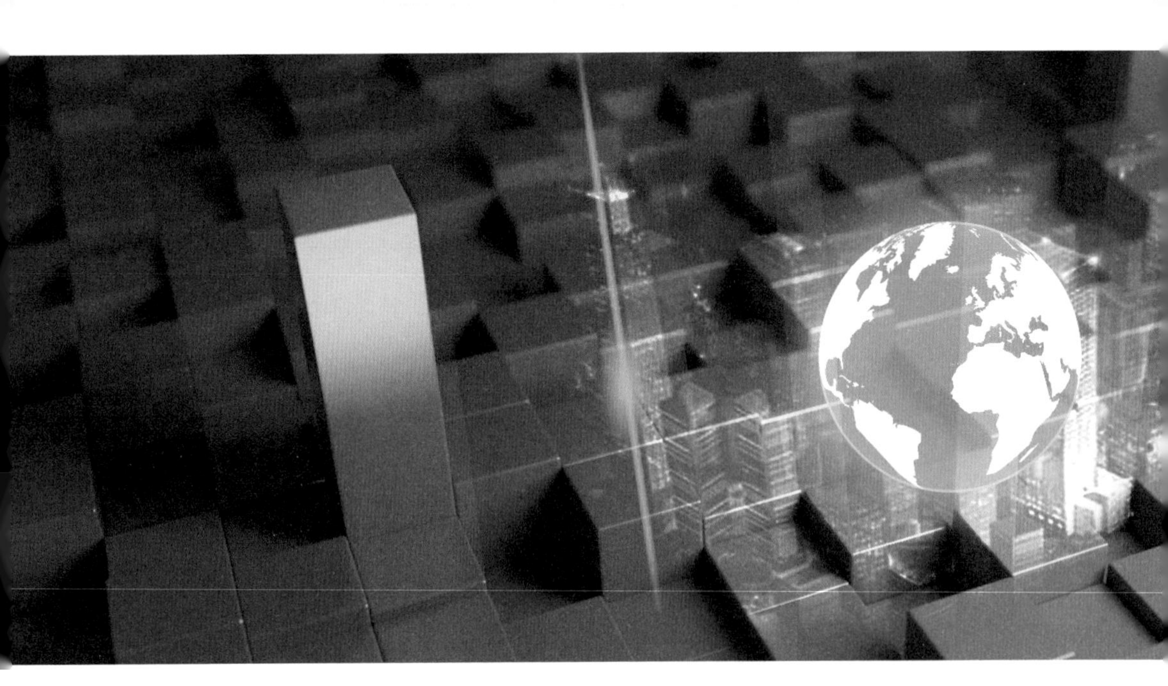

南海西部大陆坡起自西沙海槽，南面以南沙西缘海槽为界。由于构造作用，陆坡被分割成陆坡陡坡、深水阶地、陆坡盆地、海岭、海台、海槽等地貌单元。

南海北部大陆坡东起中国台湾的东南端，西至西沙海槽的东口，呈北东向展布，大陆坡上的地貌类型有简单斜坡、深水阶地、海台、海槽、深海扇、海山等。

南海中央海盆地貌 南海中央海盆内以深海平原面积最大，海山、海丘星罗棋布，然后为深海隆起、深海洼地。其中，黄岩链状海山位于 15° N，中央深海平原的中部，由黄岩海山（相对高差 4003 米、3512 米）、珍贝海山（相对高差 3960 米）等海山（海丘）组成。

南海沉积环境 在北部大陆架上主要是珠江等带来的陆源沉积物，以泥质为主；外陆架沉积物主要为沙质。南部大陆架主要为近代粉沙和黏土。中央海盆主要是颗粒极细的棕色抱球虫软泥和火山灰，近期也发现有锰结核或锰壳。

南海位于欧亚板块、太平洋板块和印度洋—澳大利亚板块交会之处，构造很复杂。一般认为，其中央海盆的洋壳，是在渐新世（第三纪的第三时期）末至中新世（第三纪的第四时期）初形成的。

二、中国的海洋资源

中国海域辽阔、岸线漫长、岛屿众多、生态多样。据“我国近海海洋综合调查与评价”专项(2004—2008)的研究结果显示，我国领海面积38万千米^2，管辖海域近300万千米^2，可以成为食品、能源、水资源、原材料和生产、生活空间的战略性开发基地。

海岸线 调查的大陆海岸线东从辽宁省的鸭绿江口，到广西壮族自治区的北仑河口，长约19057千米，海南岛岸线长约1855千米。[注：国家规定的公开使用大陆海岸线长度数据为18000多千米，内部使用的大陆海岸线长度数据为18400.5千米(不包括中国香港和中国澳门数据)；20世纪80年代，全国海岸带和海涂资源综合调查成果显示我国大陆海岸线长度约为16134.9千米(不包括中国香港和中国澳门数据)]。

海岛(礁) 调查的海岛(礁)10312个，海岛陆域面积77224千米^2，海岛岸线16775千米。有居民海岛569个，大陆沿海有居民海岛526个，845个海岛通过桥梁、堤坝和隧道等与大陆直接或间接相连。

滨海湿地与潮间带 自海岸线到水深6米以内的滨海湿地面积6.96万千米^2。其中，自然湿地6.69万千米^2，人工湿地0.27万千米^2。海岛和海岸带潮间带总面积2.11万千米^2。其中，淤泥滩1.24万千米^2；沙滩占16.5%，沙泥混合滩占12.2%。

海岸带植被 调查的海岸带植被面积4.29万千米^2。其中，天然植被1.65万千米^2，人工植被2.64万千米^2。海岛植被面积为0.49万千米^2。其中，天然植被 0.26 万千米 ^{2}，人工植被 0.23 万千米 ^{2}。

生态系统 我国近海具有所有类型的海洋生态系统，包括海湾、河口、海岛、潟湖、生物海岸，以及红树林、珊瑚礁、海草床等典型生态系统。其中，37 种红树林的面积恢复到 0.022 万千米 ^{2}，170 多种的珊瑚礁海域面积为 7300 多千米 ^{2}。

海洋可再生能源 除了中国台湾，我国近海海洋可再生能源总蕴藏量为 15.8 亿千瓦，理论年发电量为 13.84 万亿千瓦时；总技术可开发装机容量为 6.47 亿千瓦，年发电量为 3.94 万亿千瓦时。其中，潮汐能蕴藏量 1.93 亿千瓦，技术可开发量 2283 万千瓦；潮流能蕴藏量 833 万千瓦，技术可开发量 166 万千瓦；波浪能蕴藏量 1600 万千瓦，技术可开发量 1471 万千瓦；温差能蕴藏量 3.67 亿千瓦，技术可开发量 2570 万千瓦；海洋风能蕴藏量 8.83 亿千瓦，技术可开发量 5.7 亿千瓦。

海砂资源 我国重要海砂资源区面积约 30.3 万千米 ^{2}，可估算资源量约 4770 亿米 ^{3}。其中，近海及陆架出露海砂约 3890 亿米 ^{3}，陆架埋藏海砂约 880 亿米 ^{3}。此外，还有面积约 32% 的海砂资源区，因砂体厚度不详，未估算资源量。目前，已探明具有工业储量的滨海砂矿产地共 91 处。

药用海洋生物 我国近海药用海洋生物约 1500 种（《中华海洋本草》中记载了 1479 种），可入药的有 300 种，直接入药的 20 多种。其中，海生植物类（主要是藻类）约 100 种，海生动物类约 200 种。

新型潜在海水增养殖海域 在现有 1.8 万千米 ^{2} 海水养殖海域的基础上，新选划出潜在海水增养殖海域 1.7 万余千米 ^{2}，为解决动物蛋白年 1000 多万吨缺口提供了出路。其中，池塘养殖区 0.1911 万千米 ^{2}，底播养殖区 0.6991 万千米 ^{2}，筏式养殖区 0.6408 万千米 ^{2}，网箱养殖区 0.1731 万千米 ^{2}，工厂化养殖 37.5 千米 ^{2}。

新型潜在滨海旅游资源区 在现有 12413 处滨海旅游资源点分析的基础上，选划出新型潜在滨海旅游资源区 343 处，近期可开发利用的 84 处，包括滨海生态旅游区 15 处、休闲渔业滨海旅游区 7 处、观光滨海旅游区 6 处、度假滨海旅游区 26 处、游艇旅游区 5 处、特种运动滨海旅游区 2 处、海岛综合旅游区 23 处。

第三节 地球上的海洋资源

海洋生态系统向人类提供了无尽的生态系统服务。海洋中的鱼类及其他海洋生物是我们重要的食物；海底中丰富的石油、天然气、矿藏是人类不可或缺的能源；海洋作为船舶运输的高速公路，便利人们进行货运贸易；海底电缆的铺设推动了互联网和全球贸易的发展；海底管道将油、气、水等资源运送到世界各地；海洋活性物质的研究为人类战胜疾病点燃了新的希望；海水淡化技术的发展为解决全球水资源危机发挥了作用；海洋蕴藏的巨大可再生能源是未来世界能源产业的新方向；海洋同时也是极佳的旅游资源，向人类提供了休闲娱乐场所，愉悦心情，陶冶情操。随着科技的发展和人口的增加，人类对海洋的开发利用也在逐渐深入和加强。本节分几部分总结人类对海洋的利用。

一、海洋生物资源

1 捕捞渔业和水产养殖

海洋向人类提供的最主要的生态系统服务就是通过捕捞活动和养殖业向人类提供食物。海洋向人类提供的食物主要包括鱼类、无脊椎动物及植物。这些基于海洋的食物来源，对人类来说具有巨大的健康、营养、经济回报及就业等方面的作用。

全球的海洋渔业捕捞量在 2011 年为 8260 万吨，2012 年为 7970 万吨。联合国粮食与农业组织（FAO）于 2016 年发布的《2016 世界渔业与水产养殖状况》显示，世界海洋捕捞产量排名前 10 的国家分别是中国、印度尼西亚、美国、俄罗斯、日本、秘鲁、印度、越南、缅甸、挪威。中国作为人口第一的大国，海洋捕捞产业也位居第一名，2013 年年产量约为 1397 万吨，占全球总产量的 17%，2014 年年产量约为 1481 吨，占全球总产量的 18%。世界捕捞渔业生产量前 10 位的品种是秘鲁鳀鱼、阿拉斯加狭鳕、鲣鱼、沙丁鱼、大西洋鲱鱼、鲐鱼、竹荚鱼、黄鳍金枪鱼、日本鳀鱼及带鱼。这些种类大多都是小型的上层鱼类，对气候变化很敏感，因此捕捞量年度之间会有显著差异。

在过去的 50 年间，世界渔业总产量（包括鱼类捕捞、水产养殖）以每年 3.2% 的速度增长，从 20 世纪 50 年代约 2000 万吨总产量增长到 2012 年的 1.6 亿吨，增长主要来源于水产养殖业的发展。水产养殖的平均年增长率为 6%，是全球增长最快的动物性食品生产业。2012 年，养殖食用鱼

产量达到了 6660 万吨，约占当年全球渔业总产量的 42.2%（包括鱼类捕捞、水产养殖）。

据统计，全球共有约 600 种水生生物可以被人工养殖，前 25 种的总量占世界总产量的 90%。在全部的水产养殖品种中，约有 200 种为鱼类和节肢动物，前 5 种分别为草鱼、鲤鱼、尼罗罗非鱼、卡特拉鱼和凡纳滨对虾。

2 海藻

海藻也是一种重要的食物来源和工业、医药业等的原料。在全球，约有 33 个属的海藻，大部分是红藻和褐藻，被广泛养殖和野外采获。藻胶（用各种海藻提取的多糖胶，通常多指褐藻胶）被广泛应用于食品、工业、化妆品、医药、动物饲料添加剂、肥料等。野外采获的海藻产量在过去 10 年（2003—2012 年）中保持稳定，约每年 100 万吨（湿重）。智利是海藻野外产量的第一大国，其后为中国、挪威及日本。绝大部分（约 96%）的海藻产量来自水产养殖。2012 年，海藻类水产养殖产量达到了 2490 万吨，市值约 60 亿美元。两种能产卡拉胶的红藻（长心卡帕藻和麒麟菜）产量占了总产量的 1/3，产藻朊酸盐的巨藻（一种褐藻）占总产量的 1/5。中国是位居世界第一的海藻养殖国，约占世界总产量的一半（2003—2012 年）。

3 基于海洋食物及渔业的社会经济效益

鱼类是国际上交易最多的食物，全球鱼类交易的总价值超过了其他动物性蛋白的总和。在 2012 年，鱼类的出口总额为 1290 亿美元，其中的 700 亿美元来自发展中国家的出口。

鱼类捕捞业向全球直接或间接地提供了至少 1.2 亿个工作岗位。发展中国家鱼类及鱼类产品的净出口量在近几十年中增长显著，1980 年为 37 亿美元，2000 年增长为 183 亿美元，2010 年为 277 亿美元，2012 年增长为 351 亿美元。

二、海洋矿产资源

1 海上石油和天然气

随着人类对资源需求的日益增强，陆地资源面临枯竭危机，资源的开发已经逐渐由陆地转移向海洋，尤其是深海资源的开发与利用已经成为未来发展的趋势。海洋石油天然气的开采，为国民经济发展提供了十分重要的能源，在近几十年中得到了迅猛的发展，海洋装备制造在造船工业中所占的比例也在逐年增加。陆地石油产量在20世纪70年代早期达到高峰，约为每天5500万桶，其后世界产量的增长几乎全部来自海洋石油开采。海洋石油和天然气的开采都位于特定的地理区域，在这些区域中有可以开采的矿区。世界上著名的海洋矿区多位于墨西哥湾、北海、加利福尼亚、巴西桑托斯盆地、纽芬兰、西非等。全球海洋石油产量约为每天2800万桶，约占全球原油生产总量的1/3，价值32亿美元/日。石油产业向全球直接提供了约20万个岗位，这其中大多数都位于墨西哥湾（根据美国劳工统计局数据，约60%的石油产业都在墨西哥湾）。石油产业占美国国内生产总值（GDP）的1.5%，占英国GDP的3.5%，占马来西亚GDP的12%，占挪威GDP的21%，而在尼日利亚可以占到35%之多。在2010年，挪威的原油、天然气和管道运输总价值为1000亿美元，接近挪威一半的总出口额，相当于挪威鱼类出口总额的10倍。在尼日利亚，原油出口的价值约为每年940亿美元，占该国总出口额的70%。由此可见，海洋油气产业对世界各国GDP都有巨大的贡献。

目前，全球共有约6500个海洋平台，分布在53个国家和地区。其中，约4000个在美国墨西哥湾，950个在亚洲，700个在中东，以及400个在欧洲。深

海石油产量（水深大于 100 米）在 2000 年占总产量的 1%，到了 2010 年增至 7%，其后深海石油的产量占比会逐步增加。

海洋天然气的开采地主要分布于欧洲北海、南美洲墨西哥湾、东南亚、澳大利亚、西非和南美。在 2001 年，美国 23% 的国内天然气产量来自墨西哥湾。

2 海底矿藏

海洋矿藏资源种类繁多，含量丰富。在地球上已发现的百余种元素中，海洋中存在 80 多种，其中可提取的有 60 多种。据估算，海水中含有的黄金可达 550 万吨、银 5500 万吨、钡 27 亿吨、铀 40 亿吨、锌 70 亿吨、钼 137 亿吨、锂 2470 亿吨、钙 560 万亿吨、镁 1767 万亿吨等。大多数商业采矿活动集中于砂矿、钻石、锡、锰、盐、硫、金及重矿物等。海底采矿活动大部分都在近岸（水深小于 50 米），但是随着产业的进化，深海采矿正在逐步发展。深海底蕴藏着大量的硫、锰结核及富钴结壳，是未来人类的重要资源来源。

（1）砂矿和钻石矿藏

砂矿是目前被开采最多的海洋矿藏，并且对它的需求也在与日俱增。由于价值偏低，大多数海洋砂矿采自水深小于 50 米处。海洋砂矿产业在许多国家，如加拿大、丹麦、日本、荷兰、英国及美国都是比较成熟的产业。虽然大部分砂矿需求可以被陆源矿产满足，但是，海洋砂矿产业也一直在扩张。

钻石矿藏主要存在于两个不同的区域：纳米比亚和南非的滨海接壤处一条约 700 千米的条带处及澳大利亚北岸。直到 2010 年南非的钻石矿才被开发，而澳大利亚的矿藏被发现后还未有开采活动。在纳米比亚，每年约有 100 万克拉的钻石被开采出来。

（2）锡矿

锡矿是世界上规模最大的海洋矿场，锡矿带由缅甸一直延伸到泰国、马来西亚、新加坡和印度尼西亚。目前，印度尼西亚的锡矿规模最大，印度尼西亚岛生产的锡占该国总产量的 90%，印度尼西亚是全球第二大金属出口国。

虽然目前对海洋矿物的开采主要还是集中于浅海，但是，随着陆地资源的枯竭及浅海资源的消耗，深海蕴藏的巨大资源使其最终成为人类开采海洋的主要场所，这已成为各国的主要战略目标。深海矿产资源开发利用技术也是海洋资源开发技术的最前沿科技。

（3）深海矿藏

深海矿藏开发技术历程主要经历了拖斗式采矿系统、连续绳斗开采系统、自动穿梭艇式开采系统及矿机与管道输送相结合的采矿系统等。

深海中最具有商业开发前景的矿藏资源是锰结核、多金属硫化物、富钴结壳、天然气水合物等。锰结核主要集中于太平洋、秘鲁海盆、北印度洋水深 4000 ~ 6000 米的海底表层，富含铜、钴、镍、锰，其含量估算为 1×10^{11} 吨。

多金属硫化物存在的水域较锰结核为浅，约为 2500 米。多数分布于大西洋中脊和东太平洋海隆等地。海洋中多金属硫化物含量约为 1.4×10^{9} 吨，是富含金、银、锌、铜的矿产。由于其矿产价值高，水深较浅，成为目前深海首要的开采对象。

富钴结壳水深分布较广，在 400 ~ 4000 米均有分布，铁、锰、钴等金属在富钴结壳中含量较大，主要分布在海山、中太平洋海底等处。

天然气水合物主要分布在太平洋边缘海域，换算成甲烷气体的总含量约为 2.0×10^{11} 米 ^{3}，这个数量是全球石油、煤炭、天然气储量的 2 倍。因此，天然气水合物是具有极大开发潜力的新能源。

三、海洋空间资源

1 海洋运输

约 4000 年以前，海洋运输对人类文明的发展起到了至关重要的作用。通过海洋或内陆航道为大宗货物运输提供重要途径。从公元前 2000 年起，穿过印度洋的香料之路不仅仅提供了第一个长距离贸易通道，同时也传播了理念与信仰。从 15 世纪以来，大西洋和太平洋的贸易航线的发展改变了世界。19 世纪早期，蒸汽船的引入使世界贸易增长了数个数量级，并且开启了全球化进程。对运输贸易的需求促生了现代商务，如保险、国际贸易等；促进了机械和土木工程专业的发展；并且为满足导航的需求产生了新学科。近半个世纪以来的发展也十分显著。在 1970—2012 年，油气的海洋运输量几乎翻倍。传统观点认为，90% 的国际贸易量由海运完成。

2 海底电缆

在过去的 25 年中，海底电缆已经

成为世界经济的一个重要元素。离开了电缆，很难说现代世界经济将如何实现。互联网对各种国际贸易至关重要，绝大部分的网络流量都是通过海底电缆实现的。海底电缆相比卫星有着稳定性高、价格低的优势。通过卫星传输，每秒兆比特（Mb/s）所需的花费为 74 万美元（2008 年数据），而通过海底电缆仅需 1.45 万美元。

通过电缆的海底电报业务开始于 1850—1851 年的英格兰和法国之间。第一条横跨大西洋的电缆在 1866 年被铺设在纽芬兰、加拿大和爱尔兰之间。早期的电缆内部是杜仲胶绝缘的铜线，外部有管子起到保护效果。现代海底电缆最为关键的发展在于光缆的发明。第一条海底光缆在 1988 年被铺设于法国、英国及美国之间。从那时起，互联网开始成型，全球光纤系统和互联网开始并肩发展。可以说，没有光纤的出现，互联网不可能获得如此巨大的发展。在过去 25 年间，平均每年有 22.5 亿美元被用于铺设 5 万千米电缆。其中峰值在 2001 年，互联网泡沫最盛之时，12 亿美元在当年被用于铺设电缆。其后的 2002 年，电缆铺设行业急剧缩水。2008 年后铺设的电缆量逐渐恢复，并维持稳定增长。

3 海底管道

海底管道主要用来运输石油、天然气和水，大多数用来运输天然气。海底输油（气）管道是最快捷、最安全和经济可靠的运输大量油（气）的方式。海底管道的优势在于可以连续输送，几乎不受外部环境的影响，输送效率高。另外，海底管道还具有铺设工期较短、投产快、操作费用低等优势。

天然气管道主要分布在地中海、波罗的海和欧洲北海。在地中海，最早的天然气管道是跨地中海管道，铺设于 1983 年，连接阿尔及利亚和意大利；其后，在 1996 年，马格里布—欧洲管道穿越直布罗陀海峡，连接起摩洛哥和西班牙；之后，多条海底管道陆续被铺设起来。

而对于海底水运输来说，由于其过高的花费和管理上的难度，目前仅仅用于向靠近陆地的小岛或自然水源供应不足的较大岛屿。例如中国的厦门岛，一部分水源通过 2.3 千米的海底管道从陆地运到岛上。

四、海洋可再生能源

随着化石能源的开发和利用对环境污染的加剧及非可再生资源的枯竭，人类对开发清洁、无污染、可再生的海洋资源愈发重视。海洋可再生资源主要包括风能、波浪能、海流能、潮汐能等，其中一些能源的开发已经取得了技术和商业上的成功。

海上风电是目前发展最成熟的海洋可再生能源。海洋风能发电主要经历了2个阶段的发展：2000年之前，在浅海建立了一些小的示范项目，在其后，开始建立较大型的项目并具有实际经济价值。近20年来，海洋风能发电能力增长了近500倍，由最初的单机发电能力35000千瓦时增长到1700万千瓦时。据估算，全球可开发海洋风能为22×10^9千瓦，是全球平均发电量的9倍之多。

2012年，大范围商业海洋风能发电工程在英国、爱尔兰、中国、丹麦、芬兰、荷兰、比利时、德国、意大利、葡萄牙、日本、美国、瑞典、西班牙、韩国和挪威等国家投入使用。目前，欧洲北海区是全球领先的海洋风能发电区。

风吹过海洋时，气海交界过程将一部分风能转移到了水中，产生波浪，波浪储存了这部分动能。波浪能发电就是以波浪的能量为动力生产电能。海洋波浪蕴藏着巨大的能量，通过装置可将波浪的能量转换为机械、液压等形式的能量，然后通过传动机构驱动发电机发电。全球有经济价值的波浪能开采量估计为1亿~10亿千瓦。

海流是海水沿一定方向连续的流动，由风、温盐梯度、重力和地球自转等因素控制。虽然表面海流多受风力控制，深海海流却是温盐环流。不同海域的海水存在温度和盐度差，这些温盐差导致海水密度不同而引起海水环流。海流可以产生巨大能量。据估计，全球海流能高达50亿千瓦。

五、海水淡化

全球淡水用量由于人口的迅速增长、经济发展、环境污染及气候变化等原因在急剧地增长。目前，全球100多个国家存在水资源危机，43个国家有严重的缺水问题，严重缺水的地区面积为整个陆地面积的60%。淡水资源的匮乏使人类将眼光投向占全球总水量97%的海洋。

海水淡化就是利用海水脱盐生产淡水，以供饮用、清洁及灌溉。这项技术对世界上许多地区的人类生活有着重要的意义。

在过去，人类倾向于生活在有淡水水源的地方，淡水供应影响了人类的生存和发展。公元前 312 年，古罗马制造了 16.4 千米长的水管，将淡水供应引进城，以防止水源匮乏造成影响。海水淡化代表了一种可以解决水资源危机的新科技，尤其是对于某些淡水资源极度匮乏的地区。

海水淡化的出现可以回溯至 16 世纪前后，那时欧洲的冒险家们开始了对新大陆的探索，航海过程中的淡水供应问题就成了航行的一个主要的瓶颈，他们开始通过煮沸海水来制造淡水。现代海水淡化发展于第二次世界大战之后，战后由于中东地区石油资源的开发，使该地区人口增长迅速，因此，对淡水资源的需求也与日俱增。中东地区由于其独有的气候条件，丰富的能源及发达的经济，使海水淡化成为解决该地区淡水资源需求的有效方法。目前，世界上已有 150 多个国家和地区在应用海水淡化技术，海水淡化大规模应用于沙特阿拉伯地区，其次为美国和阿联酋。

在过去的半个世纪，海水淡化能力有了长足的发展。在 1965—2011 年，约有 16000 个淡化厂在世界各地兴建。现在每天能生产 6500 万米^{3}淡化水，大约是全纽约日需水量的 17 倍，其中 80% 被用于饮用，解决了 1 亿多人的饮水问题。目前全球海水淡化技术有 20

多种，包括低温多效蒸馏法、电渗析法、太阳能法、压汽蒸馏、反渗透膜法等。主要分为热法和膜法两大类，中东地区多依赖热法，而美国多用膜法。

海水淡化行业前景是光明的，但是受限于淡化成本偏高、消耗能源较大、淡化技术被垄断、设备和技术转让成本高等几个瓶颈问题，目前还得不到完全的普及。

六、海洋药用资源

海洋拥有比陆地更高的生物多样性，具有极大的发掘潜力，也同时蕴藏了丰富的药用资源。海洋生物经过长期的进化，在迥别于陆地的复杂生存环境中产生了独特的代谢系统，许多海洋生物具有特殊生物活性物质，这些物质具有抗病毒、抗炎、抗肿瘤、镇痛、防治心脑血管疾病等效用，因此吸引了全球众多科研人员投入精力，在海洋中寻求治疗药物。海洋药物因此成为21世纪药学研究的新热点。

我国古代典籍中就有关于利用海洋生物入药的记录，如《神农本草经》《本草纲目》等。日本学者在1964年对河豚毒素进行的研究，标志着海洋活性物质研究的起始。20世纪80年代后期，先进设备的出现、现代生物工程技术的发展促进了海洋药物的广泛开发。近年来从多种海洋生物（如软体动物、腔肠动物、微生物、鱼类、棘皮动物等）获得了许多新型化合物。目前，已经从海洋生

物中提取 14500 多种海洋天然产物。国际上已经投入临床使用的海洋药物有头孢霉素、阿糖胞苷、阿糖腺苷等。

七、海洋旅游资源

海洋不仅向人类提供物质支撑，而且海洋环境与陆地差异巨大，景色优美壮丽，有益于人们的精神愉悦和身体健康，十分有利于开展各种旅游活动。海滨旅游有很长的历史，在公元前 100—公元 400 年的罗马统治阶层中十分流行，他们游览坎帕尼亚海岸、那不勒斯湾、卡普里岛、西西里岛，在那里游泳、划船、钓鱼，悠闲地度过时光。但从那之后，海滨旅游变得不再流行了。在 18 世纪中期，有闲阶层重新开始了频繁的海滨度假，这很大程度上是由于当时英格兰提倡的海滨度假有益健康的说法。英国的度假胜地，如布赖顿，开始发展起来，其后还得到了来自皇家的赞助。拿破仑战争结束后，海滨旅游也在欧洲得到了发展，如德国的鲁根岛。铁路和蒸汽船的发明也促进了旅游业的发展，越来越多的海滨度假区开始发展了起来。20 世纪 60 年代，大型客机的应用促进了现代旅游业的发展，人们旅游的范围由原来较为局限的当地、近处游览逐渐发展到了全球观光旅游。国际旅游在过去半个世纪中发展迅猛，在 1965 年，国际旅游人数为 1.129 亿人，到 2000 年，国际旅游人数为 6.873 亿人。目前，海洋旅游业是海洋经济的支柱产业，在全球旅游业中占据极为重要的地位，在各个拥有海洋旅游资源的国家经济中的地位也在逐年增高。世界海洋旅游业总收入占全球旅游业的一半，约 2500 亿美元。目前，全球著名的海洋旅游度假胜地有夏威夷、马尔代夫、普吉岛、塞班岛、济州岛、巴厘岛等。

第四节 中国的海洋利用历史

一、中国海洋利用的发展历程

中国有着悠久的海洋文化。“海”曾经是方向的代名词，古书中有“四海犹四方”的说法。这表明，在古人心目中，海是天下的尽头，所以可成为方向的名称。据汉代刘熙《释名》：“海，晦也。主承穢（秽）濁（浊）水，黑如晦也。”以“晦”释“海”，实际表明了这样一种历史事实：由于缺乏航海能力，先民面对茫无际涯的大海，唯有望洋兴叹而不得知其详，更不了解大海之外另有新大陆，所以便将它视为天下的尽头了。黄河、长江奔腾入海，而海并不因此而见“满”，于是产生了水灌不满的“沃焦”“尾闾”“归墟”等名称。《说文解字》认为：“海，天池也。”孔子曾发誓说，假如他的主张不能在中原各国实施，他便逃避到海上，“道不行，乘桴浮于海”。“海”在人们的意识中是远离尘嚣的“世外桃源”，所以“齐景公游于海上而乐之，六月不归”。

在中国的各种宇宙理论中，产生过“盖天说”“宣夜说”和“浑天说”等。“浑天说”是从沿海生活的先民中产生的，浑天说——沿海先民面对苍茫晦暝、天水相连、辽阔无垠的海洋，萌发了海洋支撑整个大地的思想，认为“浑天如鸡子。天体圆如弹丸，地如鸡子中黄，孤居于内，天大而地小。天表里有水，天之包地，犹壳之裹黄。天地各乘气而立，载水而浮”。

《周易·系辞》(下)记载黄帝“刳木为舟，剡木为楫”，目的是“以济不通，致远以利天下”。夏代各地贡赋中，山东青州“厥贡盐絺，海物惟错”“苏北扬州，岛夷卉服，厥篚织贝，厥包桔柚，锡贡。沿于江、海，达于淮、泗”。史籍上所载，“夏后以玄贝，周人以紫石，后世或金钱、刀、布”中的古代货币即依海贝仿制的骨贝和石贝。进入商代，由于金属工具的出现而大大提高了社会生产力水平。中华先民们认识海洋、征服海洋的手段获得了革命性的变革，木板船的出现，不仅意味着航海谋生手段的改善，更重要的是催生了人类改造自然、征服海洋，把海洋活动与经济利益联系起来的理性认识，从而有可能为具有实际意义的海洋观念的形成，开辟更为广阔的发展空间。

二、海洋资源对早期人类社会发展的影响

在遥远的旧石器时代，人类祖先已濒海而居，从事简单的贝类采集。例如，18000年前的山顶洞人已经开始利用工具打制海蚶壳作为装饰品。在之后数万年的时间里，随着人类智力水平的发展，人们开始逐渐认识海洋现象及规律，并利用海洋作为媒介实现往来交通。越来越多的海洋资源被挖掘、开发并加以利用。本节将从渔业、盐业、潮汐与潮田、药物、货币、建筑、藏品与饰品、石油、航海9方面，以我国古代人民对海洋资源的认识与利用为例，阐述海洋与人类的关系。

1 渔业

贝丘遗址是以甲壳类动物为食物的古代人类祖先存留至今的大量贝壳堆积形成的遗迹，是人类利用海洋贝类作为食物资源的古老证据。遗址中也包括陶器、建

筑等遗迹，主要分布在海边。丹麦、英国、法国、意大利、西班牙、葡萄牙、日本，以及非洲和美洲等国家和地区均发现属于中新石器时代的贝丘遗址。在我国，贝丘遗址主要发现于辽东半岛、长山群岛、山东半岛及庙岛群岛，以及河北省、江苏省、福建省、中国台湾、海南省、广东省和广西壮族自治区的沿海地区。

不同年代的贝丘遗址的出土发现体现了古代人类祖先不断提高的、利用海洋获取食物的能力。以我国海南岛为例，在距今 5000 多年的东方新街遗址中，研究人员发现大量螺壳与贝壳遗骸，这表明北部湾海边的螺蚌蚝蛤是当时古人主要的食物来源。这时，该地区人类主要通过捡拾海边贝类的方式获取食物。在距今 4200 多年的石贡遗址中，不仅发现排列整齐的贝壳堆积，而且也出土了大量形状不同、大小各异的陶制纺轮和陶网坠。这些工具的发现说明，当时的人类祖先已经可以利用工具编织渔网，通过捕捞的方式获取鱼类等食物。

在石器时代，除了广泛存在贝丘遗址，还有众多区域性的遗址出土发现同样包含着古代人类祖先在渔业方面对海洋的利用。例如，在我国浙江省余姚市河姆渡村出土的河姆渡遗址中，研究人员发现鲨鱼、鲻鱼等海洋鱼类及鲸等海洋哺乳动物的遗骸；同时，遗址中还出土了雕花船桨等船舶行驶工具。研究人员还在山东省章丘区龙山镇出土的龙山遗址中，发现蚌镰；在山东省大黑山岛北庄遗址中，发现骨制鱼钩及蚌壳制成的蚌刀、蚌锥等；在江苏省昆山市绰墩遗址中，发现类似现代船头的方形木制器具。上述发现均表明人类祖先在数千年以前，就以海洋生物作为制造工具的重要材料及主要的食物来源。

石器时代之后，居住于海边的祖先们继续着捕鱼的生活。据著于春秋战国时代的《竹书·纪年》记载：夏朝的帝芒“东狩于海，获大鱼”。始著于春秋时代的《管子》中亦描述有渔民劳作的场景“渔人之入海，海深万仞，就彼逆流，乘危百里，宿夜不出者，利在水也”。同时，《管子》也对渔民的生活方式提出建议："江海虽广，池泽虽博，鱼鳖虽多，罔罟必有正，船网不可一财而成也。非私草木爱鱼鳖也，恶废民于生谷也。"春秋时，沿海各国以"鱼盐之利"为国家的富国之本。例如，齐国由国家统一组织进行海洋渔业和盐业的开发利用，终使国家"通鱼盐之利，国以殷富，士气腾饱"。

在进行海上捕捞的同时，海产养殖业也逐步发展。据史料记载，秦汉时期，蚝开始养殖。至宋朝时，已经出现大规模的蚝田养殖。宋代梅尧臣在《宛陵集·食蚝诗》中说："亦复有细民，并海施竹牢。掇石种其间，冲激恣风涛。咸卤日与滋，蕃息依江皋。"同时，宋朝已有江珧（又名江瑶）养殖的文字记载，如南宋陆游在《老学庵笔记》写道："明州江瑶柱有二种，大者江瑶，小者沙瑶。然沙瑶可种，逾年则成江瑶矣。"周必大也记载了南宋江珧的养殖"四明江珧，自种而为大，生致行都及广南"。至明清时期，蚶、蛏、蚝等贝类开始大规模养殖。例如，李时珍在《本草纲目》中记载："蛏乃海中小蚌也……闽、粤人以田种之。"又记载"今浙东以近海田种之，谓之蚶田"；清代道光年间《乐清县志》记载："取蚶苗养于海涂，谓之蚶田。"《宁海县志》记载："蛏、蚌属，以田种之种之谓蛏田，形狭而长如中指，一名西施舌，言其美也。"《广东新语》也记载："东莞、新安有蚝田，与龙穴洲相近。"同时，据《广东新语》记载，明末清初海南岛出现加工石花菜的"菜厂"，产品"味甚脆美，一名石花，以作海藻酒，治瘿气，以作琥珀糖，去上焦浮热……海菜岁售万金"，表明海藻加工业在清代出现，且加工的海藻销量甚好。此外，黄省曾在其所著的《鱼经》第一篇中提及明代松江府海边的鲻鱼养殖，表明海产鱼类养殖在明代已经开始发展。同时，根据明代胡世安在《异鱼图赞集》中所述："流鱼如水中花……乃鱼苗也。谚云：

‘正乌二鲈（正月鲻鱼苗，二月鲈鱼苗）’……其细似海虾，如谷苗，植之而大。流鱼正苗时也。”可知，明朝时渔民已经掌握了鱼苗收集的规律。

2 盐业

战国时期的《世本·作篇》记载：“夙沙作煮盐。”《竹书·纪年》载：“炎帝益修厥德，夙沙之民自攻其君，而来归其地。”《说文解字》中也记载：“古者宿沙初作煮海盐。”说明在三皇五帝时代，沿海地区就已经开始煮海为盐。《尚书·禹贡》记载青州“厥贡盐絺，海物惟错。岱畎丝、枲、铅、松、怪石”，表明在夏朝时，盐就以“贡”的形式进献。在商周时代开始出现海盐制造，开始形成规模化的产业，在我国山东省寿光市双王城即发现 80 多处商周时期海盐生产遗址。至春秋齐国时，管子提出“海王之国，谨正盐策”，首创盐铁官营制度，将海盐产销纳入国家战略。

在数千年的海盐生产历史中，制盐的方法也在不断革新。唐朝时，“煮海为盐”逐步被淘汰，开始采用先晒沙土淋滤制卤，再煮卤成盐。例如，刘恂《岭表录异》中记载，在岭南地区：“……人力收聚咸池沙，掘地为坑，坑口稀布竹木，铺蓬簟于其上，堆沙，潮来投沙，咸卤淋在坑内。伺候潮退，以火炬照之，气冲火灭，则取卤汁，用竹盘煎之，顷刻而就。”到宋元时期，已经没有煮海为盐的记载，“煮卤成盐”逐渐被“晒卤成盐”替代。元代官修的《大元圣政国朝典章》中，就记载多处晒盐场及晒盐工本。到明朝时，出现直接晒海水制卤的方法。例如，李时珍在《本草纲目》中提及：“海盐取海卤煎炼而成……海丰、深州者，亦引海水入池晒成。”宋应星在《天工开物》也指出：“其海丰、深州，引海水入池晒成者。凝结之时，扫食不加人力……”不过，该方法发展缓慢，直到清末才逐步普及发展。

3 潮汐和潮田

中国古代很早就对潮汐有深刻的认识。早在东汉，王充就提出“涛之起也，随月盛衰”的潮汐月球成因说。晋朝南海潮区被划分为半日潮和全日潮两个潮区。隋朝至元朝期间，更是涌现出一大批潮汐学家，如窦叔蒙、吕昌明、余靖、沈括等。在这期间，窦叔蒙应用中国古代精确的天文历算法，推算了潮汐周期，并绘制了天文潮汐表；吕昌明编制《浙江四时潮候图》；余靖和沈括提出了应根据具体地理情况修改天文潮汐表，在理论上促进了明清实测潮汐表的崛起，并全面替代了天文潮汐表。清代俞思谦编辑的《海潮辑说》成为我国历史上第一部潮汐学史专著。

海洋潮汐现象使与之交汇的河流也存在类似的涨退潮，从而出现了位于水上且随潮水上下的水上潮田。北魏郦道元在其所著的《水经注》中引用《交州外域记》写道：“交趾昔未有郡县之时，土地有雒田，其田从潮水上下，民垦食其田，因名为雒民。”雒田就是水上潮田。春秋时设郡，战国时郡下设县。因此，可以推断潮田（雒田）最晚在战国时就已存在。自三国起，陆上潮田蓬勃发展。总的来说，分布在渤海、黄海、东海、南海各海区的河口及感潮河段的陆上潮田均有文字记载。因为潮田利用涨潮时水位的抬升进行灌溉，所以相对集中在入海河流的感潮河段，感潮河段越长，潮田分布越深入陆地。到了明朝，由于潮灌技术的发展，据《濒海潮田议》记载，已然是“凡濒海之区概为潮田……”。

4 药物

我国古代最早将海洋生物用作药物的文字记载始见于《山海经》。该书虽整理成书于战国中后期至汉代中期，但记载的是殷商及之前年代的神话、地理、植物、动物、矿物、物产、巫术、宗教、药物、民俗、民族。书中记载了 8 种可以治疗疾病的海洋鱼类或哺乳动物，分别是河豚、虎鲨、文鳐、鲚、儒艮、鱵、燕鳐、青鰧鱼。

不过，《山海经》作为一本杂记，并不是专门的医学书籍。《五十二病方》是中国最古老的古方典籍，记载了春秋战国时期的药用古方，其中提及牡蛎和食盐两种海洋药物。另一部可能成书于战国时期的医学著作《黄帝内经》中的《素问》和《甲乙经》两篇，均提及“病名曰血枯，四乌鲗鱼骨、一藘茹，二物并令三合，丸以雀卵，大如小豆，以五丸为后饭，饮以鲍鱼汁，利肠中及伤肝”，说明当时用乌贼骨和鲍鱼汁用来治疗“血枯”病。

在西汉晚期成书的《神农本草经》中记载了 9 种可以入药的海洋生物，除 8 种来源于动物的药材（牡蛎、龟甲、乌贼骨、蛇鱼甲、海蛤、蟹、贝子、马刀），还包括一种海藻。到了两晋、南北朝时期，南梁陶弘景编著《本草经集注》及其在该书中摘录的《名医别录》中，又在《神农本草经》的基础上增加了 10 种可以入药的海洋生物（昆布、石帆、水松、干苔、紫菜、魁蛤、石决明、秦龟、鳗鲡鱼、食盐）。

到了唐朝，出现了第一部由官方编撰的药学典籍《新修本草》，在《本草经集注》的基础上再次增加 6 种海洋药物（珊瑚、石燕、鲛鱼皮、紫贝、甲香、珂）；之后，在《食疗本草》和《本草拾遗》中，不断加入新的有药用价值的海洋生物，并描述了不同部位具有不同的功能。至此，海洋药物增加到 75 种，包括蚶、鲎、鹿角菜、鲈鱼、淡菜、比目鱼、海马、海狗肾等均收录在册。综合其他药用书籍，唐朝时用作药物的海洋生物共有 96 种。至宋朝时，虽然各药学书籍中分别记载的药用海洋生物种类要少于《本草拾遗》，但仍不断发现新的药用海洋生物。例如，宋太祖下诏编撰的《开宝本草》中，增加了珍珠、石蟹和鲻鱼等。至唐慎微编纂《经史证类备急本草》时，包括砗磲、石蚕、海獭等均收录在册。在其之后成书的《大观经史证类备急

本草》等医药著作中，又加入一些新的海洋药用生物，删除同物异名种后，海洋药物共有116种（包括103种物种药和13种部位药），并在物种来源、药材鉴定、炮制加工、药性理论、功能主治、临床方药应用范围等方面取得较大进展。

由李时珍编纂的《本草纲目》代表着明朝医药水平的巅峰，海洋药用生物增加到151种，包括章鱼、龙须菜、海镜等均收录书中，共有物种药111种，部位药40种。明代的《备考食物本草纲目》中海洋药物156种，其中包括海参、银鱼、裙带菜等18种《本草纲目》未收录的海洋药物，但也有部分收录于《本草纲目》的海洋药物未收录在册。综合其他医学书籍，至明朝时，海洋药物共收录185种，其中，物种药129种、部位药56种。清代医者赵学敏编著的《本草纲目拾遗》是继《本草纲目》后的又一部药学力作。不过，由于清代“禁海”政策，《本草纲目拾遗》中仅收录33种海洋药物，其中22种是新增药物，包括10种物种药：鹧鸪菜、麒麟菜、红海粉、西楞鱼、带鱼、海龙、海牛、西施舌、对虾、禾虫；12种部位或加工药：龙涎香、海狗油、鲥鳞、河豚目、沙鱼翅、乌鱼蛋、白皮子、蛏壳、干虾、虾米、虾子、虾酱。由此可知，至清代时，有记载的海洋药物已多达207种。

5 货币

我国古代用作货币的海贝以小型贝为主，主要包括货贝和环纹货贝两种。中原及西北地区的货贝可能主要来自我国东南大陆沿海与海南岛一带；而云南、西藏地区的货贝则主要来自孟加拉湾和安达曼群岛一带的印度洋及泰国湾沿岸。

东汉时，许慎所著《说文解字》中提道：“海介虫也，象形，古者货贝而宝龟，周而有泉，至秦废贝行钱。”这说明在秦朝之前，货贝曾经作为货币使用。1966年在山东省益都苏埠屯的晚商古墓中发现背面磨平，并钻小孔以串成

“朋”的贝币；西周初期矢令簋铭文中提及“姜赏令贝十朋，臣十家”，阳亥彝铭文中也提及“阳亥曰遣叔休于小臣贝三朋，臣三家”，《穆天子传》记载周穆王“载贝万朋”，进一步印证了货贝在晚商到西周时期已经成为流通货币。不过，由于货贝流通不便，东周春秋时期，铜币“泉”开始逐渐替代货贝。

秦朝时，始皇帝废贝行钱，货贝被禁止作为货币使用。至此，货贝不再作为钱币在中原地区流通。王莽当政时，曾短暂启用贝币，但很快废止。不过，在我国云南地区，直至明朝时，货贝仍可以作为钱币使用。例如，李时珍在《本草纲目·介部·贝子》写道：“古者货贝而宝龟，用为交易，今独云南用之。”

6 建筑

贝壳动物的外壳是我国古代沿海地区广泛采用的用于建筑的海洋生物材料。自周朝起，人们开始用蛤壳制灰，并在祭祀时用于涂饰器物和墙壁。例如，《周礼·地官·司徒》中记载：“祭祀，共蜃器之蜃，共白盛之蜃。”据《说文解字》中注释，蜃就是大蛤的意思。到元末明初之时，温州地区的蜃灰市场已初具规模。例如，《临海涌泉冯氏宗谱》中记载：“其人每取海上之螺、蚌、蛤壳为利，阙地为炉，激风扇火，为灰烬，乃货与农人粪田为生计，利甚足。日夜烟炽不停，炉场之声砰砰焉，杂以渔樵商贾之往来，无宁时。”至明末时，我国沿海石灰缺乏的地区已经普遍开始采用蛎灰作为替代品。例如，《天工开物》中提到，“凡温、台、闽、广海滨、石不堪灰者，则天生蛎蚝以代之”。

除制灰外，蛎壳还可以用来砌墙。例如，《岭表录异》记载：“卢循昔据广州，既败，余党奔入海岛，野居，惟食蚝蛎，垒壳为墙壁。”说明在东晋时，蛎壳已用作砌墙。清代所著《广东新语》记载了广东地区用砺壳砌墙的做法:“蚝、咸水所结，……以其壳垒墙，高至五六丈不仆。”牡蛎的群体(蛎房)也可以直接用作建筑材料。例如，北宋时期，在福建地区建造的洛阳桥和五里桥的桥基中种植了大量牡蛎。

海草，即大叶藻。古时，我国胶东半岛居民采用海草作为屋顶来修建海草房。据考古研究表明:早在新石器时代沿海先民们就已经搭建海草窝棚。元明清时期是海草房的发展繁荣时期，山东省荣成市宁津镇崂滩村至今还保留着建于元朝至正二年(1342 年)的古老海草房。荣成市的宁津所村，原为明初建的宁津守御千户所，至今村南还保存着明代屯田军户海草房一条街。清道光年间《荣成县志》也记载:“邑中罕见瓦屋砌以石，茅苫以海带仅蔽风雨，而内外之辨较然。”至今，荣成市仍现存海草房民居 2 万多户、9 万多间，分布在全市 317 个自然村落。

至迟在西汉，以造礁珊瑚为材料建造的房屋就已经出现。在广东省湛江市徐闻县，有相当数量始建于西汉或以前的墓葬中发现以珊瑚石削成方块构砌成的墓室。至今，该地区仍存有完整的珊瑚建造的房屋。曹春平在其所著《闽南传统建筑》指出闽南人向大海索取建筑材料，使用最广泛的有牡蛎、珊瑚礁、海带等。清代《澎湖厅志》卷十“物产篇·杂产”记载:“硓砧石(即造礁珊瑚)……拾运到家，俟咸气去尽，即成坚实，以筑墙，比屋皆然。”由此可见，当时中国台湾地区的房屋墙体也采用了造礁珊瑚。

7 藏品与饰品

合浦珠，又称南珠，产于合浦郡，是我国古代各朝均看重的海产珍珠。据《逸周书·王会解》记载:在殷商时期，成汤命伊尹制定诸侯国向商朝的纳贡制度，伊尹做四方令，命“正南瓯邓、桂国、损子、产里、百濮、九菌，请令以珠玑、玳瑁、象齿、文犀、翠羽、菌鹤、短狗为献”。南瓯国的部分领土即后来的合浦郡。由此可知，在先秦时代，诸侯就开始以合浦珠向朝廷纳贡。《后汉书·孟尝传》中提到合浦郡“不产谷实，而海出珠宝，与交趾比境，常通商贩，贸籴粮食”。这表明，春秋时期，人们采集合浦珠，以换取粮食。《淮南子·人间训》提到秦始皇“利越之犀角、象齿、翡翠、珠玑，乃使尉屠睢发卒五十万为五军……以与越人战”，说明至秦朝时，合浦珠仍是帝王喜爱之物。自秦后各朝，均有以合浦珠纳贡的记载。从三国至唐朝，朝廷甚至采取弹性策略来管理合浦珠的捞采及贩卖，既满足了纳贡所需又不至于损害百姓生计。到清代时，《广东新语》已记载有“东珠者青色，其光润不如西珠，西珠又不如南珠”的说法。

与珍珠类似，在我国古代，珊瑚同样也是帝王与达官贵人的喜爱之物。珊瑚在西汉时已经作为宫廷观赏之物，并深得汉武帝喜爱。宋代编著的《太平御览》即引证《汉武故事》写道：“武帝起神堂前庭，植玉树，茸珊瑚为枝。”至西晋时期，珊瑚已经成为达官贵戚玩物。《晋书·卷三十三·列传第三》记载：“武帝每助恺，尝以珊瑚树赐之，高二尺许，枝柯扶疏，世所罕比。恺以示崇，崇便以铁如意击之，应手而碎。……乃命左右悉取珊瑚树，有高三四尺者六七株……”与珊瑚树作为盆景观赏不同，小珊瑚可以作为随身佩饰。三国时，曹植曾作《美人》诗：“明珠交玉体，珊瑚间木难。”唐朝时，薛逢赋诗“坐客争吟去碧诗，美人醉赠珊瑚钗”，表明普通的珊瑚饰品已经在百姓中开始流行。到了清代，珊瑚不仅被作为贡品送给皇帝，同时也被打上了政治烙印。二品以上官员才有资格佩饰珊瑚饰品，其朝服、吉服冠上，都要用珊瑚冠顶。后宫嫔妃在隆重场合所戴朝珠必有两串为珊瑚串成，嫔及夫人等所戴朝珠中间一串必为珊瑚串成。皇室成员的日常佩饰，如簪、步摇、钮子、戒指、手镯、挑牌、斋戒牌、耳饰、如意及数珠手串等，或以珊瑚制成，或镶饰珊瑚。

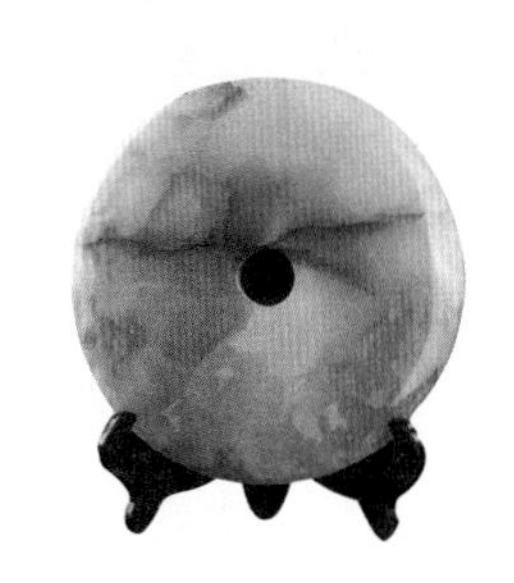

8 石油

猛火油，明朝时也称作泥油，实际上是古代发现的石油资源。明朝陈耀文在其所著《天中记》中写道："南海诸国有泥油，今入海浅番船皆蓄之。"由此可知，南海石油资源在当时已经得到初步利用。我国古代所利用的海洋石油可能至迟记载于五代十国时期。《太平寰宇记·四夷八·南蛮四》记载"占城国，周朝通焉。显德五年，其王释利因得漫遣其臣蒲诃散等来贡方物……进猛火油八十四琉璃瓶。是油得水而愈炽，彼国凡水战则用之"。由此可知，猛火油"是油得水而愈炽"，正是如今的石油，并且主要在战争中使用。但是，占城国（今越南部分地区）的猛火油是否来自海上开采并不清楚，考虑到占城"在西南海上"，即是今越南部分濒海地区，根据其地理位置推测，其所进贡的"猛火油"可能采自海上。

9 航海

考古学家在商王妃墓中发现了大量来自印度洋的海贝壳。这表明在商周时代，中国的航海已经开始起步。到了秦朝，据《史记·淮南衡山列传》记载：徐福两次出海为始皇帝嬴政寻求仙药。第一次携童男童女数千人及众多物资，第二次百工随行，且带有谷种，并最终到达"平原广泽"。《史记·秦始皇本纪》中所记虽略有不同，但均是多人参与的大规模出海。两汉三国时期，航海范围进一步扩大。据《汉书·地理志》记载：西汉时开辟的海上丝绸之路连接中国与印度半岛，最远到达黄支（今印度的康吉弗兰）和已程不（今斯里兰卡）。《后汉书·郑弘传》记载："旧交阯七郡贡献转运，皆从东冶泛海而至，风波艰阻，沉溺相系。弘奏开零陵、桂阳峤道，于是夷通，至今遂为常路。"郑弘是东汉官员，东冶就是现在的福州，交阯七郡是南海、苍梧、郁林、合浦、交阯、九真、日南七郡，包括今我国广东、广西、海南等省、自治区及越南等地。因此，通过这段历史记载可以推断，在东汉之前，海运是交阯七郡沟通大陆的主要手段。到三国时，东吴设立建安郡（今福州市），并"置典船都尉，领谪徒作船于此"。《三国志》记载："亶洲（琉球）世相承有数万家，其上人民，时有至会稽货布，会稽东（冶）县人海行，亦有遭风流移至亶洲"，说明彼时已经通过海运与琉球群岛地区进行商贸往来。之后，唐代设立"市舶司"，宋代以"开洋裕国"为国策，元代改漕运为海运，由长江口把南方漕粮运入天津、北京。在宋元时期，已有多项造船技术领先于世界，其中船舵、水密隔舱和龙骨装置这三大发明对世界造船技术产生了深远影响。

到了明朝，在其统治的 200 年里，有 70 多年都处于禁海的状态。明太祖朱元璋为巩固海防，于洪武三年（1370 年）、洪武七年（1374 年）先后废除太仓、泉州、明州、广州市舶司。之后，朱元璋多次发布命令，禁止国人下海通番，并在《大明律》中设立法规，对通番者严厉处罚，发配充军甚至枭首示众。不过，永乐年间海禁一度松弛，也正是在这时，郑和七下西洋，经过南海，横越印度洋，访问亚非几十个国家，最远达到东非索马里和肯尼亚一带，书写了世界航海历史上不可磨灭的壮丽篇章。茅元仪根据郑和航行线路编制了《自船厂开船从龙江关出水直抵外国著番图》并将其收录在《武备志》中，该图是我国现存年代最早的海图，包含 500 个地名，针路航线 109 条。然而，自嘉靖元年（1522 年）起，明朝再次实施严格的海禁政策。清朝初期虽然海禁一度解除，但清朝乾隆二十二年（1757 年）之后，更是实施了更为严厉的闭关锁国政策，中国仅余广州一个通商口岸。虽然之后“洋务运动”中建立的福州船政局在当时是中国乃至远东地区规模最大、技术最先进的造船基地，但却仍随着中日甲午海战中北洋水师的全军覆没而归于沉寂。至此，中国的航海事业开始走向低谷。

由于渔业与航海业的发达，中国古代积累了大量有关风暴和飓风预报的气象知识。汉代的《汉书·艺文志》中《海中日月慧虹杂占》、晋朝时的《南越志》、南宋时的《梦粱录》、明清时的《东西洋考》《舟师绳墨》《测海录》《风涛歌》《顺风相送》《甲寅海溢记》《墨余录》等著作包含了大量相关信息。例如，《梦粱录》记载：“舟师观海洋中日出日入，则知阴阳；验云气则知风色顺逆，毫发无差。远见浪花，则知风自彼来；见巨涛拍岸，则知次日当起南风。见电光，则云夏风对闪。如此之类，略无少差。”《东西洋考》记载：“海泛沙尘，大飓难禁”“蝼蛄放洋，大飓难当”“白虾弄波，风起便知”。到清朝时，已经有了一套完整的通过综合考察云气、风、长浪、生物习性等现象预报台风的体系。

我国古代渔民不仅能辨天气，而且也形成了以地文和天文导航为主的海洋航行认知体系。在航行中，人们以山形、水势、海底泥、海洋生物等确定船舶所在海区，以太阳、北极星、指南针等确定地物方位。应用海图的地文导航可以追溯到北宋时期的《宣和奉使高丽图经》，而天文导航可以追溯到西汉时的航海牵星术。目前，已经发现大量元明清时期流传下来的记录航海路线和沿途山川地貌的文字记载，如《南海更路经》（更路簿）、《渡海方程》《两种海道针经》《海道经》《顺风相送》及《指南正法》等。

三、人类对海洋资源的认识过程

总体来看，人类对海洋资源的认识及利用大致分为 5 个阶段。

（1）15 世纪以前，海洋有“行舟楫之便”与“兴渔盐之利”。

（2）15 世纪到 20 世纪初期，海洋是贸易与海外扩张的交通要道。

（3）第一次世界大战到 20 世纪 60 年代前，海洋成为军事要地和重要战场；依赖海洋生存，海洋发展为人类生存的重要空间，人类在“谁拥有了海洋，谁就拥有了世界”的名言鼓动下，加快了经略海洋的步伐。

（4）20 世纪 60—80 年代，出现了海洋国土观念，以海洋石油勘探开发带动相关产业和海水增养殖业的发展标志着进入现代海洋开发阶段；科技的发展促使海洋开发加速。

（5）自 20 世纪 90 年代以来，海洋是人类生命支持系统的重要组成部分，可持续发展的宝贵财富。1992 年的《里约环境与发展宣言》成为海洋开发新的标志。

到 20 世纪 90 年代中期，人们对海洋的认识提升为“海洋极大地影响着人类社会的发展进程，影响着人们的日常生活”，表现为以下几方面。

（1）海洋是地球环境的调节器，它调节着地球的气候，并在水循环中起着决定性的作用，海洋还起着维持地球生物多样性的作用。

（2）海洋是巨大的物质资源宝库，它为人类提供了巨量食物和矿物资源。

（3）海洋是世界政治格局的屏障和媒介，它构成了国防的重要媒介。

（4）海洋是最便捷的全球通道，它提供了廉价的交通方式。

（5）海洋是最大的容纳器，它是地球上许多废物的最终归宿。

(6) 海洋是人类先进文化的发源地，是人类娱乐的主要地点，激发了人们爱美、博大的本性，构筑了新文明的精神世界。

人类活动与海洋发生了密切的关系，这种关系既是互利的，又是相互影响的；从无“人”的海洋到人海相互作用，再到有“人”的海洋。

海洋是生命摇篮。在过去的岁月里，它不仅为人们提供了丰富的食物和药物等资源，满足了人们日常生活的需要，而且还为人们房屋建设与装饰提供材料。采自海洋的珍珠和珊瑚还具有很高的收藏与美学价值。同时，在与海洋的接触中，人们也逐步了解、认识海洋，并学会了利用海洋自身的特点，如潮汐等，帮助农业发展；利用其连通各大洲的特点，完善航海造船技术，促进了渔业发展及区域间的人文与商贸交流。

那么，到2049年——中华人民共和国成立100周年时，人与海的关系是什么样子？海洋对社会经济将产生什么影响？中国的强大、中国的可持续发展、中国进入世界领先行列，海洋资源与技术的利用该发挥怎样的作用？

第五节 中国海洋开发与经济发展

一、海洋开发和海域使用

海洋既是生命的摇篮，又是各种资源的宝库，人类社会发展的历史进程一直与海洋息息相关。纵观中国历史，人们对海洋的认识，曾经长期被重陆轻海、视开拓海外贸易为“弊政”的传统海洋观念所左右，明代以来实行的“海禁”政策严重阻碍了中外正常交往的开展。以牺牲新兴经济利益来稳定传统政治利益的保守取向，使中国在 15 世纪初郑和下西洋后便停止了向海洋的活动。面对大航海时代的到来，中国向海洋的发展却退缩了，长期农业文明固有的重农抑商思想及重陆轻海思想给我国海洋开发带来了极大的消极影响。

中华人民共和国成立以来，人们逐渐认识到这样一个事实：中国无疑还是个发展中的海洋大国，有着 18000 千米的大陆岸线、14000 千米的岛屿岸线，6500 多个 500 米 ^{2} 以上的岛屿和近 300 万千米 ^{2} 的主张管辖海域，相当于我国陆地国土的 1/3，是一个陆海兼具、生态环境多样的大国。1978 年，中国在改革开放之初就已经意识到海洋国土的重要性，开启了由陆向海的大规模开发活动。1978 年的全国科学大会明确提出了查清中国海、进军三大洋、登上南极洲三大海洋事业发展目标，并且从 1980 年开始，在全国范围内开展了海岸带和海涂资源综合调查工作，取得了丰富的资料和成果。

自20世纪80年代以来，随着我国海洋经济的快速发展，海洋开发利用方式逐渐增多。但是，由于多头管理、家底不清、权属不明、缺少规划，行业用海矛盾和纠纷日益加剧，乱占海域、争抢资源的现象时有发生，严重影响了海域资源的合理开发和可持续利用。20世纪90年代，随着中国改革开放的深化，海域的综合管理工作成为国家海洋局的重要职责。1998年，国务院组建国土资源部，国家海洋局成为国土资源部管理的、监督管理海域使用和海洋环境保护、依法维护海洋权益、组织海洋科技研究的行政机构。海域使用管理，成为国家海洋局重要的基本职能。1998年，国家海洋行政主管部门开展了大比例尺海洋功能区划工作，1999年修订《海洋环境保护法》，2001年颁布《海域使用管理法》正式确立了海洋功能区划的法律地位。2002年《海域使用管理法》《全国海洋功能区划》相继颁布实施后，各级海洋行政主管部门努力树立和落实科学发展观，坚持依法行政，科学管海，逐步扭转了海域使用中长期存在的无序、无度、无偿局面，有效维护了国家海域所有权和海域使用权人的合法权益，有力保障了海洋经济的持续、健康、协调发展。2008年，国务院批准实施了《国家海洋事业发展规划纲要》，规划了海洋事业发展的蓝图，我国海洋事业的发展进入了一个新的历史时期。同时，国务院批准实施了涉海有关部门新的“三定”方案，标志着中国朝着实现海洋综合管理目标迈进有了新的历史起点。

21世纪是海洋开发和利用的世纪，我国海洋开发同样势不可当。2011—2013年，国务院相继批复了《山东半岛蓝色经济区发展规划》《浙江海洋经济发展示范区规划》《广东海洋经济综合试验区发展规划》《福建海峡蓝色经济试验区发

展规划》和《天津海洋经济科学发展示范区规划》，加上 2008 年批复的《广西北部湾经济区发展规划》、2009 年批复的《江苏沿海地区发展规划》，形成了环渤海、长三角、珠三角、海峡西岸、环北部湾和海南 6 大海洋经济区。从此开始海洋经济成为拉动中国经济增长的重要引擎。

近年来，党中央、国务院对海洋经济发展工作更是高度重视。党的十八大报告首次正式提出海洋强国战略，并指出发展海洋经济是建设海洋强国的重要组成部分。习近平总书记在政治局集体学习时强调："要提高海洋资源开发能力，着力推动海洋经济向质量效益型转变。"2013 年，中央提出共建"丝绸之路经济带"和"21 世纪海上丝绸之路"的两大倡议，"一带一路"是中央统筹国内国际两大格局的重大战略决策，明确了"以点带面，从线到片，逐步形成区域大合作"的工作要求，为海洋经济发展指明了新方向，提出了新要求。

二、中国现代海洋开发与产业发展

自 21 世纪以来，海洋产业的多元化、国际化和科学技术发展推动着海洋经济结构调整、海洋经济发展方式转变，促进全国海洋经济实现平稳增长。

根据三次产业分法，海洋产业可以分为海洋第一产业，主要包括海洋渔业；海洋第二产业，包括海洋油气业、海滨砂矿业、海洋盐业、海洋化工业、海洋生物医药业、海洋电力和海水利用业、海洋船舶工业、海洋工程建筑业等；海洋第三产业，包括海洋交通运输业、滨海旅游业，以及海洋科学研究、教育、社会服务业等。

2018 年，全国海洋第一、第二、第三产业增加值分别为 3640 亿元、30858 亿元和 48916 亿元。第一产业比重较低，并且增加值相对第二、第三产业比重来讲较为稳定，近 10 年来变化不大。第二、第三产业占比较大，并且在最近几年得到了较快的发展（图 1–11），这主要得益于海洋科学技术的发展。经过半个多世纪的发展，中国已经形成了以海洋环境技术、资源勘探开发技术、海洋通用工程技术为主，包含 20 多个技术领域的海洋高新技术体系。这大大缩短了与海洋技术先进国家的差距，加速了三次海洋产业结构的升级。

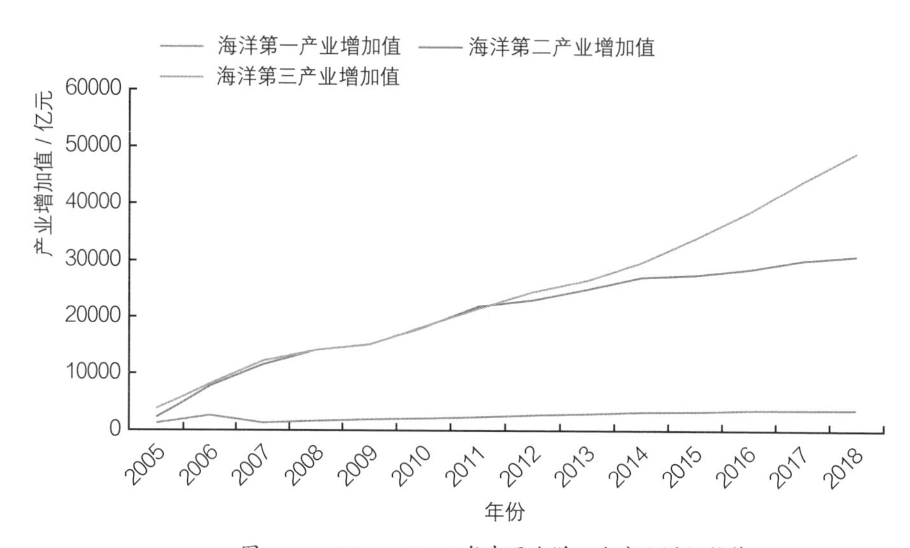

图 1–11　2005—2018 年中国海洋三次产业增加趋势

根据中国海洋年鉴中主要海洋产业的分类，中国共有 12 个海洋产业，包括滨海旅游业、海洋交通运输业、海洋油气业、海洋渔业、海洋船舶工业、海洋矿业、海洋化工业、海洋生物医药业、海洋工程建筑业、海洋电力业、海水利用业和海洋盐业（图 1–12）。

滨海旅游业、海洋交通运输业、海洋渔业为我国海洋经济的三大主导产业，其中滨海旅游业增长趋势更为迅猛。除上述三大主导产业，海洋工程建筑业、海洋油气业、海洋船舶工业、海洋化工业增加值在动态变化中总体呈上升趋势。海洋生物医药业、海水利用业等产业规模相对较小，增长额相对平稳。

从区域来看，2018 年，北部海洋经济圈海洋生产总值 26219 亿元，占全国海洋生产总值的比重为 31.4%；东部海洋经济圈海洋生产总值 24261 亿元，占全国海

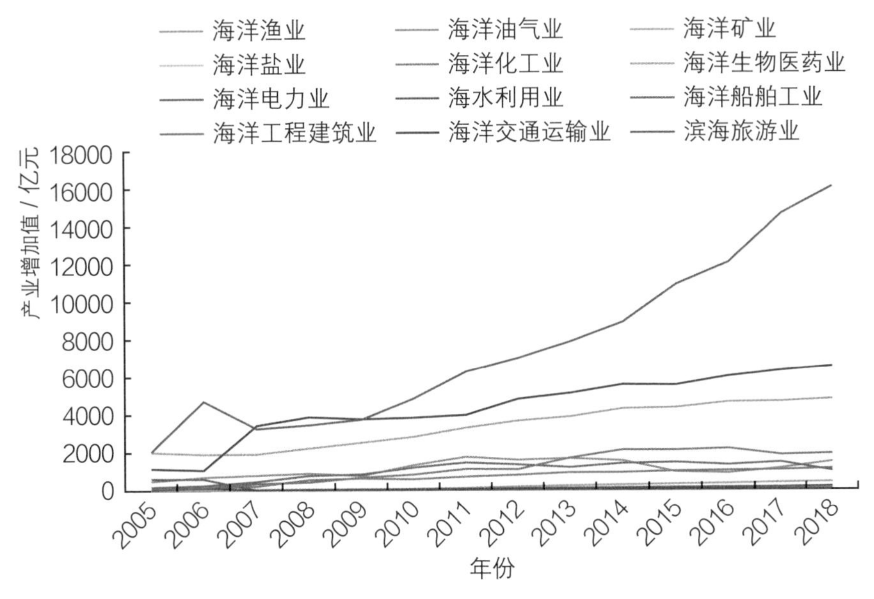

图 1–12 2005—2018 年中国主要海洋产业的增加值的变化趋势

洋生产总值的比重为 29.1%；南部海洋经济圈海洋生产总值 32934 亿元，占全国海洋生产总值的比重为 39.5%（图 1–13）。

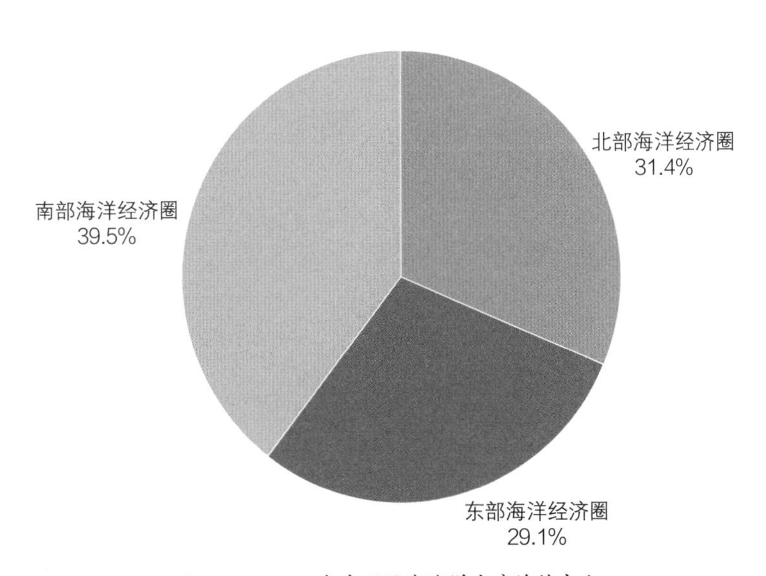

图 1–13 2018 年中国区域海洋生产总值占比

三、海洋经济发展

自2005年至今，我国海洋经济高速发展。根据相关部门对外发布的海洋经济统计公报显示，我国海洋生产总值从2005年的16987亿元增长到2018年的83415亿元，海洋生产总值保持稳定增长，占国内生产总值比重长期保持在9.5%。

中国经济在经历30多年的快速增长之后，经济发展的基本模式、产业业态及增长动力都已经今非昔比。经济增速从高速增长转为中高速增长；经济结构逐步优化升级；经济增长从要素驱动、投资驱动转向创新驱动。在经济“新常态”背景下，我国海洋经济总体保持平稳运行，海洋产业结构进一步优化，海洋经济发展逐步从规模速度型向质量效益型转变。回顾过去10

年，随着国家社会经济的发展与国际形势的变化，我国海洋经济发展所处的内部和外部环境均已发生深刻变化，发展高质量的“蓝色 GDP”对于促进海洋生态文明、加强海洋强国建设的重要意义进一步凸显，海洋经济发展正逐渐呈现出“新常态”。其具体表现为以下几方面。

一是海洋经济向质量效益型转变，海洋开发领域向深远海空间拓展。海洋经济发展进入了产业结构持续优化、战略性新兴产业迅速起步、新型产业形态加速涌现的新常态；海洋空间成为我国拓展国土开发新的战略空间，尤其是向深远海的拓展成为推进我国海洋经济向质量效益型转变的关键。

二是海洋开发方式向循环利用型转变，近海资源由实物生产要素向服务生产要素演化。由过去“资源—产品—污染物”单向流动的线性海洋经济生产模式向基于生态系统的“生产者—消费者—分解者”的资源节约、环境友好的生态化循环生产方式转变，使海洋开发利用活动与海洋资源环境承载能力相协调，打造海洋生态文明新常态。从过去资源消耗大、污染程度高的海洋传统产业，向重视海洋第一、第二、第三产业全面协调发展转变，尤其注重高技术、低能耗、环境友好的海洋新兴产业和服务业的发展。可以预见，未来我国将大力发展以海洋要素和空间资源为依托的物流、旅游、科教管理、体育、环境监测和信息服务业等海洋产业，建设低碳型海洋产业体系，增加就业机会，从而促进整个海洋经济健康、高效、可持续发展。

三是创新引领型成为科技兴海新特征，“深水、绿色、安全”成为新导向。当前，国家海洋经济核心竞争力的形成、海洋产业的优化升级和经济发展方式的转变对海洋科技的进步提出了更高的要求，海洋科技发展必须向以自主创新为主的创新引领型发展模式转变。常态化开展“深水、绿色、安全”技术的研究及应用，将成为满足我国海洋强国建设战略需求的新导向。

四是“和平、发展、合作、共赢”和“新海上丝绸之路”重建国际经济新秩序。建设“21世纪海上丝绸之路”将是我国深化改革海洋经济，优化升级海洋产业的一个强大驱动力。通过海上丝绸之路的建设，在更大范围有效拓展人才、技术、资金等市场要素的流通渠道，促使海洋经济国际交流与合作进一步深入。

第二章

海洋科技与资源利用助推强国梦

>>>

第一节 海洋科技发展与资源利用的社会期望

一、国内外海洋形势

1 世界海洋竞争聚焦于高科技

当前，世界海洋竞争进入白热化状态，更多国家认识到海洋的重大战略地位。全球从海洋中获取的经济利益持续快速增加，海洋产业总产值每 10 年左右翻一番，一些发达国家的海洋产业类别已经超过 20 个，不断扩大的海洋产业群构成了一个新经济领域。20 世纪 60 年代，海洋生产总值为 130 亿美元，到 21 世纪初期，海洋生产总值已经超过 20000 亿美元，占全球 GDP 的比重超过 4%。据世界旅游组织统计，21 世纪初期，世界滨海旅游业已占全球旅游业总收入的 50%；较大海港有 2000 多个，国际货运的 90%通过海运完成，海上贸易超过 34000 亿美元；海洋提供了约 50%的世界渔业产量，为近 30 亿人提供了重要的营养物质，为最不发达国家的 4 亿人民提供了近 50% 的动物蛋白和矿物质。全球海洋鱼类捕获量达 8500 多万吨 / 年，产值 2000 多亿美元；海洋石油产量 13 亿吨，占世界原油产量的 40%，产值占海洋经济的一半。海洋新兴产业，如生物产业、矿物产业、碳捕获和储存、可再生能源、离岸养殖等正在兴起。沿海生态系统服务价值估计已超过 25000 亿美元 / 年，是最具经济价值的生态系统。预计到

2050 年，人口数量从现在的 70 多亿人增长到 91 亿人，比现在高 34%；收入水平将成倍增长，中产阶层人数从现在的 5 亿增长到 2050 年的 25 亿；城市化进程更快，约 70% 的世界人口将在城市中生活（目前仅为 49%）。为满足这一日益增长的需求，需要在未来 30 年增加 1 倍的食物、水和能源。海洋是满足未来食物、水和能源需求增长的重要来源，并成为支撑人类经济社会可持续发展的重要载体。因此，世界强国力图通过各种途径，占领海洋的科技制高点，争霸海洋，以此控制世界新秩序和新格局。当前，新一轮的国家间海洋竞争是以高科技为依托的军事竞争、经济竞争，海洋科技水平和创新能力在国际海洋事务竞争中占据着越来越重要的主导地位。

当今，世界海洋开发进入了新时代，呈现立体、绿色、高技术的新趋势。一是多种资源开发利用与争夺空间发展权共存。海洋开发向三维立体方向发展，开发范围从近海、浅海逐步向远海、深海扩展，走向深蓝开发；从传统渔业资源逐渐向能源、战略性资源、深海基因资源扩展。二是海洋开发走向绿色开发的新时代，追求

高效、低碳和安全发展。后里约时代向绿色经济转型是世界可持续发展的必然趋势，发展蓝色经济保护海洋生态环境是人类共同的愿景。海洋资源开发利用向海洋资源集约化、精细化、综合利用转变。如船舶向超级绿色发展，绿色船舶设计理念的转变应从过去单一讲求环保、注重安全向未来的注重“能效、减排、循环再利用、再生 / 清洁能源、本质安全、人居适宜”全面绿色的新标准转变。三是高技术开发呈现常态化。依赖高技术及装备，海洋资源勘探、发现、开采、加工技术一体化与产业化。在海洋开发的新时代中，如何占领制高点，引领新的开发方向和轨迹，关键是科技创新。

2 国际海洋事务合作与竞争并存

21 世纪是海洋世纪。从国际海洋事务发展大势看，当前国际海洋形势保持了较好的发展态势。以《联合国海洋法公约》为核心的国际海洋新秩序的建立，使各国可以通过和平协商的方式解决利益冲突和矛盾，为各国和平开发和利用海洋提供了制度保证。合作与发展是当今国际海洋事务的主流。随着经济全球化进程的深入，世界各经济体以海洋为纽带，开展了比以往任何时候都更加密切的交流合作。与此同时，围绕国际规制权的竞争凸显，地区组织作用日益增强。

(1) 发展蓝色经济成为世界主要海洋国家的新共识

关于蓝色经济，尽管目前国际上还没有公认的定义，但是近年来在多个层面论坛的讨论，包括全球层面（如联合国）、区域层面（如欧盟和亚太经济合作组织）和国家层面（如中国、印度尼西亚）等，都证明了发展蓝色经济对海洋可持续发展的重要性，发展蓝色经济已经成为主要沿海国家和区域组织的共识。但是，蓝色经济的发展最重要的依托是海洋科技，是对海洋和海岸带更深更广的认知，是海洋高技术和海洋可持续利用的关键技术的突破。

2012 年 6 月召开的里约联合国可持续发展大会提出了“绿色经济是减缓贫困和实现可持续发展的重要工具”的倡议。在会议前期准备过程中，许多沿海国家都认为，绿色经济概念应用到海岸带和海洋领域时，就是蓝色经济。联合国前秘书长潘基文在“里约 +20”边会的致辞中表示：由健康的、充满生产力的海洋组成的“蓝色世界”能够推动未来绿色经济的发展，并且将在可持续发展中发挥巨大的作用。

2012 年，蓝色经济的概念正式进入欧盟文件。《蓝色增长战略》把蓝色经济定义为与蓝色增长关联的活动，确定的重要领域为海洋运输、海洋能源、水产养殖、海洋旅游、海洋资源开发和蓝色生物技术等；2014 年欧盟推出了“蓝色经济”创新计划，以利于资源的可持续利用，同时推动经济的增长和就业。其中一条重要措施是促进成员国更好地合作，共享研究成果。

2014 年 5 月，亚太经济合作组织各成员在第三届海洋和渔业工作组会议上就蓝色经济的内涵达成了共识，为实现亚太经济合作组织的目标和促进经济增长，将蓝色经济视为推动海洋和海岸带资源与生态系统可持续管理和保护、实现可持续发展的一种有效途径。

（2）世界政治和经济中心向亚太地区转移

世界与亚太地区已经进入结构性大调整和大变革的时代，政治和经济中心向亚太地区转移。在全球权力重心转移的大背景下，亚太地区主要国家战略调整在谋求新布局，亚太海洋权益之争日趋激烈。进入 21 世纪第二个 10 年，随着经济全球化对海洋前所未有的依赖和亚太地区成为世界经济发展的引擎，各大战略力量依托亚太、博弈亚太的趋势更加明显，亚太海洋尤其是西太平洋和北印度洋成为热点地区，其中重要的考量是建立和巩固陆上支点，拓展和延伸海上布势。美国、俄罗斯、日本、澳大利亚等大国竞相争夺亚太地缘战略优势，寻求再平衡。亚太海洋形势日趋复杂多变，海洋权益之争愈演愈烈。因此，在亚太地区形成了以海洋权益为背景的科技能力的竞争态势，各国都在寻求以科技的创新争夺海洋权益的途径。

(3) 国家管辖外海域生物多样性问题成为世界海洋事务的新热点

国家管辖范围以外海域包括公海和国际海底区域，约占全球海洋总面积的 70%，是目前尚未被充分认识、资源尚未得到充分开发利用、属于全人类的“公共海域”，是各方战略利益角逐的新疆域和战略制高点。涉及深海基因资源的公平获取与惠益分享、公海“区域”管理，包括保护区、环境影响评价、能力建设和技术转让等“一揽子”问题在内的国家管辖海域外生物多样性（BBNJ）养护和可持续利用问题，均是《联合国海洋法公约》生效后新出现的海洋热点问题，也是当前国际海洋政治外交斗争、争夺国际海洋事务话语权的焦点。在这一焦点上，具有科学调查和探测能力是最重要的基础。自 2004 年以来，已有包括联合国大会特设工作组在内的多个政府间或非政府间机构专门研究讨论该问题。以 77 国为代表的发展中国家、以欧盟和美国、日本、俄罗斯为代表的发达国家等利益集团各有其利益诉求，立场明确但分歧较大。目前，国家管辖海域外生物多样性（BBNJ）问题进入了“国际立法”筹备阶段。2017 年 3 月 26 日至 4 月 7 日，BBNJ 养护与可持续利用协定第三次预委会在联合国总部举行。会议在《联合国海洋法公约》框架下，就 BBNJ 问题拟定相关草案要点，并向联合国大会提出实质性建议。

3 我国实施创新驱动发展战略的政策环境

实施创新驱动发展战略为海洋科技创新提供了有利的政策环境。当前科技创新的重大突破和加快应用极有可能重塑全球经济结构，使产业和经济竞争的赛场发生转换。中共十八大做出了实施创新驱动发展战略的重大部署，强调科技创新是提高社会生产力和综合国力的战略支撑，必须摆在国家发展全局的核心位置。实施科技创新驱动战略是一个系统工程。海洋科技创新是国家科技创新体系的重要组成部分，实施创新驱动发展战略将为海洋科技创新提供有力的政策支持。

创新驱动发展阶段体现为以企业创新主导、具有更高生产效率和更先进技术水平为特征的经济发展时期。创新驱动的增长方式不只是解决效率问题，更为重要的是依靠知识资本、人力资本和激励创新制度等无形要素的新组合，使科学技术成果在生产和商业上应用和扩散。欧美地区已经踏上财富驱动发展的台阶，但总体不稳——金融危机，处于创新与财富驱动并行阶段。根据世界经济论坛的观点，人均GDP大于1.7万美元的国家处于创新驱动发展阶段，目前这些国家主要包括美国、日本、法国等20多个国家。这些国家的共同特征之一是研究与试验发展（R&D）经费投入强度长期占GDP的2.0%以上，达到3.0%是国际一般标准。

时代的发展需要创新驱动。目前全球10亿人的生活达到发达国家的水平，如果我国14亿人全部进入现代化，唯一的可能性和出路在于科技创新上，因此迫切需要加快从要素驱动、投资规模驱动发展为主，向以创新驱动发展为主的转变。综上预测，我国在21世纪20年代达到顶峰，到2049年，我国经济总量将达到2012年的5倍，达到所有33个经济合作与发展组织（OECD）国家GDP的总和，为同期美国水平的3/4。到21世纪30年代，我国能源使用量将超过现在的2倍。到2030年前，我国的生物产能将低于其非能源足迹，不得不依赖资源进口。我国经济增长到2049年，需要寻找新的动力和平衡。新增长阶段可能涌现的新增长点包括基础设施投资、城镇化、产业升级、消费升级、更大程度和更高质量地融入全球分工体系，其中最重要的是创新。到2030年，我国的GDP达到美国的1.5倍，人均GDP达到美国的39%；城镇化率67%；第二产业比重降至35%，服务业提高到60%；中等收入人群占65%。到2049年，我国的GDP达到美国的2倍，人均GDP达到美国的50%；城镇化率75%；第二产业比重降至30%，服务业提高到70%；中等收入人群占80%。按照目前我国陆地发展的基础和条件，实现这样的目标十分艰难。

海洋如何为实现国家的战略目标做出贡献，不只是提高海洋综合实力，而是要通过创新，让创新才能真正起到牵动或引领海洋开发的作用。

4 建设海洋强国的更快更高需求

中共十八大提出："提高海洋资源开发能力，发展海洋经济，保护海洋生态环境，坚决维护国家海洋权益，建设海洋强国。"我国建设海洋强国选择走"依海富国、以海强国、人海和谐、合作共赢"的发展道路；在认知海洋、利用海洋、保护海洋、管控海洋等方面拥有强大的综合实力；以"和谐海洋、平衡发展"为理念，努力建设海洋经济发达、海洋科技先进、海洋生态健康、海洋安全稳定、海洋管控有力的新型"强而不霸"的海洋强国。

目前，海洋面临着严峻的形势。海洋成为影响亚太地区地缘政治和地区政治的突出领域，是经济发展和能源格局变化的主要引擎，是改变现有国际秩序和势力版图的重要战场，海洋在国家安全发展与稳定中的地位日益凸显。发达国家通过各种途径，占据海洋制高点，制约发展中国家的海洋事业和海洋经济，缩小发展中国家的海洋利益空间和格局。在这种形势下，我国需要采取新的战略，建设中国特色的海洋强国，并通过认知、开发利用和经略海洋，拥有与自身发展相适应的综合国力，保卫国家核心利益不受侵害，维护公正合理的国际新秩序。为此，我国必须

实施创新驱动，走自强、自主创新发展之路；以海富国，走富强和谐、生态文明之路；利益融合，走共同发展、互利共赢之路；实力保障，走图强不霸、和平发展之路。实现这样“强而不霸”的新型海洋强国必须加强海洋科技创新、建设海洋科技强国，才有可能引领海洋经济转型升级、加快海洋资源勘探开发、强化生态环境保护、有效维护我国海洋权益、做好战略资源与空间拓展，即“科技兴则民族兴，科技强则国家强”。

建设海洋科技强国，必须加大对海洋的认知，对在我国近海和管辖海域，在西北太平洋、印度洋及国际海域和南北极的深化调查研究，提供强有力的科学信息支持。在经济发展领域，通过核心关键技术突破和重点领域集成创新，扭转核心技术受制于人的格局，引领海洋经济向可持续方向发展，创造海洋经济强省和特色海洋强市。在海洋民生领域，维护海洋生态健康，为可持续利用海洋、创造幸福和谐的人海关系、减灾防灾等提供技术保障和服务。在海洋权益领域，全面支撑管辖海域海洋权益维护，实现对国际海底勘探开采的自主技术体系建设，扩大极地空间和利益，为有效维护海上通道安全提供环境保障服务。在 21 世纪海上丝绸之路建设中，充分发挥海洋科技的战略作用，促进地区多元互利友好的科技合作，形成丝路

建设的海洋服务和联合开发体系。建设海洋智库，通过协同和开放创新机制，发挥海洋智库在决策支持中的基础作用。建设创新平台，通过自主创新的多种方式，深化科技体制改革，完善以科研院所和大学为主体的海洋知识创新体系；通过市场机制和协同机制，创建和完善以企业为主体和工程技术中心为支撑的海洋技术创新体系；通过体制机制创新，深化海洋公益机构改革，深化海洋公益服务科技创新体系改革。

5 四个"在外"带来的新思考

我国经济转型出现新的方向和特征。目前，我国的经济除了市场和资源两头在外，又出现了资本在外和人员在外的特征。2020 年全面建成小康社会，人均 GDP 要达到中等发达国家水平，那么，中国经济发展由生产拉动为主向与消费结合拉动转变，要靠生产和消费驱动，因此，消费潜力巨大。目前我国的消费能力显示，2013 年出境旅游 1.2 亿人（WTO 的报告是 9800 万人），人均消费逾 1000 美元，高于世界平均消费的 20%。每年把超过 2000 亿美元的消费带到了国外，旅游目的地海洋和海岛国家占 60%；各国也纷纷降低入境签证标准，说明我国目前不能满足旅游消费，导致大量消费流到国外。2013 年，我国对外投资超过吸引外资水平，对全球 156 个国家的 5090 个企业直接投资，非金融投资 907 亿美元。我国正在进行产业结构升级，自动化广泛应用，机械、电子出口态势良好，中型成套装备技术出口占我国第一位，改变了服装等低端出口第一的局面。中国装备和高技术的契合相当高，企业对高技术需求潜力巨大，应用前景非常广阔。产业结构升级离不开高技术，靠高技术进行结构升级。在资本上，社会资本和国家投资融合，使资本的供给充裕。面对这种形势，海洋科技创新需要考虑这样的问题，一是资源在外，如何将资源引进，并输出技术；二是市场在外，如何通过科技创新形成新的市场，拉动国内消费；三是如何利用在外的资本，发挥科技创新的作用，在区域上形成主导优势；四是如何通过科技创新，将流出的人员和资金的主体留住，拉动国内消费。

二、对海洋的期待

1 维护国家海洋利益

(1) 提高国际话语权

随着海洋地位的不断提升，海洋争夺和控制由军事目的转向以更加广泛的战略利益争夺为主。国家管辖海域外生物多样性养护与保护区划定、深海生物基因资源、北极航道已成为国际海洋热点问题。为此，需要重新构建海洋科技对国际话语权的支撑体系，在关乎公海和深海资源的公平获取与惠益分享、生物多样性养护和可持续利用、公海与“区域”制度的修订和新发展、世界海洋势力范围重新划分和再确定中发挥支撑作用。

为此，要在约占全球海洋总面积 70% 的公海和国际海底区域做出科技工作部署，全面推进这些区域的海洋调查探测和资源勘查，全面提高资源潜力评价与开发研究能力，使我国在国际海洋政治外交斗争、争夺国际海洋事务话语权上占据有利地位。

(2) 支撑海洋权益维护

随着沿海国家对海洋权益的日益重视和争夺，我国与周边海上邻国间的海域划

界、岛屿主权归属等矛盾将会更加复杂化、多元化和白热化。所以，我国应加强划界海域的海洋调查研究，掌握全面的基础数据和成果资料，为通过外交谈判或法律手段解决海域划界争端提供科学依据和科技支撑。同时，需要大力研制管辖海域自主海上集成监控系统、近地空间的凝视观测系统，构建有效的制约、对抗与取证技术手段，发展我国海洋维权的高时空覆盖率的监控、抗干扰、信息保障和决策支持技术等，在带动相关高技术产业发展的同时，全面提升我国海洋维权执法能力。

（3）服务海上通道安全保障

海上通道安全和海上自由航行是我国面临的战略任务。中国台湾海域和南海、马六甲海峡、印度洋、阿拉伯海是中国的海上生命线。目前，每天通过马六甲海峡的船只中近 60% 是中国船只，经马六甲海峡运送的石油占我国石油进口总量的 70% 以上。

如何保障实施海上丝绸之路战略，如何应对美国重返亚太带来的新挑战，并在维护地区安全和稳定的基础上保障海上通道安全，已成为海洋科技的战略任务。因此，亟待加强对西太平洋、东印度洋等重要海洋航线区域的调查和观测，并逐步拓宽到南太平洋、北冰洋等区域。在实现近岸近海精细化、中 / 小尺度现象、多要素、多时效目标的基础上，推动区域海洋预报向全球、深远海、重要海洋通道及应急反应拓展。同时，通过构建海外支撑点，实施监测技术和设备援助、东南亚海洋预报、灾害预报和区域调查与数字海洋网络建设，开展热带、亚热带生物多样性普查和保护、海洋环保和生态修复及中外智库交流合作等工作。

针对上述需求，我国需要突破长期、连续、实时监测海洋环境所需的仪器、平台、通信等关键技术，全面提升海洋观测能力。重点突破具有全球海洋实时、高精度、定量化观测能力的自主海洋卫星与应用体系，立体化无人观测平台、科学调查船、海底观测系统、深海工作站等。此外，通过海洋观测技术及预报模式的自主创新，研发具有自主知识产权的、军民兼用的、高分辨率、近海和全球三维海洋环境数值预报系统，为我国军民在全球海洋活动提供及时有效的环境保障服务。

2 服务经济社会发展

可以预计，到2049年中国制造的附加值将进入世界前列，并彻底改变初级加工的产业结构。但是，水资源将迅速短缺，水价急剧上涨；石油、煤炭、医药、金属等将是新的资源问题。目前，我国原油进口占国内消费量的60%；铁矿石进口6.86亿吨，占国际贸易量的60%以上；铜、镍、天然橡胶对外依存度超过70%，资源、环境问题将成为约束我国经济和社会发展的瓶颈，对海洋资源的可持续、高效开发利用需求越来越高。必须加强海洋科学研究及高技术开发，全面提高海洋开发能力，逐步扩大海洋开发领域，才能引导并支撑海洋经济向质量效益型转变，使海洋产业发展成为国民经济的支柱产业，大幅提高对经济和社会发展的贡献率。

(1) 缓解能源危机

据预测，到2020年我国国内石油产量将达20000万吨，海外区块生产能力达6000万吨，而每年石油需求量为45000 ~ 50000万吨，保障程度仅为45% ~ 50%，这将制约国家经济发展及国防安全。

据研究，我国海域油气待探明的地质资源量为184.39亿吨油当量，待探明可采资源量为80.83亿吨油当量。同时，有近90%的石油和95%的天然气尚未探明，这为我国直至2049年的海洋油气勘探、开发提供了广阔的空间。

为缓解我国能源供应的紧张状况，除积极勘探、开发我国近海大陆架油气资源，还应优化极浅海油田、边际油田开发技术，大力发展深海油气资源勘探、开采技术，探明和开采更多的深海油气资源。

我国海域可再生能资源理论蕴藏量约6.3亿千瓦，适度开发潮汐能、波浪能、温差能和潮流能，可缓解我国能源的不足。为此，需要突破特殊水轮机组设计制造、电站设备防腐、能量高效转换、相位控制等技术。

初步调查表明，我国南海和东海有相当丰富的天然气水合物，仅西沙海槽区估算的远景资源量就达45.5亿吨油当量。因此，应当加大科技创新，对天然气水合物的类型及物化性质、自然赋存和成藏条件、资源评价、勘探开发手段，以及天然气水合物与全球变化和海洋地质灾害的关系等进行系统研究，尽快为我国社会和经济发展提供新的能源。

（2）缓解水资源危机

我国是缺水国家，按耕地平均占有水量为世界平均的 1/2，人均占有水量仅为世界平均的 1/4。按照目前全国沿海地区的淡水需求，到 2049 年将缺淡水 214 亿吨。

解决淡水缺口的根本出路是向海水要水。如果像抓“南水北调”工程那样抓海水利用专项工程，就有可能实现对淡水缺乏的实质性缓解。目前，我国海水淡化能力超过 70 万吨 / 日，年直接利用超过 500 亿吨。如果 2049 年海水淡化能力达到 3500 万吨 / 日，海水直接利用达到 1500 亿吨 / 年，就可以基本解决沿海地区淡水资源缺口问题。

因此，亟待解决先进膜材料制备、海水淡化装备、浓盐水综合利用等方面的一系列理论与技术问题，以降低海水淡化成本，提高海水淡化效率，建造具有自主知识产权的、更大规模的海水淡化工程，进而实现海水综合利用，有效地开发其化学资源。

（3）保障食品安全

我国人均水产品的占有量，已由 1978 年的 4.8 千克提高到 2013 年的 41 千克，约是我国人均占有的肉类、禽蛋和奶类总量的 40%，超过世界人均占有量。据分析，到 2049 年我国人口总量达到峰值，比 2014 年增加近 1.6 亿。若按现在人均占有量计算，我国水产品的需求量需增加约 1000 万吨。若按水产品人均需求量随着社会经济发展而提高的趋势，水产品人均占有量将达到 50 千克，则还需增加 2000 万吨。为此，水产品总产量在 2030 年须达到 7500 万吨，2049 年须达到 8400 万吨。

要实现这些目标，特别是让人民群众吃上绿色、安全、放心的海产品，仍面临许多理论和技术问题，如近海渔业资源养护和修复理论与技术，环境友好、质量安全、高效产出的海水养殖模式与技术，远洋与极地生物资源开发利用技术等。同时，要发展水产品精深加工和综合利用理论与技术，科学开发利用海洋生物丰富的活性化合物、基因、酶等资源。

（4）开发矿产资源

矿产资源是国民经济的重要基础物质，也是国家发展的重要战略物资，供需矛盾的日益突出，正对人类经济社会可持续发展产生深刻影响。我国陆上主要矿产探明人均储量不到世界平均水平的 1/4，居世界第 80 位，探明矿产中 1/3 是“呆矿”，难利用资源占 80%。目前，铁矿石、铜、氧化铝等的供应能力在 30% ~ 52%，对外依存度为 36% ~ 85%。据对 45 种主要矿产（占矿产消耗量的 90% 以上）进行的预测分析，到 2020 年仅有 6 种矿产可以满足国内需要，需从国外进口大量的铜、镍、锰、钴、铅、锌、铂等，而这些矿产在海洋的储量都很丰富。

海底储有十分丰富的多金属结核、富钴结壳、硫化物和砂矿。仅在东北太平洋，我国已获专属勘探权和优先开采权的 7.5 万千米^{2}多金属结核资源区，就可以提供 6000 万吨干结核；我国沿海富含稀有金属和放射金属的海滨砂矿，储量也高达 31 亿吨。所以，亟待开展海洋矿产资源成矿条件、成藏机理、资源分布和富集规律等方面的科学研究，研发先进的、具有自主知识产权的矿产资源评价、探测和开发技术，缓解我国发展中的矿产资源压力。

（5）开拓空间资源

“海洋是人类生存第二空间”。随着人口膨胀、陆地空间资源枯竭，海洋空间的开发利用问题越来越令人关注。我国已利用了 1/3 滩涂、61% 的大陆海岸线已成为人工岸线，2013 年确权的围填海面积约 131.7 千米^2，近岸空间开发利用强度很大，但离岸式、环境友好型的海洋工程少。目前，现代海洋空间利用正在从沿岸走向近海，利用方式也趋向高性能和综合性，沿海核电站、海底隧道、海上机场、人工岛、超大型浮式海洋结构、海底仓储和海上城市都已呈现快速发展势头。预计到 21 世纪上半叶，将可能出现容纳 10 万人的人造海上城市。

海洋空间资源开发利用难度高、风险大，对科学技术依赖性强，要求系统掌握区域性海洋环境条件，发展绿色设计理论与建造、安全诊断评估与维护、海上维修和保养等技术，这必将给海洋工程技术发展带来前所未有的机遇与挑战。

(6) 促进生态文明

中国海是一个半封闭型体系，近海生态和环境恶化问题十分突出，与建设海洋强国的要求十分不适应。

一是海洋污染持续加剧，陆地淡水输入显著减少，海洋垃圾、海洋酸化、海平面上升问题凸显，新型化学品污染和纳米材料海洋“PM2.5”问题突出，典型物种加速丧失，生物多样性显著下降，生态系统功能衰退，生态灾害增多，海洋生态安全问题成为我国面临的严峻挑战和威胁。

二是近30年来海洋中病原微生物不断增多，在监测的海区，病毒包括甲型肝炎病毒、诺如病毒、轮状病毒、星状病毒、腺病毒、脊髓灰质炎病毒。这不仅使珊瑚、海龟、海豹等野生海洋动物的患病率越来越高，并对群落和生态系统水平产生严重影响；而且导致海水养殖业的细菌性、病毒性疾病的发生频率和范围不断扩大，并带来巨大经济损失，成为制约海水养殖业发展的瓶颈因子之一。更为严重的是，由于海洋病原微生物的增加，人鱼共患的疾病也日益增加，成为沿海地区人体健康的重要威胁。

三是作为西太平洋沿岸海洋灾害最严重的国家，仅2001—2010年，我国累计发生海洋灾害1452起，经济损失超过1378亿元，死亡人口近2000人，沿海设施损害6万多处，遭受损害岸线5000多千米，损毁房屋30多万间。2015年，除风暴潮、海冰和赤潮等灾害，绿潮、海岸侵蚀、海水入侵与土壤盐渍化等灾害也有不同程度发生，各类海洋灾害造成直接经济损失163.48亿元。

因此，不仅需要开展陆海统筹的污染控制研究，还要开展海洋污染物的形态变化和迁移转化规律、对海洋生态系统的毒性效应和影响机制、污染防治技术、生态修复与恢复技术的研究，建立海洋生态服务功能和生态损害赔偿评估技术体系，发展以科技为支撑的减灾防灾技术，并把研究关注区域从近岸海域向深海、远洋和公海延伸，为改善沿海生活环境和生态质量提供科技支撑。

第二节 海洋科技和资源利用改变经济社会发展进程

建设海洋强国对海洋科技创新提出了新的战略要求。如何推进我国海洋的认知强、技术强、产业强、经济强、生态强、管控强，如何使海洋认识从中国近海拓展到全球海洋、极地、深海深部，如何使海洋产业从传统产业大国转变为现代产业强国，如何使海洋经济从资源依赖型转变为技术型和服务型，如何使核心关键技术从受制于人转变到以自主创新为主，如何使管控从沿海拓展到管辖海域并取得更多的国际海洋话语权，如何使生态环境从恶化控制转变到健康维护，这些都是战略性挑战。海洋科技创新将迎接这些挑战，有力支持、支撑和引领这样的转变。

一、以海洋科技创新促进转型发展

只有强化海洋科技创新，才能主动适应经济发展“新常态”，促进海洋经济转型发展，使我国从海洋经济大国变为海洋经济强国。

依靠科技进步发展海洋经济具有难得的战略机遇。我国正在从要素驱动和投资规模驱动转向创新驱动，经济正在向形态更高级、分工更复杂、结构更合理的阶段演化，经济发展进入新常态，正从高速增长转向中高速增长，经济发展方式正从规模速度型的粗放增长转向质量效率型的集约增长，经济结构正从增量扩能为主转向调节存量、做优增量并存的深度调整，经济发展动力正从传统增长点转向新的增长点。在这样的历史时期，实施创新驱动发展战略，依靠海洋科技创新，可以加快实现海洋产业和海洋经济由低成本优势向创新优势的转换，为我国海洋经济可持续发展提供强大动力，提升我国海洋经济增长的质量和效益，有力推动海洋经济发展方式转变；加快海洋产业技术创新，用高新技术和先进适用技术改造提升传统海洋产业，降低消耗、减少污染，改变过度消耗资源、污染环境的发展模式，显著提升海洋产业竞争力。

当前，我国海洋经济发展处于快速增长阶段，逐渐成为国民经济新的增长点。海洋产业总量占世界海洋产业比重不小，但是海洋经济发展中的科技支撑和引领能力不足，海洋高技术产业增长速度快但所占比重很小；海洋科技创新尚未围绕产业链部署创新链。2013 年，全国海洋生产总值 54313 亿元。其中，主体是海洋渔业、交通运输业、船舶制造和滨海旅游业等传统海洋产业，占全国海洋生产总值的 79.4%；而依赖高技术的战略新兴产业虽然增长速度快，但占经济总量的比重仍然较低。海洋油气勘探开发技术经过 30 多年发展，才形成占据全国海洋生产总值 7.3% 的产业规模；海洋生物工程技术经过 20 多年的研发，仅形成占据全国海洋生产总值 1.0% 的产业规模；海水利用技术经过 50 多年的研发，至今仅形成占据全国海洋生产总值 0.1% 的产业规模；海洋船舶工业通过研发和引进消化吸收再创新，也仅仅创造了占全国海洋生产总值 5.2% 的产业规模。

海洋经济发展面临一系列问题。海洋生产总值的增长速率从 20 世纪 90 年代的 20% 左右，到进入 21 世纪的 10% 左右，近年来处于 7% ~ 8%；海洋经济增长的后续力出现下降的趋势。海洋产业结构不甚合理，传统产业比重过大；海洋高新技术产业尚未形成规模，海洋科技对海洋经济贡献率不突出；关键技术自给率低，发明专利少，特别是深海资源勘探，环境观测、监测，高端制造业技术装备仍非常落后；海洋产业组织结构落后，除油气业、海洋交通运输业，多数产业组织缺乏规模，生产专业化程度低，集中度低，竞争力差。我国海上安全压力增大，海上航线脆弱性增强。

以企业为主体的海洋技术创新体系尚未形成。国际公认的研发经费的潜力前景投资为收入的3%，我国只有华为、海信、海尔等少数企业能超过这一标准。从“十一五”期间看，我国用于消化吸收再创新的费用只及日本和韩国的0.7%。涉海企业除中国海洋石油集团有限公司（简称中海油）、中国石油天然气集团有限公司（简称中石油）、中国船舶重工集团有限公司（简称中船重工）和少数养殖及深加工企业有不到1%的研发投入，大部分涉海企业的研发投入甚少。

我国亟待实施核心技术突破战略，选好领域和技术关键，重点突破一批制约海洋生物、海水及海洋能等战略性新兴产业发展的核心和重大技术，转化一批重大技术成果，发展一批战略性新兴产业示范企业，推进以企业为主体的海洋技术体系建设和发展；需要围绕国际传统产业竞争的前沿，通过科技创新，大幅提升传统产业的高效、节能、绿色、安全等关键核心技术，建立起具有自主知识产权的深海油气资源、天然气水合物、远洋渔业、化学资源利用等的勘探、评价、开发技术体系与装备能力，加快深海技术产业化，抢占深海技术和产业的制高点，推进资源开发由浅海向深远海的战略拓展。

二、以海洋科技创新缓解发展压力

只有大力加强海洋科技创新，才能为缓解我国人口资源压力带来新的途径。

我国未来的发展面临着严峻的可持续发展问题，资源对外依存度高、淡水资源匮乏、能源和矿产资源短缺、生态环境恶化、生活生产空间不足、灾害频发等制约着经济社会快速健康发展，要素的边际供给增量已难以支撑传统的经济高速发展路子。石油、煤炭、金属等的对外依存度高将是新的资源问题；水资源将迅速短缺，水价急剧上涨，淡水资源出现缺口；能源和生活等资源问题对海洋资源及可持续的高效开发利用的海洋高新技术的需求越来越高。

海洋可再生能源是我国能源危机的一个重要补充。我国海域可再生资源理论蕴藏量约6.3亿千瓦，适度开发潮汐能、波浪能、温差能和潮流能，可缓解我国能源的不足。为此，需要突破特殊水轮机组设计制造、电站设备防腐、能量高效转换、相位控制等技术。

解决淡水缺口的根本出路是向海水要水。目前我国海水淡化能力超过70万吨/日，年直接利用超过500亿吨。如果2030年，海水淡化能力达到3500万吨/日，海水直接利用达到1500亿吨/年，将基本解决沿海地区淡水资源缺口问题。因此，急待解决先进膜材料制备、海水淡化装备、浓盐水综合利用等方面的一系列理论与技术问题，以降低海水淡化成本，提高海水淡化效率，建造具有自主知识产权的、更大规模的海水淡化工程，进而实现海水综合利用，有效地开发其化学资源。

矿产资源是国民经济的重要基础物质，也是国家发展的重要战略物资。今后相当长时期，我国资源的刚性需求仍将保持高位运行并持续增长的态势，供需矛盾更加突出。据2013年资料显示，在31种主要矿产中，我国有21种矿产消费居全球第一，均超过全球消费总量的30%，其中，铁矿石占43.34%，铜矿占43.29%，铝土矿占44.77%，磷矿占42.19%，铅、锌、镍、钨、锡、锑等消费量超过全球总量的40%。重要矿产资源对外依存度过高，严重威胁国家经济安全。2013年，铁矿石的对外依存度为74%、铜矿为82%、铝土矿为74%、镍矿为70%，锰、铬、金、铀、钾盐等对外依存度都超过50%；锶、萤石、钾、硼、重晶石、金刚石等对外依存度超过60%。资源供应完全依赖国外市场，对我国的发展产生巨大的威胁。

海洋空间资源开发利用难度高、风险大，对科学技术依赖性强，要求系统掌握区域性海洋环境条件，发展绿色设计理论与建造、安全诊断评估与维护、海上维修和保养等技术，这必将给海洋工程技术发展带来前所未有的机遇与挑战。

三、以海洋科技创新促进生态文明建设

中国海是一个半封闭型体系，广阔的海洋给人类的生存和发展提供了丰富的资源和能源，但也带来了多种多样的环境问题，近海生态环境恶化、海洋灾害频发问题十分突出，破坏了人们所创造的生态文明。由于人类对海洋环境认识的局限性、片面性，认为海洋环境资源是取之不尽、用之不竭的，可以无限满足人类生存与发展的需要，一方面大量消耗海洋自然资源而打破海洋生态环境系统的平衡，另一方面将经济增长所带来的大量废弃物及有毒物质排弃在海洋环境之中。这些与建设海洋强国和生态文明的要求十分不适应。

海洋科学技术成为促进海洋资源开发、推动海洋经济发展、实施海洋环境保护和海洋管理的核心力量。只有大力加强海洋科技创新，才能促进海洋生态文明建设。海洋科技创新将带来新的变化。

构建全海域、全方位、全天候、全自动、多要素的海洋生态环境立体监测网络，实现海洋信息“数字化”；开发和应用针对来自陆地和海上面源、点源及非传统（入侵物种等）的各种污染源的污染消减与防控创新技术是应对我国近海复合性、结构性和压缩性污染的重要手段。

要更加重视环境中污染物的分析检测，对环境污染物污染状况及迁移转化规律进行相关研究；通过各种技术，对污染物进行定性和定量检测；进一步加强富营养化海域的监测与检测，以及有关防治课题方面的研究。

海洋疾病发生频率增加，给人体健康带来巨大威胁。需要通过科技创新，更有效、准确地评估海洋疾病及其对人体生命健康的重大潜在影响等。

近 10 年，我国近岸海域生态系统的健康状况令人担忧，海洋景观和生态系统服务的整体状况呈现下降趋势，海洋美学价值丧失加速，人海关系趋于恶化。

需要通过科技创新，认识海洋污染物的形态变化和迁移转化规律、对海洋生态系统的毒性效应和影响机制，形成污染防治技术、生态修复与恢复技术，建立海洋生态服务功能和生态损害赔偿评估技术体系，发展以科技为支撑的减灾防灾技术，并把研究关注区域从近岸海域向深海、远洋和公海延伸，为改善沿海生活环境和生态质量提供科技支撑。

四、以海洋科技创新提升国际海洋地位

数据表明，“十五”期间，我国海洋科技进步贡献率平均只有 35%，与发达国家 80% 的水平相去甚远。中共十八大以来，中央的一系列重大决策部署均体现出了对海洋科技工作的重视，海洋科技在国家科技大格局中的地位日益凸显。新发布的《国家创新驱动发展战略纲要》提出，要发展海洋先进适用技术，构建立体同步的海洋观测体系，推进我国海洋战略实施和蓝色经济发展。加强海洋等领域重大基础研究和战略高技术攻关，推动海洋等新型领域融合发展。

只有加强海洋科技创新，才能使我国的国际海洋地位加速提升，国家海洋利益才能得到最大限度的保障。从世界范围看，海洋科技创新能力和发展水平已经成为主要海洋国家间争夺全球海洋领导地位和话语权的关键领域之一。我国是海洋大国，中国的海洋科技工作经过几十年曲折艰难的探索发展，现已进入跨越发展的历史新阶段。海洋科技创新总体从“量的积累”阶段进入局部领域“质的突破”阶段。据统计，在教育部的支持下，现在已有100多所高校设有海洋专业，再加上中国航天科技集团有限公司、中国航天科工集团有限公司、中国电子科技集团有限公司等央企陆续下海，沿海地方不断创新体制机制，社会投入不断加大，海洋科技创新形成了强有力的发展后劲。虽然全国海洋科技发展取得了很大成绩，总体科技实力与发达国家正在接近，但在科技创新意识和能力及技术开发上的差距仍然巨大；海洋自主创新特别是原始创新很少，在深水、绿色、安全等关键领域的核心技术自给率很低，在部分关键核心技术领域与发达国家的差距甚至有数十年。

保障海上通道安全和海上自由航行是目前我国面临的重要战略任务。中国台湾海峡、中国南海、马六甲海峡、印度洋、阿拉伯海是中国的海上生命线。如何保障海上丝绸之路战略的安全实施，如何应对美国重返亚太带来的新挑战，如何在维护地区安全和稳定的基础上保障海上通道的安全，已成为我国亟待解决的重要问题，这些问题的解决对海洋科技创新的需求越来越强烈。

因此，我国海洋科技发展应着力推动海洋科技向创新引领型转变，落实建设海洋强国与创新驱动发展的两大战略部署，并以此作为指导推动海洋科技管理工作服务创新发展的核心使命。在推动海洋科技创新在引领海洋经济社会发展上下功夫，组织科技力量在支撑海洋业务工作需要上做工作，促使科技工作紧紧衔接业务工作需要，努力避免科技成果与发展需要的不适应、不衔接。加快推进海洋调查立法工作，加强重点实验室的考核评估并进一步优化布局。积极促进海洋科技成果转化应用，推动科技兴海基地、工程中心等的建设和提升。联合国家海洋局相关部门，邀请院士等权威专家进行海洋科技创新总体规划编制。同时，通过构建海外支撑点，实施监测技术和设备援助、东南亚海洋预报、灾害预报和区域调查与数字海洋网络建设，开展热带亚热带生物多样性普查和保护、海洋环保和生态修复及中外海洋智库交流合作等工作。

第三节 海洋科技发展方向与创新

到 2049 年，我国的蓝色梦想是以服务和支撑海洋强国建设为主线，以重点领域突破为带动，加强海洋科技综合实力建设，与引进吸收消化再创新相结合，大力推进海洋认知和战略性新兴产业技术开发，在深水、绿色、安全领域实现重大突破，达到关键核心技术原始创新，并通过技术创新带动理论创新，构建生态强、经济强、管控强的科学与技术基础平台，以提升科技整体实力和创新能力，形成国际竞争力为重点，加速形成创新引领型的海洋科技体系，建设海洋科技强国。

一、大力推进海洋知识创新

1 强化海洋调查观测

强化近海、管辖海域的常态化调查观测，按照预测预报精度要求，布设海洋调查和观测系统，获取及时、准确的海洋基础数据，提供业务化海洋学信息产品服务。持续补充、更新周边海域和全球海洋基础数据，不断丰富海洋数据共享服务手段，切实提升海洋信息应用服务效能，建成全息化多维动态数字海洋系统，形成长效性、权威性的数字海洋应用服务平台，全面推进数字海洋应用服务。开展科研综合平台搭建、商船和渔船搭载调查，以及专业航次海洋环境综合调查研究和保障系统建设，尽快形成立体海洋环境观测网，发布渔业渔情信息和大洋航路海洋环境预报信息等一系列产品，实现我国海洋环境调查研究及自主预报保障能力覆盖全球，为我国远洋经济可持续发展提供服务。

以深海空间站工程的建设和应用为先导，开展自主深海装备关键技术研发、制造与应用。集中力量进行关键技术和关键设备攻关研发，完成深海空间站建设和与工程应用配套的保障条件与基础设施。同时为深海探测开发搭好平台，继续保持我国在国际深海勘探中的技术领先地位，做好“蛟龙号”载人潜水器后续应用研究和配套设备研制，建立大洋深潜工作长效机制；提升对深海多种资源勘探的能力、效率和精度及商业开采能力。

2 研究重大科学问题

围绕社会发展对海洋的需求，需要在以下方面开展研究，包括地球内部运作及其对板块边界和表层显像的影响；深海海洋学、海洋生物学和海洋生态学过程及相关作用机理；海洋深层生物圈与生命起源和进化过程；海洋与气候相互作用的参数化及灾害机理；气候变化与海洋系统响应；海洋中分子和生物化学进化多样性及生物之间交流与视觉模式；海洋生物多样性持续机制；海洋矿产资源和能源持续机理；海洋混合作用和不同水层相互作用的机理；南极、北极的海洋、海冰、陆地和大气之间关键的相互作用；海洋与人体健康、海洋系统科学等。近期我国准备重点启动以下的研究。

（1）海洋环境与气候研究

利用现场观测、理论研究、数值模拟及室内实验，针对海洋环境与气候的基础前沿科学问题开展研究。建设海洋环境与气候观测平台，以锚系浮标为重点，结合卫星、全球海洋观测（ARGO）和海底观测网等最新观测手段，实现海洋环境与气候的立体监测。重点研究大洋环流动力机制、海洋中小尺度过程与海洋混合、海洋多尺度过程相互作用、海气相互作用与气候等科学问题，发展物理机制完善、预报精度高的、从天气至气候的区域和全球海气耦合预报模式，为我国防灾减灾，应对气候变化提供重要参考。

（2）海洋生态系统与生物资源

重点开展中国近海生态系统和生物资源研究：全球变化与中国近海生态系统，近海环境演变与生态安全，渔业资源与环境修复，海洋生物多样性的功能与利用，渔业资源动态变化和补充机制，良种培育和病害防治，海洋微生物资源的开发，海洋生物活性物质开发，海洋生物基因资源、药物资源的研究及高效开发，海洋水产品加工和废弃物资源综合利用。

同时，逐步开展深海海洋生态系统与生物资源研究，如全球大洋生态系统结构和功能，海洋生物多样性状况及其变化趋势，海洋深部生物圈与极端环境生命过程，全球大洋生态系统结构和功能，海洋生物多样性状况及其变化趋势，海洋深部生物圈与极端环境生命过程。

进一步加强前沿及交叉领域的科学问题研究，特别注重宏观海洋生物学科与微观海洋生物学科的交叉；注重海洋生态学和海洋分子生物学与化学学科的交叉，发展生态增养殖技术、生物代谢产物精制技术，以及经济生物、微生物、深海生物的特殊功能基因的可持续开发与利用。

（3）海底过程与资源

以南海为重点，研究构造盆地和沉积体系的演变，完善深水地震相关理论、方法和技术，开展天然气水合物的形成机理研究，加快深水勘探。以国际海底为重点，研究热液硫化物矿床（如西南印度洋慢速扩张脊的热液系统）和海底大规模成矿的机理。增加国家金属资源战略储备，维护我国在国际海底权益及提升我国深海科学技术水平。研究南海海底扩张和终结后的岩浆活动及沿着东部边界马尼拉俯冲带的消减。研究制约我们更深入地对南海油气资源开发和自然灾害评估的科学问题，包括南海扩张的诱因、南海扩张终结的原因及相关地质过程。研究大洋深部的碳循环及其在碳储库较长期的变化中所起的作用。将水层中的溶解有机碳和海底以下的“深部生物圈”纳入地球“碳循环”的模型。

二、全面推进海洋产业技术创新

1 培育发展壮大海洋战略性新兴产业

跨越式提升我国海洋资源开发、科技创新水平，建立以自主创新为基础的科技创新体系，依托资源开发新技术建立产业新模式，培育和发展海洋战略性新兴产业。努力实现深水油气开发、海水淡化、海洋可再生能源开发技术达到国际领先水平，产业规模进入世界前列，资源开发技术体系完备并实现技术对外输出；海洋新型生物资源开发、海洋新型矿产资源开发实现商业化，技术水平达到国际前列，技术体系基本定型。依托海洋资源开发产业，大力发展高端海洋装备制造业，通过自主创新与引进消化吸收再创新，突破制约产业发展的装备瓶颈，占领技术装备研发制高点。在海水淡化装备、海洋油气钻探和生产平台、海洋探测装备、海洋可再生能源装备等领域研制一批具有自主知识产权的关键设备，发展海洋装备制造业，成为国际领先的海洋资源开发技术装备研发中心和生产基地。

(1) 建立海洋资源开发科技自主创新模式

按照海洋强国建设对海洋资源开发的需求，以自主创新为根本要求，建设中国特色的海洋资源科技创新模式。完善海洋油气开发、海水淡化、海洋可再生能源开发技术体系，强化关键技术装备的自主研发，逐步实现技术装备国产化；借鉴国际发展经验，坚持独立自主，推进海洋新型生物资源、海洋新型矿产资源技术研发，尽快建立技术装备体系。加快海洋基础研究，加大海洋监测探测和海洋装备制造技术研发的投入，夯实海洋资源开发基础。

(2) 培育和发展海洋战略性新兴产业

积极推进海洋资源开发新技术、新模式的商业应用，培育和发展以海洋资源开发为主要内容的战略性新兴产业。扩大深水油气开发规模，发展国际领先的深水油气产业；努力降低海水淡化、海水元素提取、海洋可再生能源的开发成本，培育市场需求，增强产业竞争力；积极推进海洋药物和生物制品、深海采矿技术产业化，尽快形成规模开发；结合资源开发产业需求，以深水油气装备、海洋可再生能源装备、海水淡化装备为重点，发展高端海洋装备制造业，培育和占领海洋监测探测、深海采矿等新兴海洋装备市场。

(3) 推进海洋资源开发向深海大洋推进

以海洋资源开发为突破口，积极推进我国海洋开发从海岸带向深海大洋的战略性跨越。积极参与深海矿产资源、基因资源和生物产物资源开发的国际竞争。结合深水油气开发、离岸岛礁综合开发，推进深水工程建筑、海洋可再生能源、海水淡化等战略性海洋技术的发展和应用。抢占深海大洋资源开发科技制高点，在国际海洋规则形成中占据主动。

2 推进海洋传统产业绿色化高端化

突破海洋传统产业绿色发展的关键核心技术。重点发展近海渔业资源养护技术，集约化、规模化健康养殖技术，海水养殖设施渔业工程装备技术，远洋、极地渔业资源选择性、精准化捕捞技术，水产品高附加值综合加工技术。

加强海洋船舶工业转型的自主创新，突破绿色设计、特种船舶设计和制造、核心装备制造、船舶节能减排等关键技术。全面推进海洋物流业绿色发展的科技创新，优先突破海洋物流产业基础设施发展的超深水、离岸工程技术和大型化装备制造技术，即时通信、库存和流量控制、过程可视化等物联网关键技术。加快推动海洋旅游业绿色发展的科技创新，强化高新技术在海洋旅游设施建造和管理中的创新应用，突破海洋旅游发展的数字化、智能化、生态化的关键核心技术。

(1) 海洋渔业

突破一批近海渔业资源监测与评估技术，近海渔业资源增殖放流及其效果评估、人工鱼礁和海洋牧场构建与评价技术等渔业资源养护技术。重点开展远洋与极地渔业捕捞技术等。突破绿色池塘循环水养殖模式，高效规模化、工厂化健康养殖技术，深远海网箱养殖技术，养殖工船等工程装备与平台技术。加快研发优良品种的培育与繁育技术体系，健全良种培育和苗种繁育产业体系，突破关键基因遗传解析与转基因和分子调控等技术，建立水产生物基因组资源开发、育种、种质鉴定和多样性保护等水产生物技术支撑体系。建立水产病害检测、检疫及预警技术体系，建立基于环境保护、食品安全的渔业病害综合防治体系，研制一批有效防治水产病害的技术、疫苗和绿色渔药产品及其产业化。突破一批高附加值的水产精深加工与质量安全技术，全面推广和实施水产品质量追溯制度及应急处理与防范体系，构建水产品质量安全监管目标责任体系。开展渔业水域生态环境监测、评价与修复技术研究；建立健全渔业生态环境保护监测和研究体系，完善健康养殖和养殖容纳量评估技术体系。

(2) 海洋船舶工业

加快提升海洋船舶与工程装备技术体系，形成世界领先的高效节能、超低排放的海洋船舶与工程装备系统；具备开发和建造高附加值的绿色船舶与海工装备能力。突破一批绿色海洋船舶与工程配套技术，优化海洋渔船标准化船型，完成中小渔船的升级改造，建立远洋渔业装备技术体系。加快建立和完善海洋科考装备体系、整合和壮大海洋执法船舶装备体系、创建海上综合保障基地，为海上科考、渔业开发、油气开采和海上执法等提供有力保障。

（3）海洋物流业

突破海洋物流产业基础设施的共性关键技术与信息化技术体系，包括涉及跨海通道、离岸人工岛、离岸深水港建设过程中的超深水、离岸、大型化装备研发技术，海水腐蚀、极端气候作用的海洋环境载荷防护技术，物联网技术，库存控制技术，物流过程的可视化技术，供应链管理技术等。推动海洋物流业走向环境友好型产业。搞好重大样板工程评估与规划。以洋山港、董家口港、港珠澳大桥等建设为参考，启动一批新时期的样板工程，包括渤海湾跨海通道建设，针对远海开发的中转、补给、仓储用离岸大型人工岛工程建设等进行评估与规划。

（4）海洋旅游业

积极发展低碳、环保、绿色新兴旅游高新技术。深化整合海洋旅游资源，科学规划海洋旅游发展功能布局，推动海洋旅游开发由粗放型向集约型转变。全面开发多层次海洋旅游精品，逐步实现海洋旅游发展数字化、智能化、生态化与国际化。完善无人岛、湿地保护、生态修复，培育海洋旅游新基地和生态休闲带。大力发展海洋旅游装备制造技术，不断提高邮轮、游艇、帆船、海洋游乐设施、数字导览设施等旅游装备制造业科技创新能力与国际化制造水平，推动我国邮轮游艇业发展实现国产化与产业化，健全海洋文化产业体系，提升我国海洋旅游业的市场竞争力与国际影响。

3 促进以企业为主体的海洋技术创新体系建设

以政策、机制、市场和科技的创新，显著提升企业在创新中的主体地位，促进建立以企业为主体的海洋技术创新体系，形成国家工程技术中心等带动成果转化和产业化的机构协同创新、开放创新模式，推进建立一批大型海洋高技术为主的龙头企业，建设一大批中小型科技企业，在海洋战略性新兴产业诸多领域形成核心技

术自主的示范工程和示范区，加速推进企业的研发占比超过3%，形成以产业链部署创新链、以创新链部署资金链的新的发展格局。

根据我国实施海洋开发的实际需求，强化海洋应用技术创新体系建设，提升传统产业技术水平，并围绕我国海洋战略性新兴产业发展和区域海洋经济发展，实施科技兴海工程，积极推动海洋产业技术创新战略联盟的构建与发展。以国家海洋资源开发大中型企业为创新主体，建设多种类型和多种运行模式的工程技术中心和协同创新中心。以沿海涉海企业为创新主体，建设一批企业技术中心。完善并推进已有科技兴海产业示范基地。建立市场引导下的投资和创新驱动机制，实施企业技术创新和产业化专项计划。

（1）海洋生物育种与健康养殖

以海水养殖优质品种培育和健康苗种繁育为重点，促进生态系统水平的海水健康养殖产业大幅增长；大力发展水产养殖营养与饲料制备、设施养殖与养殖装备、水产品综合加工利用等海水养殖支撑产业，延长产业链条；强化新技术改造与革新，优化海水产品加工产业结构与布局。

（2）海洋医药和生物制品

利用海洋特有的生物资源，开发拥有自主知识产权的海洋创新药物和新型海洋生物制品，建立符合国际规范的海洋药物科技创新体系和功能完备的海洋创新药物研究开发技术平台，支持具有自主知识产权和国际市场开发前景的海洋药物研发；开发海洋生化制品，形成工业用酶、生物材料、化工原料产业，提高海洋生物技术产业的效益。

（3）海洋高端装备制造

突破制约海洋装备发展的核心关键技术，以发展大宗和关键性海洋参数传感器、系列海洋观测/监测设备、卫星与航空海洋遥感设备为重点，培育专业的水下装备及其配套的通用材料和基础件制造产业、海洋观测/监测仪器设备制造产业。发展深海运载和探测技术装备。形成主流移动钻井平台、特种船舶、海洋工程作业船和辅助船等自主知识产权的高端船舶，具备主流海洋工程关键设备的配套生产能力。大力提升大型海洋工程装备的设计、总包建造技术，以及配套设备和系统的研发、设计与制造能力。

（4）海水利用

强化自主创新海水利用大型化技术研发，开发海水淡化、海水直接利用和海水综合利用的关键新材料、新工艺和技术装备，初步构建我国海水利用技术标准管理体系，并开展产业技术经济和政策示范，加快海水淡化的自主化和规模化发展。

（5）海洋可再生能源

开展近岸海洋可再生能源的资源分析和评估研究；突破海洋能开发利用关键技术，研发具有自主知识产权的核心装备，开发海岛多能互补独立供电系统并应用示范，开展离岸风电低成本、模块化、高可靠性等关键技术应用示范，突破海洋生物质能利用关键技术，构建综合试验、检测平台，逐步完善海洋能标准体系，培育海洋能源开发企业，推动海洋能源规模化开发利用。

（6）深海战略勘探开发和海洋高技术服务

加强我国海洋探测研究能力，了解和认识深海环境与生态演进过程、深海地质构造、沉积演变等现象和规律，研究地球气候系统变化、深海新资源勘探开发、环境预测和防震减灾等重大基础科学问题。重点开展天然气水合物及深海固体矿产勘探、开发的相关活动。着重构建海洋高技术服务支撑体系，推进海洋信息服务和海洋技术服务的市场化；大力发展海上救援服务系统和海洋信息应用服务软件，构建数字海洋平台。

（7）海洋高技术产业基地建设

结合区域条件和比较优势，整合和优化配置资源，积极推进产业特色鲜明、布局合理、产业聚集度高、产业链完整、创新能力强、能有效支撑海洋可持续开发的海洋高技术产业基地建设。

（8）海洋高技术产业示范应用

充分发挥海洋高技术产业企业市场牵引和技术创新的主体作用，通过示范工程实施，实现海洋高技术产业企业开发首台（套）重大关键装备、系统和设备的应用，推动科研成果向工程化、产业化转化，促进总装及配套产业协调发展。

三、有效提升公益服务能力

1 有效保护和管理海洋生态环境

充分利用国内外科技资源，发挥自主创新、引领支撑作用，以有效管控近海海洋生态环境、拓展公海极地资源利用为目标，以“陆海统筹、由近及远、重点突破、逐步实现”为原则，突破海洋生态环境监测的关键技术，提升对海洋生态系统评估和全球变化影响的认识能力，创新海洋灾害预警与防治技术，加强海岸、海湾、海岛、河口和近海环境治理与生态修复的理论体系和关键技术，实现与海洋强国建设目标相适应的海洋生态环境保护与管理能力，为维护海洋生态健康与海洋自然再生产能力，提升我国在公海生物多样性保护和极地事务的话语权提供科技支撑。

（1）海洋生态观/检测领域

围绕目前近海污染物呈现污染源多且复杂、累积性及持续性强、新型污染物不断出现、污染扩散范围广及防治难且危害大等特点，本领域必须加强近海污染形成机理与控制技术研究，通过关键设备和技术突破提升海域生态立体实时监测与预测能力，加强对环境污染物污染迁移转化规律和防控的研究，支持海岸带经济高速发展和新型城镇化建设进程中传统污染削减控制与新型污染物质防治需求，重点开展海洋生境和有毒污染物定量检测技术及其毒性效应研究；完善分析监测技术和评价基准；研发海洋辐射探测器，建立海洋放射性核素快速富集技术和污染评估方法；建立海洋环境中纳米等新型污染物质定量检测技术及海洋生态风险评价方法；以技术创新增强入海污染物定量监测评估、海域富营养化监测评估和基于区域环境承载力的入海污染物管控能力。

(2) 生态系统退化与修复领域

随着沿海地区人口急剧增长、社会经济快速发展，海岸带和近海已经出现如生物多样性下降、珍稀濒危物种消失等生态系统退化和渔业资源衰退现象。为此，需要对以集成创新实现大尺度的区域生态系统或基于生态系统服务层面的生态恢复管理和工程的支持，重点开展生态恢复的系统化研究，包括生态恢复目标制定、生态恢复监测与评估、生态恢复方法、生态恢复管理等关键技术和示范。

(3) 生态系统健康与生态灾害领域

目前，我国近海由陆源污染物、工程失误，以及海上油井和船舶漏油、溢油等事故造成的海岸带和近海生态灾害呈增加趋势，富营养化导致的赤潮、绿潮、水母和有毒藻类频发、缺氧和酸化面积日益扩大。因此，应加强污染源检测和处理，通过点、线、面结合的立体观测手段，结合同位素示踪、数值模拟、沉积记录等开展污染源迁移途径、归宿和生态效应等综合研究。增强突发性海洋污染事件和赤潮、绿潮等生态灾害防控与应急处置和资源化利用能力。

(4) 生物资源衰退与恢复领域

由于长期以来受到以消耗资源为代价、以扩大再生产为主要手段的影响，导致了近海生物资源的渔业资源衰退，甚至部分重要资源濒临枯竭，进而引起水域生态平衡失调，群落结构和种群原有的生态学特征均产生了一系列的变化，部分种群个体的生长速度加快，小型化、低龄化和性成熟提早现象明显等。因此，今后应加强生态系统退化的诊断及其评价指标体系建立，加强资源与环境远程监测设施设备研制，研发碳汇渔业新技术、海洋牧场构建技术、智能型远程监测与预警预报技术应用于生境修复和生物资源养护，集成监测、评价与管理的智能一体化系统，制定和修订一批生物资源修复标准与规范。

（5）生态环境质量与人体健康相关关系领域

随着人类利用海洋创造的海洋生产总值呈现逐年递增趋势，人类受到污染的海洋水产品安全威胁、人为放射性污染等日益突出。因此，今后应该开展海洋与所有生态系统及人类健康的相互作用研究、海洋生态环境质量对生态系统和人类健康产生直接和间接影响的研究，重点是全球气候变暖和人类活动引发的新的有害赤潮生物及其毒素研究，污染物对食物链和生态系统的低剂量暴露和混合暴露的累积效应研究，关注新型污染物质生态效应、生物辐射效应和生态风险评价技术的研究，提升海洋生态环境质量保障人体健康的研究水平。

（6）气候变化对生态系统影响领域

目前，全球变化引起海洋酸化、海平面上升、温室气体排放等问题已经越来越受到国际社会的关注，因此，本领域的科技创新方向应重点研究海水酸化对钙化生物产生的可能影响途径及减缓策略，发展海水酸化检测与预测技术、温室气体观测技术，研究海洋对温室气体调控机制，关注海平面上升可能导致的潮间带生态系统的结构和空间分布发生变化、全球气候变化对海岸带生态的影响及海岸带对全球气候变化的反馈作用，保护和利用海岸带典型生态系统的碳库和碳汇功能的技术。

（7）深海和极地生态观测领域

由于其特殊的生态环境和拓展公海资源利用需求的需要，国际上对公海生物多样性保护、极端生境生态系统、生命过程等均给予了越来越多的重视。因此，今后应该加强国际海域生物多样性保护和深海生态系统演变及适应性的研究；创新研制深海生物取样和生境观测设备，保真取样深海各类群生物，开展深海极端环境与生命过程观测和研究；应用模拟装备，开展极端微生物培养，特殊化学反应过程模拟的研究；加强海底和水体观测网建设，并对极端生境生物多样性及适应性加强创新性研究；评估局部典型海域生态系统对全球气候变化的响应和反馈作用，提升我国在公海和极地事务的话语权。

（8） 海洋综合管理领域

目前，我国正在陆续开展海洋功能区划与规划、海岸带综合管理、大洋生态系统的管理模式、海洋保护区、流域管理和区域海洋管理的实践等。但是，在海域海岛监视监测技术、海洋资源环境承载力评估技术、海域资源价值评估技术、海洋综合管理法制体系与制度建设等方面尚存在差距。因此，今后应加强开展法律法规体系建设，为陆海统筹、区域海洋统筹管理提供法律依据，研究基于生态系统动力学模型，建立重要海洋生态系统的仿真系统，模拟自然因素和人类活动影响下生态系统的演化过程，为基于生态系统管理提供决策依据。

2 有效提升海洋环境安全保障能力

以建设近海、大洋、深远海的安全保障能力为突破口，加强我国的海洋观测仪器创新能力和产业化进程，完善立体海洋环境监测系统；在预警预报模式建设方面不断提升自主创新能力，提高预报精度；优化配置海洋基础和应用科技资源，提高海洋防灾减灾技术水平，增强海洋灾害应急处置能力，稳步推进高质量、精细化、覆盖面广、针对性强的海洋环境安全保障体系建设，为我国海洋经济发展、极地科考活动、海上航运及军事活动的安全开展提供及时有效的预报服务保障。

（1） 发展海洋环境安全保障领域的监测系统

推动发展新型传感器、深海自主和智能化观测平台、卫星和水下通信等海洋监测设备高技术创新。建设具有全天候开展中国近海一边缘海一低纬度海区海洋监测的调查考察船队伍，加大志愿船监测设备升级改造。培育一支面向海洋监测的高素质调查队伍。开展广泛的国际合作，与发达国家学者进行频繁交流，共同开展海洋环境监测领域前沿问题探讨与研究，不断提高海洋监测技术装备研发能力。在此基础上，开展海洋与气候预测、极端海洋灾害事件等前沿海洋科学探索，推动我国海洋监测领域的科学、技术水平尽快进入国际先进行列；建立中国海洋环境监测系统观测示范区，分别按照准中国近海、边缘海（黑潮区）及低纬度海区三个层次建设标准化监测示范平台，进行具备自主知识产权高新科技装备的示范性应用。在海洋监测新装备研发方面取得新突破，形成具有自主知识产权海洋监测设备的业务化生产。与发达国家开展海洋环境监测及观测交流。

（2）发展海洋环境安全保障领域的预报系统

以预报模式的自主创新为核心，开展海洋环境预警预报系统和保障系统的长期建设。针对国内外模式研发现状，结合中国海洋模式研发的基础和需求，先期以边缘海为对象，开展国内自主海洋模式研发；在边缘海模型的研发基础上，继续发展具有自主知识产权的大洋模式和地球系统模式，结合区域与尺度特征，建立模式动力框架，发展多源多要素的集合同化技术、多圈层及多要素的耦合技术、嵌套技术、数值计算和并行技术等，不断提高模式的精细化程度；同时注重预报模式和系统的释用技术及检验技术的研发和改进。开展海洋灾害成灾机理及关键预报技术研究，包括大气—海浪—海冰—海流相互作用机理研究，气—冰—海界面通量等热力学参数化方案研究，开展极端海况、风暴裂流、潜在淹没范围、淹没高度等预报产品研发，着重提高我国海洋灾害集合预报、多要素耦合预报和精细化预报水平。开展海上突发事件应急辅助系统建设，缩短应急响应时间，提高应急处置能力；开展海洋灾害对气候变化的响应机理研究，建立长效准确的气候预测和评估系统，评估全球气候变化对海洋灾害的可能影响及变化趋势，重点建立气候变化背景下沿海人口密集区和大型工程区海洋灾害风险评估和灾害辅助决策系统。加大沿海防灾减灾基础设施建设投资力度。在上述研究和系统建设的基础上，将海洋灾害监测、预报和辅助决策进行有机融合，构建海洋灾害综合信息服务及决策支持平台，最终建成覆盖北印度洋、西北太平洋及我国近海的集监测、预报和辅助决策为一体的海洋灾害综合防灾减灾平台，大力提升我国的海洋灾害预警及减灾能力。

3 有效提升海洋权益维护和海上执法能力

提升维护海洋权益的能力，重点是开展大陆架、专属经济区划界科技研究，研究大陆边缘地质地球物理特征及其形成演化在划界中的作用和影响，开发大陆架、专属经济区划界技术支持和决策系统，为我国与邻国开展大陆架和专属经济区划界、维护全人类共同继承财产和参与国际海洋事务提供科技支撑。开展国际海域科技问题研究，对矿产资源 / 生物资源分布、生物多样性、生态环境、海气相互作用等变异规律有较为深刻的认识，推动深海科学发展，为维护全人类共同继承财产和参与国际海洋事务提供科技支撑，提高我国对国际海域各类法律制度、规章制度制定的参与和影响程度。

(1) 海洋权益问题研究

大陆边缘地质地球物理特征及其对划界的作用和影响。主要开展大陆边缘地形地貌特征及其对划界的作用和影响研究、大陆边缘地壳结构和地质构造特征对划界的作用和影响研究、大陆边缘沉积特征及其演化对划界的作用和影响研究、与大陆边缘相关的海底高地研究，以及洋脊等对划界的作用和影响研究。

划界数据库的建立和决策支持系统开发。主要内容有划界科学信息库的建立与应用、划界案例和案例信息库的建立和相关研究、划界技术支持和决策系统的开发与应用。

国际海底资源勘探开发法律制度研究。主要任务包括积极参与多金属硫化物、富钴结壳探矿和勘探规章的制定；研究深海生物基因资源开发保护的国际法律制度；密切关注国际外大陆架划界，评估其对我国大洋资源调查的影响，以及对我国极地活动的影响；跟踪相关国际组织的工作动态，研究分析其关注的法律问题，及在相关问题上的观点和立场；跟踪相关国家国内立法、双边或多边协定的缔结和执行情况，分析其对我国有关活动的影响。

生物多样性 / 生物资源 / 生态研究。主要任务包括深远海生物物种多样性、深海生物遗传多样性、深远海生态系统多样性、海洋生物地理信息系统、深海生物多样性与深海生态系统功能关系、深远海生物多样性对全球变化和人类活动的响应、建立深远海生物多样性样品库和种质资源库。

(2) 提升海洋执法能力

专属经济区全海域常态化立体监视监测系统。建立海上目标立体监视监测技术系统，解决海上舰船目标的远程、立体探测与类型识别问题。建立岛 / 平台 / 浮标基海上目标预警监视技术系统，利用岛礁等平台延伸对海上目标的预警监视范围，并实现对岛礁的防护。发展小卫星星座海上目标监视系统关键技术，提高我国主张管辖海域海上目标大范围快速监测与识别能力。发展海上维权信息高速安全通信技术，提高船—船、机—船、机 / 船—地面的高码率、安全、稳定通信能力。建立中国海洋维权执法立体监视监测仿真决策系统，提高中国海洋维权执法立体监视监测系统总体设计能力。

执法预警船技术系统。发展海上维权目标船载多手段融合探测识别技术，解决船载多源探测数据融合问题，提高海上目标综合识别能力。发展船载对空、对海搜索成像与取证技术，提高海监船对舰船和低空目标的远程搜索、近距离成像与识别取证能力。发展船载宽频带通信、导航、雷达信号电磁侦察与干扰技术，对海上非法舰船通信、导航、雷达设备进行电子侦察与干扰。发展船载浮空平台凝视监测与中继通信技术，解决远距离目标态势感知和区域多平台远距离组网通信问题。发展预警船系统设计技术，提高执法船编队执行任务过程中的远距离预警、信息互联和指挥控制等能力。增强海上维权斗争反制能力，发展侦听与干扰技术系统、高海况下高速执法艇布放与回收技术、抗电子 / 全球定位系统 / 水声技术、对抗与防护技术等。

第四节 科技创新与海洋资源利用

世界已进入全面开发利用、合理保护和科学管理海洋的时代，依靠海洋资源的开发和利用，推动海洋经济发展，促进生态系统良性循环，已经成为沿海国家的重要任务。我国已进入大规模、多方式开发利用海洋资源，以及推进海洋经济发展方式转变的新时期，从资源依赖型向技术带动型转变、从数量增长型向生态安全和产品质量安全型转变、从分散自发型向区域统筹型转变、从规模扩张向增强核心竞争力转变，需要推进海洋开发从浅海向深海发展，加速海洋高新技术产业化，不断催生海洋新兴产业，保护海洋生态环境，协调区域海洋产业布局。

一、以科技兴海实现新梦想

未来相当长时期，将贯彻创新、协调、绿色、开放、共享的发展理念，按照“拓展蓝色经济空间”的战略部署和“发展海洋经济，科学开发海洋资源，保护海洋生态环境”的要求，坚持“创新供给，高效转化，集聚发展，强业兴海”的方针，以强化技术协同创新和促进产业转型升级为主线，着力加速重大技术成果高端供给，培育经济社会发展新动能；着力推进海洋领域大众创业、万众创新，催生海洋产业新业态；着力推进海洋公益技术应用，开创海洋生态文明建设新局面；着力建设产业科技服务平台和标准体系，形成海洋新兴产业发展新支撑；着力创新体制机制，营造创新发展新生态；着力推动科技兴海开放发展，拓展海洋经济发展新空间。

未来将建立链式布局、优势互补、协同创新、集聚发展的科技成果高效转化体系，促进海洋经济提质增效，产业结构更加合理，突破一批关键核心技术并实现产业化应用，持续壮大海洋生物医药与制品、海洋高端装备、海水淡化与综合利用等产业规模，培育海洋现代服务、海洋新材料、海洋环境保护等新产业，显著提升海洋科技成果转化率和海洋科技进步贡献率，极大地提高发明专利拥有量，促进海洋高端装备国产化，建立具有较强带动辐射作用的科技兴海示范基地和高技术产业基地，形成覆盖各专业领域和产业领域国际标准、国家标准、行业标准的海洋技术标准体系，海洋产业竞争力和可持续发展能力达到世界先进水平，促使海洋经济整体达到国际高端水平。

二、以高新技术转化拓展蓝色经济发展新空间

围绕食物安全、能源安全、水安全和中国制造2025等重大需要，集中力量突破一批关键技术、产品和工程装备，促进海洋传统产业绿色转型升级，引领支撑战略性新兴产业快速发展，培育和发展新兴业态。

1 推动海洋渔业资源持续利用生态工程化

引领支撑渔业生产模式转型升级。发展现代海洋生物种业，构建疫病综合防控技术体系。集成应用高效精准型工厂化养殖、节能减排型池塘养殖、环境友好型滩涂和浅海生态养殖模式，构建应用近海生态牧场、离岸深水养殖等新模式。研发应用农渔融合和高值化利用技术，构建农渔工商复合的滩涂开发新模式。

研制并应用现代渔业设施和平台。应用精准化、标准化、模块化、工厂化循环

水养殖设备和整装系统，构建精准管理与数字化养殖系统。开发应用大型深水网箱养殖设施和养殖工船等平台，集成应用精准化监测、智能化控制与机械化作业的成套装备。研发应用储运保鲜、精深加工装备与技术，实现互联网 + 冷链物流运营和服务。

拓展渔业资源持续利用新空间。研发应用多功能渔情分析及捕捞生产综合服务管理系统，实现远洋和极地渔情精准预报；研制高效负责任远洋捕捞技术与成套装备，应用南极磷虾捕捞、加工一体化装备，开发食品级系列新产品，提升远洋渔业核心竞争力。

2 推动海洋工程装备及船舶制造高端化

提升船舶技术竞争力。以绿色化、智能化为目标，推动集装箱船、油船、散货船等主力船型优化升级。增强海洋调查船、液化天然气运输船（LNG 船）、大型液化石油气运输船（LPG 船）、大型滚装船、大型化学品船等高技术船舶研发设计能力，突破豪华邮轮设计建造核心技术。推动船舶配套产品集成化、智能化、模块化发展，加快船用低中速柴油机开发。优化船舶设施布局和工艺流程，增强船舶工业国际竞争力。

优化海工装备产业链。以打造具有自主知识产权海洋工程装备体系为目标，着力突破核心关键技术，提高装备适用性、可靠性与稳定性。进一步推进深水勘探、钻探、生产和储运技术发展，突破深水锚泊、动力定位、单点系泊、水下生产、海洋深水管等关键技术。加快推进深海空间站、海上大型结构物等海洋空间开发技术，前瞻性布局天然气水合物开发技术。

推进高端装备自主化。围绕海洋防灾减灾、环境保护、资源开发和权益维护需求，加大海洋观测、监测、探测高端仪器装备研发投入，积极推动创新成果产业化，提高装备自给率。重点发展高性能海洋传感器、自治航行器、载人潜水器、通信导航、浮标潜标和各类测量技术装备，扩大天基（空基）观测技术装备在海洋科学中的应用。

3 推动海洋生物医药与功能制品系列化

聚焦海洋生物资源高效利用，加强高质化和综合利用技术突破及转化。整合和优化海洋药源生物种质、基因和天然化合物等资源库建设，发展产业急需的海洋药物筛选和评价、海洋医药制备和制剂工艺技术等支撑平台。重点实现海洋天然药物和原研中药产业化，加大功效确切的海洋新资源食品、特殊医学用途食品和保健食品等功能食品开发和应用；加快绿色安全海洋生物酶工业酶制剂和工具酶产品的创制和市场推广应用；以抗生素使用减量为目标，开发安全高效的养殖动物疫苗和兽药并实现产业化；研发一批获得国家相关批准文号的绿色微生态制剂、功能型饲料添加剂、精准生物肥料、绿色农药等海洋农用制品；构建海洋医药与生物制品开发、制造及商品化中高端产业链。

加强工业用海洋生物原料和材料开发。开展药用级和试剂级海洋多糖、蛋白类和脂类的产业化开发，实现功能性海洋纤维 / 纺织材料、分离材料和环保材料的规模化生产；构建工业用海洋动植物和微生物的育种、养殖 / 发酵和高效加工的产业化技术体系、技术标准和规范，建立工业用海洋生物产业链条。

4 推动海水淡化与综合利用规模化

促进海水利用规模化发展。大力推进海水淡化技术在沿海缺水城市新建、扩建工业园区的规模化应用，以及缺水海岛的民用水应用，支持在有条件的沿海城镇和海岛实施区域海水淡化供水技术政策试点工程。大力推行滨海新建企业采取海水循环冷却技术，推进海水循环冷却技术在沿海规模化应用，对现有企业进行海水循环冷却替代海水直流冷却试点示范。在沿海城市和海岛新建居民住宅区，支持海水作为大众生活用水。

提高海水利用科技创新支撑和引领能力。攻克大型海水淡化自主创新集成技术，建设自主技术的大型海水淡化工程示范。培育具有国际竞争力的龙头企业，推进自主海水淡化技术装备出口，开拓国际市场。加快海水淡化后浓海水中化学元素提取技术的升级和转化应用，提高产品附加值，形成产业链条。结合传统制盐业技术改造、高盐废水处理，鼓励推进海水化学资源利用技术在盐湖卤水资源开发、有色冶金与化工高含盐废水资源化利用等领域中的应用。

推进产业化基地建设。提升自主海水淡化装备制造能力，支持在沿海优势区域建设产业化基地，推动海水综合利用产业链延伸和协同创新，建立海水利用产业孵化平台、检验检测平台、成果转化平台、科研条件平台、教育培训平台及信息服务平台等。全面提升产业科技创新水平，辐射带动相关科研院所、科技服务业、生产性服务业协同集聚发展。

5 推动海洋可再生能源开发产业化

统筹海洋能发展空间布局，夯实海洋能发展基础。建设海洋能公共支撑服务平台，重点打造海洋能综合测试及研发设计产业聚集区、潮流能测试及装备制造产业集聚区、波浪能测试及运行维护产业集聚区、海洋能产业综合示范区，形成浅海海洋能试验场、潮流能专业试验场、波浪能专业试验场、深海海洋能试验场公共支撑服务平台格局，加快培养海洋能专业人才，建立健全海洋能标准体系，构建海洋能技术创新体系。

6 推动海洋新材料关键技术产业化

推动海洋新材料关键技术升级及示范应用。以“绿色可循环”“智能制造”“高标准品质”技术为引领，推进高强度耐蚀钢铁和轻质材料技术、低成本高性能长寿命材料、防腐 / 防污 / 防火涂料及一体化包覆材料、密封材料和高可靠性海洋焊接材料及技术示范应用。紧紧围绕深远海运载装备和新型能源动力平台等重大战略需求为重点，推动建设适应全海深极端环境的全服役周期的金属结构材料和特种功能材料技术示范应用工程。构建海洋新材料产业技术创新平台，以大幅提高海洋材料标准和产品品质为目标，重点支持海洋材料产业技术创新体系建设，建立海洋材料服役环境适应性、应用积累、安全设计数据系统；建设海洋材料环境模拟实验室，构建适应全球化的海洋材料性能标准、腐蚀数据、服役评价体系。

7 推动现代海洋信息技术产业化

依托国家数字海洋的战略需求，围绕海洋信息获取、信息传输、信息存储、信息分析、信息处理、信息分发、信息使用和信息表达等信息产业链中的关键业务环节，针对海洋信息智能感知、智能网络、智能数据、智能服务、智能计算、智能安全、智能应用七大海洋信息技术方向，开展海洋物联网、海洋云服务、海洋大数据和海洋网络空间安全等关键信息技术、信息产品、信息服务与信息系统的研发。

通过研制声、光、电等各类海洋智能传感器，构建天基、空基、陆基和海基三维海洋立体监测体系和水下通信网络，支撑服务海洋物联网产业。

利用高性能计算和云计算技术，进行海洋信息智能服务平台的研发，构建高效、智能、共享的海洋信息服务系统。

通过建立海洋信息标准、技术操作规范与质量管理体系，统一处理海量的、多源的、异构的海洋信息，构建海洋基础和专题数据库系统，并以此为基础，研制海洋大数据系统。

围绕海洋物联网、海洋云计算和海洋大数据，研制海洋网络空间安全关键业务系统。

第三章
面向 2049 年的海洋资源利用

>>>

第一节 海洋资源类型

海洋是全球生命支持系统的一个基本组成部分，是全球气候的重要调节器，是自然资源的宝库，也是人类社会生存和可持续发展的战略资源基地。

海洋资源是一种自然资源，是指形成和存在于海水或海洋中的有关资源。按照资源的属性分类，可分为生物资源、能源资源、空间资源和化学资源。海洋资源包括海水中生存的生物，溶解于海水中的化学元素，海水波浪、潮汐及海流所产生的能量、贮存的热量，滨海、大陆架及深海海底所蕴藏的矿产资源，以及海水所形成的压力差、浓度差等。还包括海洋提供给人们生产、生活和娱乐的一切空间和设施，例如港湾、海洋航线、海洋上空风能、海底地热、海洋景观、海洋空间乃至海洋纳污能力等。

中国拥有丰富的海洋资源。油气资源沉积盆地约 70 万千米^2，石油资源量估计为 240 亿吨左右，天然气资源量估计为 14 万亿米^3，还有大量的天然气水合物资源，即最有希望在 21 世纪成为油气替代能源的“可燃冰”。中国管辖海域内有海洋渔场 280 万千米^2，20 米以内浅海面积 16 万千米^2，海水可养殖面积 2.6 万千米^2；已经养殖的面积 0.71 万千米^2。浅海滩涂可养殖面积 2.42 万千米^2，已经养殖的面积 0.55 万千米^2。中国已经在国际海底区域获得 7.5 万千米^2 多金属结核矿区，多金属结核储量 5 亿多吨。

一、海洋资源分类与储量

根据海洋资源的自然属性可以划分为海洋物质资源、海洋能源和海洋空间资源三大类。海洋物质资源是海洋中一切可以利用的物质，包括海水本身及溶解于其中的各种化学物质、沉积或蕴藏于海底的各种矿物资源及生活在海洋中的各种生物体；海洋能源是指蕴藏于海水中的能量，来源于海水直接和间接吸收的太阳辐射能，以及天体对地球和海水的引力随时空发生周期性变化而产生的势能，使海洋水体产生温度差异、盐度差异、潮汐运动、波浪运动、海流运动；海洋空间资源是指可供人类利用的海洋三维空间，由巨大的连续水体及其上覆大气圈空间和下覆海底空间三大部分组成。按照不同种类海洋资源的自身属性，可以把形形色色的海洋资源在三大分类的框架下进一步细分，详见图 3-1。

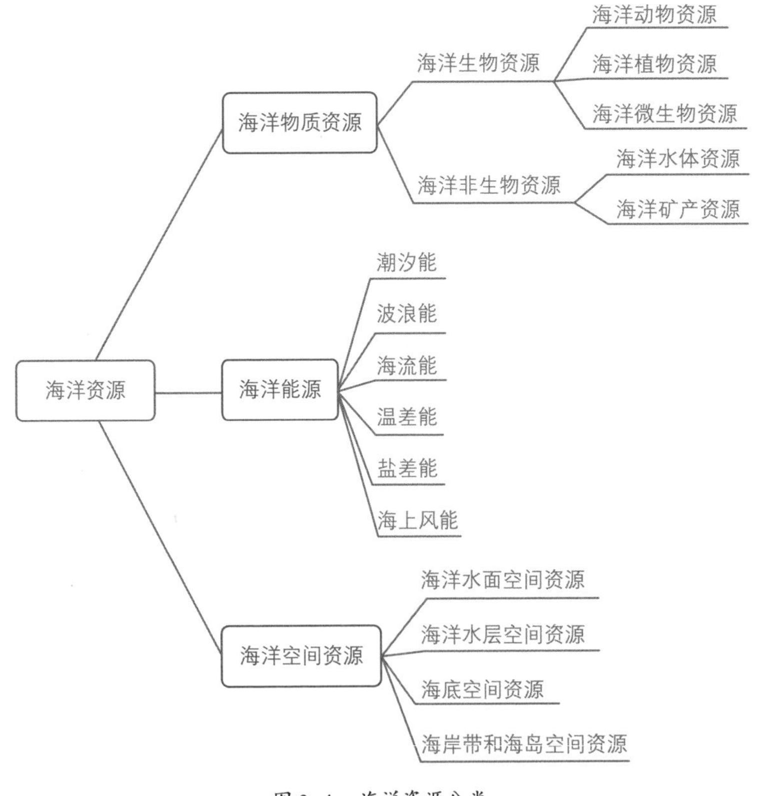

图 3-1　海洋资源分类

1 海洋生物资源

海洋生物资源，指海洋中蕴藏的可利用的生物群体，是有生命、能自行增殖和不断更新的海洋资源（图3-2）。海洋生物资源与海水化学资源、海洋动力资源和大多数海底矿产资源不同，其主要特点是通过生物个体和种群的繁殖、发育、生长和新老代替，使资源不断更新，种群不断获得补充，并通过一定的自我调节能力而达到数量上的相对稳定。在有利条件下，种群数量能迅速扩大；在不利条件下（包括不合理的捕捞），种群数量会急剧下降，资源趋于衰落。

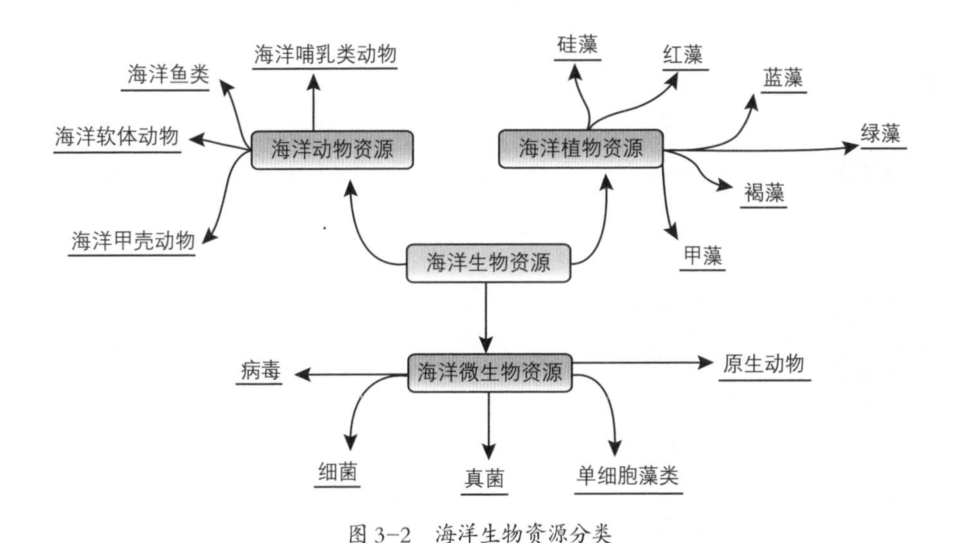

图3-2 海洋生物资源分类

海洋中的生物资源极其丰富，占地球生物总数的80%，是有生命的、能自行增殖和不断更新的海洋资源种类，分为海洋动物资源和海洋植物资源。世界可知海洋动物有16万~20万种，海洋植物1万多种。海洋动植物营养丰富，能为人类提供蛋白质、脂类、矿物质等多种营养物质，是人类重要的食物来源。另外，部分生活在海洋极端环境（高盐、高压、缺氧、无光）下的海洋生物，在其生长和代谢过程中能够产生、积累具有特殊生理功能的活性物质，为人类开发新型药物、农药和生物材料提供了新的来源。

自古以来，海洋生物资源就是人类食物的重要来源。在 20 世纪 70 年代，人类所利用的总动物蛋白质（包括饲料用的鱼粉）中，有 12.5% ~ 20%（鲜品计算）来源于海洋生物资源。海洋生物资源还提供了重要的医药原料和工业原料。海龙、海马、石决明、珍珠粉、龙涎香、鹧鸪菜、羊栖菜、昆布等，很早便是中国的名贵药材。当前，海洋生物药物已在提取蛋白质、氨基酸、维生素、麻醉剂、抗生素等方面取得进展。

2 海洋矿产资源

海洋矿产资源又称为海底矿产资源，主要包括海滨、浅海、深海、大洋盆地和洋中脊底部的各类矿产资源。按矿床成因主要分为砂矿、海底自生矿产、海底固结岩中的矿产 3 类。全球目前已经得到开发的海洋矿产资源主要包括海洋油气和滨海砂矿。

(1) 油气资源

海底蕴藏的油气资源储量约占全球油气储量的 1/3。最新的勘探研究统计结果表明世界海洋石油储量多达 1450 亿吨，天然气约 4.5 万亿米^3。另外一种油气资源——天然气水合物是在低温高压条件下由碳氢化合物与水分子组成的冰态固体物质，其资源特点是矿层厚、规模大、分布广，储量是现有石油天然气储量的 2 倍。

(2) 滨海砂矿

在滨海的砂层中，常蕴藏着大量的金刚石、沙金、砂铂、石英，以及金红石、锆石、独居石、钛铁矿等稀有矿物。因它们在滨海地带富集成矿，所以称滨海砂矿。滨海砂矿在浅海矿产资源中，价值仅次于石油、天然气等油气资源，居第二位，具有巨大的经济价值。

世界现在已探明具有工业价值的滨海矿砂有 20 多种，主要有金红石、锆石、独居石、石榴石、矽线石、钛铁矿、铌铁矿、磁铁矿、磷钇矿、砂锡矿、铬铁矿、金砂矿、铂砂矿、琥珀矿、金砂矿和石英矿等。滨海砂矿用途很广，如从金红石和钛铁矿中提取的钛，具有比重小、强度大、耐腐蚀、抗高温等特点，在导弹、火箭和航空工业上广泛应用。锆石具有耐高温、耐腐蚀和热中子难穿透的特点，在铸造工业、核反应、核潜艇等方面用途很广。独居石中所含的稀有元素，像铌可用于飞机、火箭外壳制造，钽可用在反应堆和微型电镀上。据统计，世界上 96% 的锆石、90% 的金刚石和金红石、80% 的独居石和 30% 的钛铁矿都来自滨海砂矿。

中国的海岸线漫长、大陆架宽阔、岛屿众多，发育了各种不同的地质单元和地貌类型，有着良好的成矿条件，形成了丰富的砂矿资源。中国也成为世界上海滨砂矿种类较多的国家之一。

中国的海滨砂矿主要可分为 8 个成矿带：海南岛东部海滨带、粤西南海滨带、雷州半岛东部海滨带、粤闽海滨带、山东半岛海滨带、辽东半岛海滨带、广西海滨带和中国台湾北部及西部海滨带。特别是广东海滨砂矿资源非常丰富，其储量在全国居首位。辽东半岛沿岸储藏大量的金红石、锆英石、玻璃石英和金刚石等。中国滨海砂矿类型以海积砂矿为主，其次为混合堆积砂矿。多数矿床以共生、伴生矿的形式存在。海积砂矿中的砂堤砂矿是主要含矿矿体，也是主要开采的对象。不少矿产的含量都在中国工业品位线上，适合开采。

(3) 深海矿产资源

除了海洋油气和滨海砂矿，海洋矿产还包括多金属结核、海底热液矿和天然气水合物等深海矿产资源。

多金属结核含有锰、铁、镍、钴、铜等几十种元素，世界海洋 3500 ~ 6000 米深的洋底储藏的多金属结核约有 3 万亿吨，其中含锰 4000 亿吨、镍 146 亿吨、钴 58 亿吨、铜 88 亿吨。如果能够充分开发利用，海底镍可供世界使用 2 万年，钴可供使用 34 万年，锰可供使用 18 万年，铜可供使用 1000 年。

海底热液矿是含有金属的硫化物，由海底裂谷喷出的高温岩浆冷却沉积形成。海水从地壳裂隙渗入地下遭遇炽热的熔岩成为热液，将周围岩层中的金、银、铜、锌、铅等金属溶入其中后从地下喷出，被携带出来的金属经化学反应形成硫化物，这时再遇冰冷海水凝固沉积到附近的海底，最后不断堆积形成矿床。目前在世界范围内已发现 30 多处矿床。

天然气水合物是分布于深海沉积物或陆域的永久冻土中，由天然气与水在高压低温条件下形成的类冰状的结晶物质。因其外观像冰一样而且遇火即可燃烧，所以又被称作“可燃冰”或者“固体瓦斯”和“气冰”。天然气水合物甲烷含量占 80% ~ 99.9%，燃烧污染比煤、石油、天然气都小得多，而且储量丰富，全球储量足够人类使用 1000 年，因而被各国视为未来石油天然气的替代能源。

随着陆地矿产资源的衰竭，深海矿产资源将在人类社会发展进程中发挥着越来越重要的作用。

3 海洋可再生能源

海洋可再生能源是指利用可再生的潮汐发电、波浪发电、海洋温差发电、海流发电等清洁能源技术来获取人类日益增长的需求的能源。可利用的海洋可再生能源主要包括潮汐能、波浪能、海洋温差能、海流能及盐差能等。

(1) 潮汐能

潮汐能是海水在太阳和月球引力作用下所进行的有规律升降运动产生的能量，是人类利用最早的海洋动力资源。潮汐发电是利用涨潮与退潮来发电，与水力发电原理类似。当涨潮时海水自外流入，推动水轮机产生动力发电，退潮时海水退回大海，再一次推动水轮机发电。据估计，全世界的海洋潮汐能约 300 亿千瓦。

(2) 波浪能

海洋波浪是由太阳能源转换而成的，因为太阳辐射的不均匀加热与地壳冷却及地球自转造成风，风吹过海面又形成波浪，波浪所产生的能量与风速成一定比例。而波浪起伏造成海水沿水平方向周期性运动，此运动驱使工作流体流经原动机来发电。全球海洋的波浪能达 700 亿千瓦，可供开发利用的为 20 亿~ 30 亿千瓦。

南半球和北半球 40° ~ 60° 纬度的风力最强，这些地区的波浪能最为丰富。

（3）海洋温差能

海洋温差能发电是利用深海冷水（1 ~ 7℃）与表层的温海水（15 ~ 28℃）的温度差，经热传转换来发电。海洋温差发电与潮汐、波浪发电的差异在于海洋温差发电是连续性发电。从理论上讲，存在温差就可以发电，温差越大，效率越高，成本越低。热带与亚热带地区，由于深层海水与表层海水温差可达 25℃，因此效率最高，最适合发展海洋温差发电技术。

海洋温差发电的发展历史相当久远，早在 1881 年达森瓦便提出利用海洋表层与深层间之温度差异来发电。1927 年，法国科学家克劳德在古巴成功进行了岸上式海水温差发电实验。1930 年，克劳德在古巴建立第一座开放式温差电厂，证实了利用海洋温差来生产电能的可能。

（4）海流能

海流能是指海水流动的动能，主要是指海底水道和海峡中较为稳定的流动，以及由于潮汐导致的有规律的海水流动所产生的能量。海流发电一般在海流流经处设置截流涵洞的沉箱，并在其中设置一座水轮发电机，利用海洋中海流的流动推动水轮机发电。

日本暖流又叫黑潮，是太平洋北赤道洋流遇大陆后的向北分支，是太平洋洋流的一环，为全球第二大洋流，只居于墨西哥湾暖流之后。黑潮起源于菲律宾群岛的吕宋岛以东海区，流经中国台湾一带，东到日本以东与北太平洋暖流相接。黑潮具有流速强、流量大、流幅狭窄、延伸深邃、高温高盐等特征，是理想的可开发海流能源。黑潮发电的构想是利用中层海流的流速，在水深200米左右的海中铺设直径40米、长度200米的沉箱，并在其中设置一座水轮发电机，成为一个模块式海流发电系统。利用黑潮发电在理论上是可行的，目前深海用的水轮发电机尚在研究及技术开发阶段。

（5）盐差能

盐差能是指海水和淡水之间或两种含盐浓度不同的海水之间的化学电位差能，是以化学能形态出现的海洋能，主要存在于河海交接处。同时，淡水丰富地区的盐湖和地下盐矿也可以利用盐差能。盐差能是海洋能中能量密度最大的一种可再生能源。据估计，世界各河口区的盐差能达300亿千瓦，可能利用的有26亿千瓦。

全球海流能蕴藏量约1亿千瓦，可开发利用海洋温差能约20亿千瓦，可利用的盐差能约2.6亿千瓦，海洋上空的风能平均总功率估计约2.25×10^{17}千瓦，这是非常丰富的能源资源。

4 海水资源

海水约占地球表面积的71%，具有十分巨大的开发潜力。海水水资源的利用和海水化学资源的利用具有非常广阔的前景。世界海洋总面积为3.61亿千米^2，世界海洋海水的体积约为1.476×10^9千米^3，约占地球总水量的97%。海水中含有80多种化学元素，可供提取利用的有50多种。限于经济和技术条件，目前从海水中主要提取食盐和溴、钾盐、镁及其化合物、铀、重水及卤水等原料。海水中提取淡水、食盐、金属镁及其化合物、溴等已形成工业规模，重水、芒硝、石膏和钾盐的生产也有一定的规模，将来还可望提取铀、碘和金等化学资源。

海水作为一种“液体矿”，可以多重目的地开发利用。例如，氯化钠不仅是食盐的重要原料，还被广泛应用于氯碱工业、冶金工业和其他化学工业，成为重要的化工原料。作为高技术、高附加值产业，海洋化学元素提取产业发展前景十分广阔。

二、发展海洋科技与资源利用的重要性

进行海洋科技创新和海洋资源利用新技术开发对传统海洋资源的利用将更加有效，新科技发展和海洋资源利用必将对人类生活产生重大影响。

1 海水利用技术发展有利于缓解全球水资源短缺的形势

淡水资源作为基础性自然资源和战略性经济资源，已经成为 21 世纪全球最关注的重大资源问题之一，一些国家和地区甚至因水资源开发利用而引发争议和冲突。根据联合国环境规划署预测数据，全球平均每年增加 8000 万人，每年淡水需求量将随之增加 640 亿米 ^{3}。我国是一个淡水资源严重短缺的国家，全国 660 多个城市中，有 400 多个城市缺水，其中 108 个为严重缺水城市。淡水资源已成为制约地区经济社会可持续发展的瓶颈。与其他跨流域调水、蓄水、开采地下水等传统措施相比，海水淡化是一种可持续、长久解决淡水资源缺乏的方式，可以弥补蓄水、跨流域调水等传统手段的不足，增加淡水资源总量，实现水资源的可持续利用，将成为我国解决沿海地区淡水短缺、优化沿海水资源结构的现实和战略选择。

2 海洋可再生能源技术开发有利于优化能源结构

海洋能是可再生的而且储量丰富的清洁能源，我国海洋能资源丰富，具有很好的开发利用前景。海洋能的开发利用可以实现能源供给的海陆互补，减轻沿海经济发达、能耗密集地区的常规化石能源供给压力。海洋可再生能源总蕴藏量大、可永续利用，可作为增加可再生能源供应、优化能源结构、发展海洋经济、缓解沿海及海岛地区用电紧张状况的战略举措。通过技术研究，健全产业体系，完善支持政策，推动海洋能规模化、产业化发展，培育可再生能源新兴产业。优先发展技术相对成熟的潮汐能、波浪能、潮流能发电。做好温差能、盐差能等技术储备，为远期开发打好基础。提高海洋能开发利用核心技术和关键装备的技术水平。通过建设潮汐能、潮流能、波浪能示范电站和海岛独立供电系统示范工程，加快科技成果应用转化，促进技术成熟，实现海洋能利用的商业化。

3 国际海底矿产资源开发技术研究具有重大战略价值

国际海底管理局关于深海矿产资源开发情景的分析认为，“未来 20 年市场对铜的需求可能翻倍，但其中超过一半的需求将来自中国和印度”；据统计，2013 年，我国铜、钴、镍、锰的消费量分别占世界总消费的 37%、28%、40%、64%，对外依存度则分别高达 57%、78%、95%、59%。我国重要金属矿产不断增长的巨大需求将难以依靠国内外陆地矿产来满足，对国外的过分依赖将更加危及国家的经济和战略安全（图 3-3）。海洋深海中富含的镍、铜、钴、锰等金属矿产，海底主要金属资源储量远高于陆地储量（表 3-1、表 3-2）。开展深海采矿，有利于我国开辟

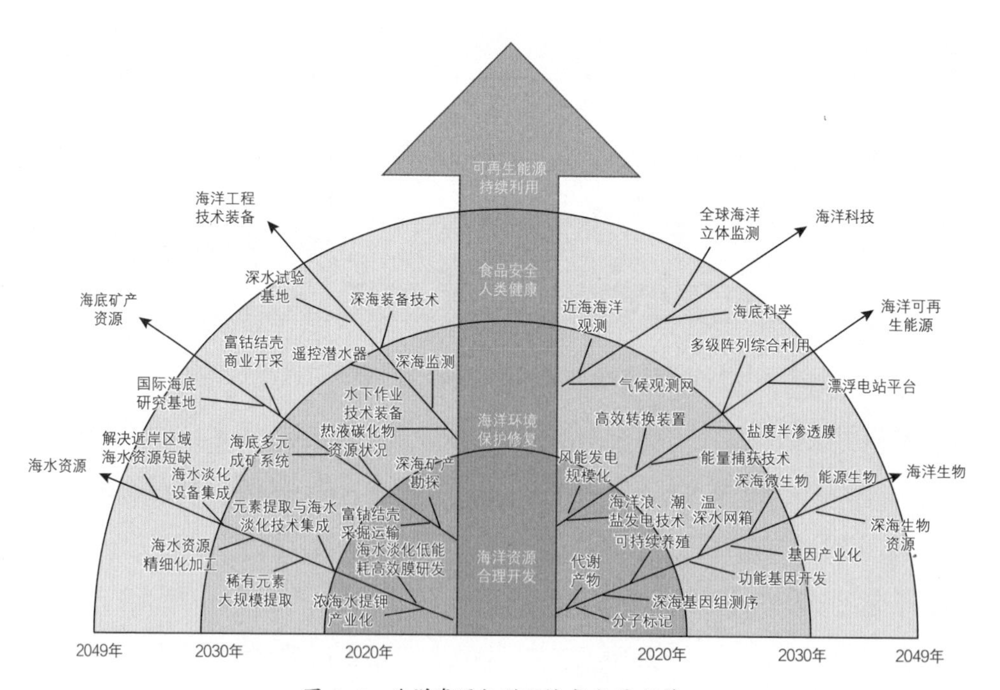

图 3-3 海洋资源与利用技术发展趋势

战略资源的新来源，可以作为我国金属资源供给的重要补充。发展深海采矿，可以维护我国开发国际海底资源的应有权益，提高参与国际海域事务的能力。

表 3-1 海底与陆地金属资源储量对比

单位：亿吨

项 目	锰	镍	铜	钴
陆地（1983）	1835	49	511	2.7
海底	24650	850	765	170

表 3-2 海底的多金属结核、富钴结核、多金属硫化物的资源储量

项 目	多金属结核	富钴结核	多金属硫化物
分布范围	国际海底	国际海底和大陆架	国际海底和大陆架
分布地区	洋盆	海山	洋脊、弧后盆地
分布水深	4000 ~ 6000 米	800 ~ 3000 米	500 ~ 3500 米
估算资源量	约 700 亿吨	约 210 亿吨	约 4 亿吨
有用组成	铜、镍、钴、锰	钴、镍、铅、铂	铜、铅、锌、金、银
勘探区面积	150000 千米 ^{2}	3000 千米 ^{2}	10000 千米 ^{2}
开发区面积	75000 千米 ^{2}	1000 千米 ^{2}	2500 千米 ^{2}

4 海洋油气开发技术研究对于保障我国石油供应安全意义重大

据中国工程院《中国可持续发展油气资源战略研究报告》，到 2020 年我国石油需求量将达 4.3 亿~ 4.5 亿吨，对外依存度将进一步提高。在油气严重依赖进口的形势下，国内油气生产还表现出后备资源储量不足的矛盾。近年来，海洋油气已经成为我国油气增产的主要来源。我国海洋油气开发主要集中在近海，近海探明的原油储量中，有 13 亿吨属于边际油田。研究深海油气开发技术，加大深海油气资源的勘探开发力度是海洋油气开发技术研究的主要方向。

此外，在海洋可再生能源、海洋生物资源等方面，通过海洋可再生新能源技术研究、海洋新型生物资源开发和商业化运作，也将产生明显的经济效益，满足人类生产生活需求。

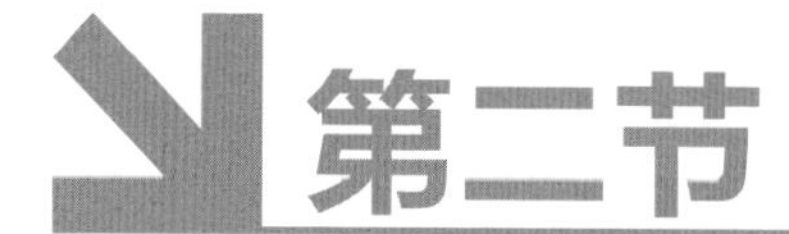

第二节 海洋生物资源

海洋是地球所有生命的发源地，蕴藏着极其丰富的自然资源，地球上 80% 的生物生活在海洋中。全球海洋每年的初级生产力约为 1350 亿吨有机碳，占整个地球生物生产力的 88%。海洋可食生物资源等于世界上所有可耕地面积农产品的上千倍之多，每年可为人类提供 30 亿吨海产品，将可满足 300 亿人对食物蛋白质的需求。鉴于陆地资源的开发利用日趋极限及陆地生存环境的日益恶化，人类的生存和发展受到严重威胁，海洋因此将成为人类赖以生存与发展的第二疆土。预计 2049 年我国人口将增加 1.6 亿，为满足对食物、海洋药物和其他海洋生物制品的日益增长的需求，在可持续发展的基础上，运用海洋生物技术等现代高新技术合理开发利用海洋生物资源，是未来海洋资源开发利用的必由之路。

一、海洋生物资源利用现状

海洋生物资源主要包括海洋动物、海洋植物和海洋微生物。海洋植物资源绝大多数为藻类，主要为褐藻、红藻和绿藻。最大的藻类是巨藻，可长到 200 ~ 300 米，一根重量可达 200 千克。最小的只能用显微镜才能看得到。目前，可供食用和利用的藻类 50 多种，如海带、紫菜、石花菜。这些藻类植物中含有 20 多种脂溶性和水溶性维生素，其中维生素 B_2、维生素 C 和维生素 B_{12} 含量尤高，还有少量人体不可缺少的微量元素。另外，海洋里的浮游生物和藻类，每年可制造出 1300 亿吨有机物，为鱼、贝、虾类提供食物。海洋动物资源主要包括鱼类、虾类、蟹类、贝类、蛇类、蛙类和兽类，其中鱼类是最重要的海洋食物资源。据研究表明，每千克鱼肉中的赖氨酸为 106 克，而每千克牛奶、肉类和蛋类的赖氨酸分别是 78 克、85 克和 72 克，每千克小麦和大米的植物蛋白质仅有 20 克赖氨酸。此外，1000 万吨鱼所提供的肉量，相当于 3000 多万头牛、1 亿多头猪或 5 亿多头羊。如果算上鱼骨、鱼鳞、鱼皮和鱼油，鱼类的经济价值之大更可想而知。另外，海豚、海豹、海龟和鲸等大型海洋动物，也是经济价值很高的海洋生物资源。科学家预言，人类将来 80% 以上的蛋白质来源有赖于海洋资源，而目前全球海产品的开发量只有 1 亿多吨，海洋捕捞每年不过 6000 多万吨，而且绝大部分局限于浅海区域。海洋微生物资源主要包括真核微生物（真菌、原虫）、原核微生物（海洋细菌、海洋放线菌和海洋蓝细菌等）和无细胞生物（病毒），据估计数量可达 0.1 亿～2 亿种。迄今为止，人类发现的微生物大约有 150 多万种，除了 7.2 万种存在于陆地，其余都存在于海洋之中。海洋微生物因其独特的生存环境，能够产生许多陆地微生物所不能产生的活性物质，这对最终解决威胁人类健康的许多重大疾病，如恶性肿瘤、糖尿病、艾滋病等具有重要的意义。不仅如此，海洋微生物在海洋生态系统中占有重要的地位，对治理海洋环境污染、维持海洋生态系统平衡发挥着重要的作用。未来，海洋生物技术的进一步发展，加上细胞工程、基因工程、酶工程和发酵工程的应用，为合理开发和利用海洋资源提供了无限可能。

人们对海洋的认识和开发利用首先是从海洋生物资源开始的。直到现在，海洋渔业在海洋经济中仍然占有很大的比重。从全球来看，海洋为人类提供了超过

16%的动物蛋白，而在我国，海洋提供的动物蛋白超过 20%。已知海洋生物资源蕴藏量约 340 亿吨。目前，海洋每年向世界人类提供 9000 万吨以上的渔产品——高质量的蛋白食品。据估算，每年仅海洋鱼类的生长量多达 6 亿吨，在不破坏资源的前提下每年可捕量为 2 亿～3 亿吨，是目前世界海洋渔获量的 2～3 倍。可见，海洋生物资源开发利用的潜力十分巨大。

我国海域辽阔，陆架宽广，海岸线长达 18000 米，生态环境复杂多样，蕴藏着丰富的生物资源。我国主权管辖的渤海、黄海、东海、南海水域面积逾 300 万千米^2，跨越热带、亚热带、温带 3 个气候带，北起北纬 40°，南至北纬 4°，拥有黄海（含渤海）生态系统、东海生态系统、南海生态系统及黑潮生态系统，海洋生物种类繁多。沿海有珠江、长江、黄河、辽河、鸭绿江等众多江河注入海洋，径流量达到 2.6 亿米^3，河流的注入携带了大量营养物质，为海洋生物繁殖、生长、发育提供了优良的场所。中国诸海区的生物产量为每平方千米 2.7 吨，总生物生产量为 1300 万吨。已有记录的海洋生物达 20278 种，隶属 44 门。其中，鱼类 3032 种、螺贝类 1923 种、蟹类 734 种、虾类 546 种、藻类 790 种，主要经济种类有 200 多种。这些海洋生物资源中，既有大量的暖水性种，也有丰富的温水性种，还有不少中国特有的地方种和一些客居的冷水种；既有适宜于近岸浅海生活的物种，又有大洋及深海物种。此外，辽阔的公海、深海和其他水域，还可通过相应的国际合作共享资源。

但是，我国海洋生物资源存在着明显的不足，近海鱼类生产力平均只有每平方千米 3.2 吨，而南太平洋沿海高达每平方千米 18.2 吨，海洋渔业可捕量每年约 35 万吨，仅占世界海洋渔业总可捕量的 1.16%～1.75%。我国虽然海疆辽阔，但是渔业资源数量的区域性差异显著。随着渤海、黄海、东海、南海由北到南所处纬度的降低，渔业资源的种数依次递增，而资源的密度则依次递减。除中国台湾地区东部濒临太平洋外，其他海区都是半封闭的陆缘海，没有强大海流通过。这种地理特征决定了我国海洋生物资源特点是生物种类多，但缺乏世界性广布种类，单位生物量也不高，在世界各国中属中等偏下水平。

在我国的海洋产业中，海洋生物资源的开发利用位居首位，海洋渔业（水产业）所占比例超过 50%，近年已达 55%。2002 年，我国海洋捕捞产量达到 1400 万吨（含远洋捕捞），养殖产量达到 1200 万吨。海洋生物资源已用作优质食品、药物、生物制品和其他精深加工品的原材料。

二、海洋生物资源利用技术现状

20 世纪 80 年代海洋生物技术研究兴起，这是由传统海洋生物学发展而来的一个新兴研究领域。目前，世界各国正在进行的海洋生物技术研究，主要是以海洋生物为对象，综合应用基因工程、细胞操作技术和细胞培养等技术手段，进行海洋生物遗传性改造，或生产对人们有用的海洋生物产品。随着神经生物学、海洋生态学、海洋工程学、电子学，以及遥感技术和深海探测技术不断向海洋生物技术领域渗透，并与之相结合，海洋生物技术的研究范围将逐步拓宽。现在，人们正在研究的内容大体有三方面：一是开发、生产和改造海洋生物天然产物，以便用作药物、食品、新材料；二是定向改良海洋动物、植物遗传特性，为海水养殖业提供具有生长快、品质高和抗病害的优良品种；三是培养具有特殊用途的“超级细菌”，用来清除海洋环境的污染，或者生产具有特定生物治理的物质。

1 海产品深加工

我国有 28000 亿米 ^{2} 海洋渔场，大陆边缘内海域多是 200 米以内的浅海，滩涂面积约 13 万千米 ^{2}；海洋与内陆河流交融，海水中营养极为丰富，有利于鱼类和各种水生生物的繁殖和生长，海水养殖潜力巨大。我国现有浅海渔场面积约 146

万千米[2]，占世界浅海渔场面积的1/4。海洋鱼类品种繁多，有1500多种，其中可供食用的主要经济鱼类200多种，高产经济鱼类有80多种，以大小黄鱼、带鱼和墨鱼为主。近年来，海洋渔业经过20多年的发展，已由最初的仅有海洋捕捞和海水养殖，逐步延伸到海水增养殖、水产品深加工、海洋生物医药等附加值高的产业。据《2015中国渔业统计年鉴》的统计数据，2014年我国海洋捕捞产量达到1280万吨，海水养殖产量1813万吨，渔业经济的总产值超过2万亿元，海水养殖在面积和产量上均有很大的进展和提高，养殖海洋生物不但丰富了我们的餐桌，也大大提高了我国人民的生活质量，成为海洋经济的重要支柱产业。

近年来，尽管全世界的水产品产量已超过1亿多吨，但每年因变质而被丢弃的水产品至少占12%以上，另有36%的低值水产品被用作动物饲料，真正供给人类食用的仅为总产量的一半。于是，许多发达国家纷纷采取行动，采用高新技术对水产品进行综合开发，生产新型的深加工水产食品、海鲜即食食品、海鲜方便食品，这已成为当今国际水产食品和海鲜食品的发展趋势。目前，全球海洋食品深度开发的特点是：①有效地利用水产、海鲜资源，加快低值水产品、小杂鱼等水产的综合开发。如过去曾被作为饲料用的低值水产品和小杂鱼等，现已被大量精制成食用鲜鱼浆，再用以加工成风味独特的鱼丸、鱼米、鱼卷、鱼饼、鱼糕、鱼香肠、鱼点心等各式各样的海产方便食品；还有采用传统的烹饪工技艺术注入工业化生产的加工方法，将小黄鱼、小平鱼、带鱼等海鲜鱼类加工成海鲜即食方便食品。这既增加了海产品的营养来源，又提高了低值水产品的综合利用率，同时增加其附加值。②将鱼的内脏或水产品加工剩下的鳞等下脚料进行特殊加工，再配伍其他辅料，可加工制成各种保健食品，如鱼油食品、鱼鳞食品、低胆固醇补脑食品等；又如富含饮食纤维素的羊栖菜，具有极高的药用和食用价值，国际上誉之为纯天然保健食品，深入开发洋栖菜系列食品和保健食品，必将受到广大消费者的欢迎。③仿生海产食品备受青睐，优质海产品深加工提高档次、品位，增智、美容海产品方兴未艾。一方面，以鱼浆和海藻等大宗水产品为原料加工生产的仿生食品、高档蟹肉、贝肉、鱼翅、鱼子等产品，越来越受到广大消费者的青睐。另一方面，鱿鱼丝、乌鱼蛋、鱼子酱、鱼松等在深加工的基础上提高其产品的档次和品位，又为人们提供更高水平的选择。蟹肉食品、虾仁食品、鱼子食品、鱼片和贝类等因富含卵磷脂和钙等物质，备受妇女、儿童和老年人的喜爱。

2 海水养殖

20 世纪 50—60 年代，我国查清了紫菜生活史，历史性地突破了紫菜、海带苗种培育和栽培的关键技术，开启了中国海洋农业发展的新纪元。20 世纪 70 年代以来，又陆续攻克了多种重要的经济动植物苗种繁育关键技术，使海洋农业潜在的生产力得到进一步释放，海水养殖年产量从 1980 年的 78 万吨增加到 2006 年的 1445.6 万吨，占海洋水产品产量的比重从 19.9% 上升到 55%。我国在重要养殖动物的育种方面取得了重要进展，培育出“黄海 1 号”中国对虾、“大连 1 号”杂交鲍、“蓬莱红”栉孔扇贝、“荣福”海带、“中科红”海湾扇贝、“981”龙须菜、“东方 2 号”海带等新品种。随着大型深水抗风浪网箱技术的迅速发展，大黄鱼、军曹鱼、鲳鲹的深水网箱养殖取得很好的进展。陆基工程化养殖技术进展较快，研制的一些大型设备已经进入中试，显示出良好的应用前景；建立了一系列鱼类、对虾、扇贝病毒疾病的分子生物学检测技术，筛选到 3 种能阻断对虾白斑综合征病毒

（WSSV）与对虾细胞膜蛋白结合的物质，阐释了鳗弧菌金属蛋白酶与溶藻弧菌密度调控基因及其致病机制；研制的对虾免疫增强剂和微生态制剂明显提高了养殖对虾的存活率。

我国的海水养殖业无论从规模上还是产量上都居世界前列，如我国海带的产量占世界70%以上，紫菜占50%以上，但是辉煌成绩的背后，是我国海水养殖业面临的“大而不强”的窘况，随着近30年海水养殖粗放式的高速发展，以及近海生态环境的恶化，我国海水养殖区的病害频发，抗生素的大量使用，使海水养殖产品的安全性越来越受到人们的关注，如2008年的“多宝鱼事件”，对相关产品的养殖业造成了极大的损害，如何让人们吃上健康、安全的海水养殖产品，除了下大力气开展海洋生态文明建设，净化海水养殖环境，更重要的是利用新技术培育、改良养殖品种，改变养殖方式，利用高科技和互联网+的技术融合，提高养殖品种的品质，使人们吃上放心的海洋产品。

3 深海生物资源开发

深海是地球表面生物多样性最丰富的地区，微生物以其精简的基因组和特殊的代谢机制适应了特殊的深海环境，在地球生物化学循环中起着重要作用。

早在1977年，美国“阿尔文”号深潜器就发现了深海热液区，深海（水深超过1000米）海底的热液喷口喷出的热液具有高温（达400℃）、高压（环境压力）和大温度梯度等极端环境条件。经研究发现不同地质背景的热液成分及生物群落组成具有独特性。热液中的微生物处于高压、高温和厌氧等极端环境下，从而表现出与陆地微生物不同的基础代谢和次生代谢，在常规条件下无法生存和培养，但对开发新的生物医药产品，包括生物活性小分子、生物聚合物和酶等，具有极大的价值。

对深海生物系统及生物资源的研究，对生物起源和进化、生物对环境的适应性，以及医药卫生、生物技术、轻化工等方面的研究，都能够起到重要的推动作用。此外，深海海洋生物资源的开发利用对解决我国粮食问题和海洋经济发展也非常重要。

4 海洋生物材料

海洋生物材料科学是随着海洋生物技术和生物医用材料等多个相关学科的发展而发展起来的，是当前国际和国内的研究热点。我国丰富的海洋生物资源也为我们的海洋生物材料研究提供了有力的保障。在国家的大力支持下，我国已经开展了海洋生物医用材料、生物矿化材料、农用生物材料、仿生材料、蛋白酶制剂等多个材料领域的研究，很多方面的研究已经初步实现了科研单位—生产企业—临床应用的结合，众多与海洋生物材料相关的公司也如雨后春笋般蓬勃发展。

海洋生物材料具有以下特点和优势。①资源丰富：已经分类鉴定的海洋生物超过 2 万多种，生物资源丰富。在可持续发展条件下很多海洋生物资源可以再生。②功能独特：目前我们生产和使用的海洋生物材料多数由天然海洋生物材料直接加工而来，这些材料多为天然高分子，结构多样，具有较好的生物学活性。③成本相对低廉：很多海洋生物材料原料为海产品加工行业的下脚料，将下脚料进行深度加工不仅降低成本，加工后的产品附加值也极大地提高，因此原材料成本相对更低。④可塑性较好：海洋生物材料包括有机材料、无机材料和高分子材料，这些材料可被加工成粉剂、薄膜、凝胶、纤维等多种剂型的材料，适应不同的需要。⑤生物安全性较高：海洋生物材料多数是天然可降解材料，通常不含有毒成分，生物相容性较好。此外，海洋生物材料不含陆源生物的传染性病毒或细菌，生物安全风险大大降低。因此，海洋生物材料在医学、工业和农业领域都有较为广泛的用途，在医学上可作骨修复材料、人工皮肤、止血材料等，在工业上可作添加剂、载体、可降解材料等，在农业上可作载体材料和可降解地膜等。目前，我国和国际上研究较多的是生物医用材料、仿生材料、蛋白和酶制剂等。

在现阶段，我国海洋生物材料研究主要集中在医用材料的研究上。这些研究主要以壳聚糖、海藻酸和海产品加工下脚料生产的胶原蛋白这三类海洋生物多糖和蛋白质为主要原料，根据功能需求，在对原料进行修饰和改性后生产功能性和安全性兼具的生物医疗器械。据统计，2015 年我国生物医用材料市场规模超过 300 亿美元，这一数字在 2020 年预计将达到 1200 亿美元，我国将成为全球第二大生物医用材料市场。尽管我们在部分医疗材料的国内市场占有率较高，但大多数的高端产品目前仍被国外产品占据，我们仍然需要做大量的研究与开发工作。由于海洋生物材料产业是新兴产业，我们的应用基础研究仍相对薄弱，我们拥有自主知识产权的技术和产品仍很欠缺，因此在自主创新领域仍需要提升。尽管我们的海洋生物材料研究已具备一定基础，有了一定的积累，在技术上也有了一定的创新，但是我们的科研成果转化力度仍然薄弱，产业化速度较慢，很多的技术还没有得到充分开发和利用。此外，由于海洋生物材料涉及生物、化学、医药、材料等多个行业和领域，属于一个高度交叉的学科领域，而我国现行的行业标准滞后，缺乏针对新材料、新产品研发和使用的有效标准，知识产权保护方面也很欠缺，这些大大限制了生物材料产品的应用，因此我们亟须加强对海洋生物材料行业的规范化监督管理，为加速产

品开发和应用提供保障。当前，世界许多沿海国家都在加紧开发海洋，把深度利用海洋资源作为基本国策。美国、日本、英国、法国、俄罗斯等国家已分别推出包括开发海洋再生资源的重大海洋计划，投入巨资发展海洋生物材料、药物和制品。在我国的《国家中长期科学和技术发展规划纲要（2006—2020 年）》和国家“十三五”海洋科技发展规划都明确将“海洋生物材料”和“海洋生物资源高效开发利用”列为优先主题和优先发展的重点任务。目前我国对海洋生物材料和生物资源的高值化开发和利用非常不足，随着经济和社会的发展，我们对这些材料和资源的要求会越来越迫切。因此，基于海洋动物、海洋微生物、海洋藻类，开发新型的生物材料具有重大的意义和广阔的前景。

5 海洋生物医药

海洋的特殊环境造就了海洋生物独特的生命过程和代谢途径，使海洋生物具有陆地生物不具有的代谢产物。海洋生物资源是一个巨大潜在的药物来源宝库，我国是世界上利用海洋药物较早的国家之一，早在本草问世之初，就有了海洋药物的记载。据统计，我国历代本草收载的海洋药物有 100 多种。《中华海洋本草》是迄今为止我国信息量最大的海洋药物专著，其主篇收录海洋药物 613 味，涉及药用生物及具有潜在药用开发价值的物种有 1479 种。

目前，对海洋生物药物的研究，主要是寻找抗肿瘤、防治心血管疾病、止血、抗凝、抗炎、抗真菌、抗细菌和抗病毒等药物，以及具有特异生物活性的化合物。目前广泛应用的、取代青霉素的头孢菌素类药物的先导结构就是来源于海洋微生物头孢霉菌。抗癌活性物质有从软珊瑚、柳珊瑚及海藻中发现并获得的前列腺素及其衍生物；从刺参体壁分离得到的刺参甙和酸性粘多糖等。用于医治心血管疾病的活性物质有蛤素、鲨鱼油、海藻多糖等；浒苔属的一些种及北极礁膜、酸藻、鼠尾藻、钝形凹顶藻等都有此作用。已从多种海洋生物中提取分离得到新的萜类、甾醇类、聚醚类、苷类、肽类、含溴和含氮等化合物，并发现具有多种药理作用。从海洋生物中提取和合成药物的研究，特别是提取医治癌症、病毒性疾病和心脏病等对人类健康危害最大疾病的药物，已经成为当前研究的重点。

三、海洋生物资源利用发展趋势和方向

1 海洋生物食品深加工

目前，海洋生物食品市场正朝着综合型深加工、深度开发方向发展，未来发展目标要改变单靠鱼类罐头、速冻水产品和鲜活品出口的做法，组织科技力量，开发并生产相应的深加工水产食品，以满足国内外市场的需求，扩大出口创汇。同时，必须有针对性地建立一批稳定高产的水产品生产基地，为生产企业提供优质、稳定、充足的原料货源。相信不久的将来，市场上会出现越来越多品种的海产食品。

2 研究高效生态海水养殖工程技术

实现我国海水养殖的可持续健康发展，由世界水产养殖大国转变为世界水产养殖强国，改变消耗资源、片面追求产量和规模扩张、不重视质量安全和生态环境的粗放增长方式，向经济、环境和生态效益并重的可持续发展模式转化。突破一批规模化、工厂化及基于生态水平的海水健康养殖工程技术与装备。加快优良品种、品系选育和普及，改变主要依赖养殖野生种的局面。转变饲料投喂模式，普及应用高效环保的人工配合饲料，改变鱼类配合饲料高度依赖鱼粉的局面，发展高效环保人工配合饲料开发生产技术，发展精准养殖。转变大量使用抗生素和化学药物的病害防治模式，推广应用免疫预防和生态控制的新技术。

以现代生物技术为手段，围绕主要养殖种类，集成创制高效安全的杂种优势利用技术；完善群体改良、家系选育等技术；前沿布局细胞工程育种、转基因育种等

新技术，聚合优质、高产、抗逆等性状基因，创造目标性状突出、综合性状优良的育种新材料；培育一批优质高产新品种，研究苗种签证和检疫等技术，制定新品种繁育与推广的技术规范，构建我国水产养殖品种选育创新技术体系，建立一批良种繁育、选育基地、产业化示范基地。同时，引进国外动植物新品种，为实现未来粮食安全和渔业可持续发展提供技术支撑和新品种。

随着基因工程、克隆技术等高新技术的推广应用，我国的海水养殖技术不断取得重大突破，尤其是鱼虾性别控制技术、多倍体育种和转基因鱼育种、克隆鱼、克隆海带及杂交育种等海洋生物育苗和育种方面的科技成果不断涌现，并在实际推广应用中显示出巨大威力，为海水养殖业的大发展奠定了基础。

3 开发远海生物资源

远海生物基因资源、活性物质的开发成为新的发展领域。远海中蕴藏着地球上最为丰富的物种多样性和最大的生物量，被公认是未来重要的基因资源来源地，具有巨大的应用开发潜力。随着环境基因组、宏蛋白组等组学分析技术的进步，对海洋微生物的认识取得了重大进展。美国克雷格·文特尔研究小组开展的海洋微生物环境基因组系列调查发现，仅在表层海水就有大量的微生物新物种、新基因、新蛋白。这些微生物新物种、新蛋白家族、新代谢过程的科学价值、环境作用和资源价值目前难以估量。

4 开发新型海洋生物材料

海洋生物能够给我们提供大量的生物材料，深海生物更是具有陆源生物无法比拟的抗压性能，海洋生物材料具有巨大的发展潜力和无限的空间已是不容置疑的现实。据初步统计，全球生物医用材料附加值可达 120 ~ 150000 美元 / 千克，并且保持每年至少 15% 的增长率。但受限于目前的技术手段和研究水平，我们对海洋生物材料的研究相对还很匮乏，随着科学技术的发展，以及人类对海洋认识的加深，我们未来对海洋生物材料的研究会有巨大的飞跃。我国未来海洋生物材料的研究和发展将以开发自主创新产品、保护知识产权、发展新工艺为目标。

随着生活和医疗水平的提高，高端生物材料和医用材料的需求将持续增长。我国是有着14亿人口的大国，现在人口老龄化严重，人口老龄化加剧将持续增加生物医用材料的需求。此外，我们将在牙科材料、骨科修复材料、心脑血管介入材料，以及整形修复材料等方面有更多的需求。在仿生材料领域，我们也需要开发更多的产品来服务国民经济的发展。

（1）新型海洋生物材料的发现

首先是对已有物种材料新功能的发现，其次是对深海、超深渊新物种和新材料的发现。由于海洋生物材料的功能与其结构和组成直接相关，因此我们需要加强新材料基础研究工作，在深入研究材料组成与功能关系的基础上发现和发展新型材料。21世纪海上丝绸之路将推动我国加快走向深远海，我们将有更多机会加强对深海和超深渊生物的基础研究和应用研究，发现新物种、新化合物和药物及新的材料。

（2）新型海洋生物材料的改性应用

新型海洋生物材料可以被用于医疗、化工、农业等领域，我们需要将这些材料根据其应用范围和适用对象，通过生物、物理、化学等手段进行结构和组成调控，从而定向改善其生物学功能。如医用材料需要在材料的生物相容性，包括组织相容性、血液相容性、细胞毒性、遗传毒性和致癌等方面进行实验和调整。组织工程材料将在骨骼修复、心脏瓣膜、血管修复等方面进行广泛的应用，我们需要调控这些材料的使用寿命，或调控其在生物体内的降解和代谢，从而使患者不必再经受二次手术取出移植体的痛苦。此外，在修复整形和牙科材料等领域，我们也需要根据实际需要生产不同类型的产品。

（3）海洋生物材料加工和工艺的发展

海洋生物材料产业在很大程度上依赖于原材料加工技术。我们需要在保证原材料质量的基础上改进加工工艺，在材料的大小、形状、组成、物理和机械性能、支架材料的结构调控、植入体材料功能改性等方面提高技术水平，建立完整的质量保证体系，利用先进技术增加规模化生产水平，提高企业的标准化程度，克服材料工程应用方面的瓶颈，保证高值化产品的生产。此外，随着 3D 打印技术的发展，未来的生物材料制备还可以与 3D 打印技术结合，实现个性化定制。

（4）新型海洋生物仿生材料的研发

海洋仿生材料的研发是海洋生物材料研发的一个重要领域，我们可以从很多海洋生物材料本身的特性出发，研究天然材料结构和性能的关系，然后利用人工仿生手段，设计和制备新型材料。目前，我国在这方面相对落后，需要加强这一方面的基础和应用研究工作，研发有自主知识产权和技术的产品。此外，随着我国海洋经济向深远海发展，深远海的新型生物材料的发现也将是重要的方向。

5 海洋药物开发

海洋生物资源不仅是人类巨大的蛋白质源泉，而且是生物活性物质的宝库。海洋是一个生物多样性，也是化合物多样性的世界。随着生化分离技术及分析鉴定技术的长足进步，加之海洋生物技术的开发与应用，20 世纪 60 年代以来，已从海洋生物中分离得到 15000 多种结构明确的化合物，其中近 1/2 具有各种生物活性。有些在抗病毒、抗肿瘤、抗炎、抗心血管疾病等方面显示了广阔的药用前景。随着海洋生物技术的深入开发应用，在探寻新的药源生物、培育目的药源生物等方面将取得重大进展。药源问题一直是海洋药物研究开发的制约因素。针对药源问题国内外探索过许多解决途径，如人工养殖药源生物、组织细胞培养、功能基因克隆表达等。寻找可人工再

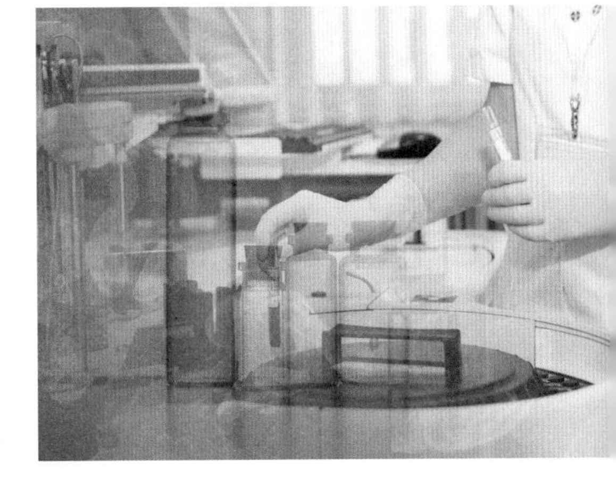

生的、对环境无破坏的、稳定的、经济的药源已成为海洋药物研究领域最紧迫的课题。基因工程和发酵工程技术在解决海洋生物药源问题上将起至关重要的作用。特殊的海洋环境也造就了海洋生物基因的特殊性，其特殊的药用基因资源与海洋活性物质一样，也是开发海洋药物的巨大宝库。海洋生物活性代谢产物是由基因（如直链肽等）或基因簇（绝大多数次级代谢产物）编码、调控和表达的，获得这些基因即预示着可获得这些化合物。

近年来，海洋生物基因资源的研究进展迅速，已成功克隆与表达了某些海洋生物功能基因，但仅限于分子量适中的直链肽、酶等蛋白质类物质，大量具有开发前景的海洋生物活性物质的功能基因尚未被克隆和表达。海洋生物基因组学的研究，特别是海洋药用基因资源的研究对海洋药物研究与开发的推动作用将是无法估量的。今后，我国药用海洋生物资源研究开发领域的首要任务是进行系统全面的海洋药用生物资源调查与评价。在此基础上，结合资源化学、天然产物化学、化学生态学等研究方法，以典型海洋（及滨海湿地）生态系统中重要药用生物为重点，追踪分离鉴定生物活性物质和具有他感或自毒作用的化学生态物质，评价其药用价值和开发前景。海洋生物药用新资源的开拓利用，药用海洋微生物资源筛选、发现和利用，海洋共生微生物分离、鉴定、培养与发酵，海洋活性天然产物高效筛选、分离与鉴定，以及海洋生物药用功能基因克隆与表达是研究的重点方向。

四、海洋生物资源未来技术

未来几十年的海洋生物资源研究将对海洋渔业资源综合利用、海洋生物代谢产物和制品开发、海洋微生物资源及海洋生物基因资源开展综合研究，实现海洋生物技术和海洋资源开发技术的创新与突破，满足我国社会经济发展的需求，促进我国海洋生物资源开发利用的可持续发展。

1 海洋渔业技术

(1) 循环水养殖系统

循环水养殖系统(RAS)是一种新型养殖模式(图 3-4),通过一系列水处理单元将养殖池中产生的废水处理后再次循环回用。RAS 的主要原理是将环境工程、土木建筑、现代生物、电子信息等学科领域的先进技术集于一体,以去除养殖水体中残饵粪便、氨氮(TAN)、亚硝酸盐氮(NO_2-N)等有害污染物,净化养殖环境为目的,利用物理过滤、生物过滤、去除 CO_2、消毒、增氧、调温等处理将净化后的水体重新输入养殖池的过程。不仅可以解决水资源利用率低的问题,还可以为养殖生物提供稳定可靠、舒适优质的生活环境,为高密度养殖提供了有利条件。

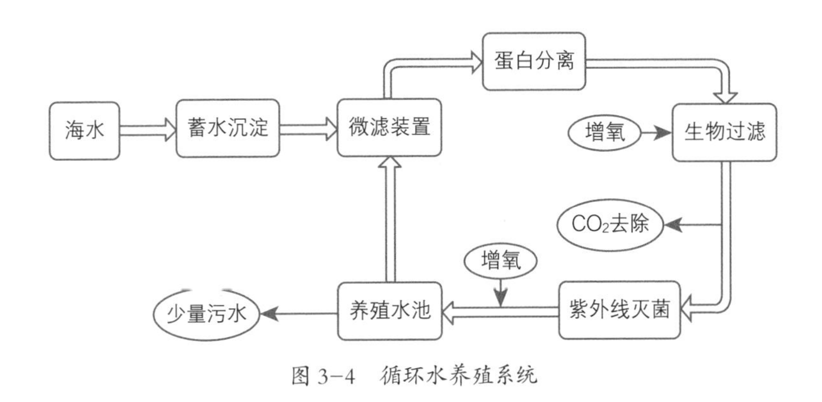

图 3-4　循环水养殖系统

(2) CRISPR -Cas9 技术

CRISPR-Cas9 技术是一种最新发展的基因编辑技术,虽然它的发现有 3 年多的时间,但已显示出强大的威力,与传统的 TALEN(类转录激活因子效应物核酸酶)和 ZFN(锌指核酸酶)技术相比,CRISPR-Cas9 技术更便捷、高效,应用也更广泛,目前该技术成功应用于人类细胞、斑马鱼、小鼠及细菌的基因组精确修饰。这项新技术能够完成 RNA 导向的 DNA 识别及编辑,为构建更高效的基因定点修饰技术提供了全新的平台。打一个比方,与目标基因互补的 RNA 和 Cas9 酶的复合物就相当于一枚精确制导的激光炸弹,能准确找到被修饰的基因位点,Cas9 酶就相当于弹头，在相应的位点对基因进行轰炸（即切割），然后插入或剔除目标基因。

以 CRISPR–Cas9 为基础的基因编辑技术在一系列基因治疗的应用领域都展现出极大的应用前景，如血液病、肿瘤和其他遗传疾病及植物育种领域。虽然还鲜有 CRISPR–Cas9 基因编辑技术在海水养殖育种方面的报道，相信这项技术很快会在藻类和鱼、虾、贝类养殖领域大放异彩。例如，利用 CRISPR–Cas9 技术可以将一段病毒序列整合进未受感染的海洋生物细胞中，对其进行免疫，这样就可以使海洋生物免受病害的侵袭，我们也可以利用这一技术，将对人类健康有益的活性分子如虾青素的生物合成相关的基因簇导入藻类和鱼的细胞中，这样就得到了体内富含虾青素的藻类和鱼，人们吃了它们就可以预防心脑血管等疾病；人们也可以利用这项技术，将胰岛素基因导入鱼细胞，糖尿病患者就不用每天注射胰岛素了，只要吃适量的导入过胰岛素基因的鱼就可以了。总之，随着大量高新技术的应用，工厂化养殖海产品的普遍使用，未来我们将再也不会为餐桌上的海产品安全担心了。

2 未来海洋渔场：深海养殖、自由移动

目前，全球消费的鱼类产品大部分来自水产养殖业，随着野生鱼类资源的减少，以及人类对鱼类产品的需求增加，发展水产养殖技术将会成为未来生物资源技术的重要部分。因此，海洋的水产养殖也需要转变模式，提升发展，依靠研制新的装备，发展新的技术，提高自动化程度，达到精准养殖、高效养殖，以提高海洋产品产量。

迄今为止，绝大多数的海洋渔场均位于近岸浅水区，养殖密度大，不利于养殖鱼类的健康生产，所产生的养殖废弃物也会对海水造成污染。随着对海洋的调查探索，应开发外海深海养殖空间，发展深远海网箱养殖，发展深远海养殖设备，建立深远海养殖平台。建立形成可持续的、高效的、精准的、生态的、优质无污染的水

产养殖技术。设想未来的养殖装置可以自由移动，随时搬迁，也可模拟野生鱼群移动。在适宜的海水区，水体洁净，鱼儿健康，产生的养殖废物可遵循自然规律消化降解，人类可享受到更加健康、安全的海洋养殖产品。

人类对于未来海洋养殖的发展充满期待。美国新罕布什尔州大学深海渔场计划设计一个重 80 吨的远程遥控养鱼设施，可适应破坏性的飓风和风暴，保护养殖鱼群不受伤害，降低养殖损失。鱼笼带有通向深海区的管道，可通过管道向鱼笼内的鱼群提供食物。

在波多黎各，一家用于养殖军曹鱼的传统深水养鱼场设计了由巨大的养鱼笼组成的新型养殖设备，可以让鱼儿在笼内自由游动。并通过设计可模拟野生鱼群迁徙，将孵化场的鱼苗投放在鱼笼内，移动至干净的深海区自由放养，直到鱼群生长成熟。

美国麻省理工学院的科学家也展示了一种新型养鱼笼——“水中豆荚”，这种养鱼笼呈正圆形，可根据养殖的鱼类种群和数量设计鱼笼大小。并在鱼笼上安装遥控装置推进系统，人类可在陆地操纵“放养”鱼笼至千里之外的深海区。

还有一组养鱼笼，是由轻质铝材和特殊纤维制作而成，球体巨大但自重较轻，可以漂浮或潜浮在海水中。养鱼笼配备先进的海洋能转化系统，可将海洋能转化为电能，无需其他能量供给，产生的电能可用于鱼笼的自由移动和陆地操控联系。

3 深海生物资源利用

深海微生物，特别是与其他海洋生物共生的微生物、极端环境（热液、冷泉及深渊等特殊环境）微生物的开发利用将成为重要的发展方向。根据前期深海微生物多样性及其环境适应机制和资源利用的研究，到 2049 年将构建完成人工培养、分子生物学鉴定、遗传操作和环境基因组学分析等公共技术平台。向人类揭示深海生物的地球化学循环过程、特殊极端环境生命活动规律，以及极强的环境适应能力。研究发现深海环境对生物转录的调控机制，建立数据平台、样本与种质资源库、基因资源库和化合物资源库。开展深海生物的基因组学、功能基因组学、蛋白质组学和酶学研究，从而研制出高值新种属、创制安全高效的深海海洋生物制品。

4 海洋生物医用材料开发

海洋生物医用材料是我国科技界率先提出的概念，它是海洋资源高值开发利用的重点之一，也是生物医用材料中的重要分支，更是生物医用材料的重要发展方向之一。先天畸形、感染、中毒，以及肿瘤和创伤等会导致人体组织、器官缺损及相应功能的丧失，如何帮助生物体恢复其损失的功能已成为临床医学研究的焦点。随着时代的发展，在对不同原因组织缺损的患者进行治疗时，替代物移植成为一种重要的修复手段。多糖和骨修复材料是研究较多的医用材料。

(1) 多糖

海洋多糖种类繁多、结构多样、官能团丰富，是较为理想的医用材料。目前研究广泛的海洋多糖类生物材料包括壳聚糖、海藻酸盐和琼脂糖。

壳聚糖能够溶于稀酸溶液，是一种类似于纤维素的含有氨基的线性多糖，由葡萄糖胺和 N- 乙酰基葡萄糖胺共聚物组成，是甲壳素脱乙酰基的产物。由于甲壳素主要来源于虾、蟹等甲壳类动物的硬壳，是海产品加工的下脚料，因此，壳聚糖是成本低廉的海洋生物材料。壳聚糖是少有的带有正电荷的天然高分子材料，具有较好的成膜性、可修饰性和生物安全性，同时还具有抑菌杀菌、消炎止血、镇痛和减少疤痕增生等生物学功能，已经被制备成海绵、纤维、薄膜、粉末、凝胶等形态的产品，被广泛应用于临床的生物医用止血材料、损伤组织再生修复材料、组织工程支架材料和缓释载体材料。目前，国际上已有壳聚糖基止血绷带（HemCon）、止血粉（Celox）等产品，止血海绵、止血膜片、壳聚糖基跟腱修补材料、角膜组织、神经组织、血管等组织工程材料和药物缓释材料等也都有开发。鉴于壳聚糖微球和微囊在载体材料方面的突出功能，很多药物开始利用壳聚糖微球或微囊来做载体。

海藻酸盐普遍存在于褐藻中，是由β-D-甘露糖醛酸和α-L-古洛糖醛酸以1，4-交联后形成的多糖，是细胞膜的主要组成成分。与壳聚糖含带正电的氨基相反，海藻酸盐带有羧基，是带有负电荷的天然高分子材料，可以被制成微球和微囊包埋大分子药物、油溶性药物、蛋白质和多肽药物和细胞等，是良好的细胞和药物载体。此外，海藻酸钠还可以被用于食品工业、农业及日化产品等领域。在药物载体领域，海藻酸钠和壳聚糖有着相似的应用。

琼脂糖是由1，3-连接的β-D-吡喃半乳糖和3，6-脱水-α-L-吡喃半乳糖残基交替连接而成的线性多糖，是一种中性多糖。琼脂糖在制成微球后可经过交联、高强度复合、孔径控制和修饰等处理而成为高效的蛋白质层析和生物活性物质分离介质，是附加值非常高的产品。值得注意的是，目前我国海洋生物材料的利用效率仍较低，材料制备工艺相对落后，这些材料蕴藏的经济效益远未开发出来。例如，我国经深加工制成的甲壳素、壳聚糖及其衍生物等的年产量超过10000吨，海带（海藻酸的主要生产原料）的年产量也以上千万吨计，但到目前为止，我们在海洋多糖材料纯度、多糖微球和微囊的粒径控制、多糖深加工等方面都亟待技术和工艺的提高，以提升海洋生物材料制品的附加值。

（2）骨修复材料研究

骨修复材料通常是人工合成的具有高机械强度、生物相容性好、能够吸收和降解、能诱导骨细胞和血管生长等的材料。近年发展起来的骨修复材料主要包括纳米陶瓷（纳米羟基磷灰石及纳米氧化铝等）、纳米高分子聚合物（纳米级聚乳酸和聚羟基乙酸等）、纳米复合材料、纳米仿生骨（纳米羟基磷灰石/聚酰胺66）、纳米骨浆等。羟基磷灰石是钙磷灰石的一种天然形态，广泛存在于鱼骨、鱼鳞和珊瑚中。羟基磷灰石因为其生物安全性、生物相容性和较好的骨传导性已经被广泛应用于骨修复。此外，天然牡蛎壳纳米体材料也可以用于修复骨缺损。牡蛎壳的主要成分是文石碳酸钙，并含有丰富的氨基酸和微量金属元素，具有良好的生物相容性。研究结果显示利用牡蛎壳纳米材料与医用硫酸钙制备的复合型骨材料在进行骨缺损修复治疗时可以更好地阻止结缔组织向内生长，更好地引导新生骨的形成，增加新生骨密度。此外以生物无机硅为主的天然材料现在也可以被用于骨修复手术。这些纳米骨修复材料具有传统骨修复材料无可比拟的生物学性能，能够与伤骨处的软组织和骨组织形成较强的化学作用，促进骨组织生长恢复，具有十分重要的现实意义和广阔的应用前景。

5 仿生材料研究

在 2000 年 9 月的悉尼奥运会游泳比赛中，澳大利亚选手伊恩·索普身着紧身黑色连体泳衣，有如一条碧波中前进的鲨，一举夺得了 3 枚金牌。伊恩·索普从此名留奥运史册，而助他成功的鲨皮泳衣（也称快皮）也开始名震全球泳界。事实上穿什么样的泳衣游得更快是人们探索了多年的问题。由于游泳者在水中遇到的阻力与水的密度、游泳者的正面面积、摩擦系数及速度的平方成正比，因此减少正面面积和摩擦系数是设计低阻力泳衣的关键。

仿鲨皮材料（图 3–5）是目前国际上开发非常成功的一种材料，但海洋生物可以给我们提供的不仅仅是这些，一些环境友好型仿生材料正是在研究海洋生物—材料—海水多界面作用体系下的材料性能，并进一步优化材料化学组成的过程中而构成的。其中，环境友好型海洋生物防污材料的设计和研发就基于此。例如，污损生物体分泌的黏附物质与材料界面间的结合情况受表面的微观特性影响，决定着生物的附着。这些信息对具有特定表面特性防污涂层的设计提供了指导作用。近几年，国内外已经开始对环境不产

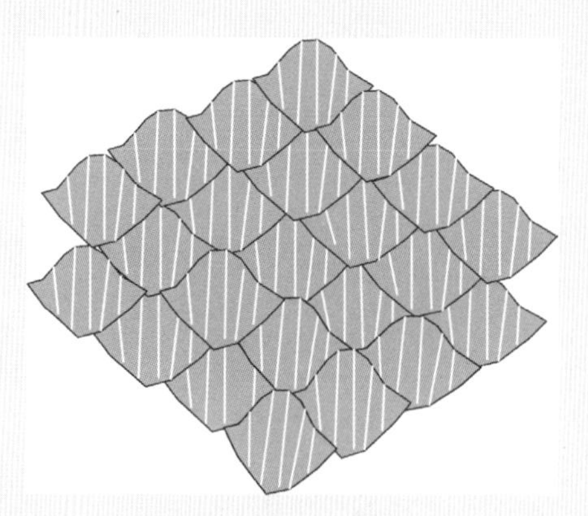

图 3–5　仿鲨皮材料
（鲨鱼表皮 V 形皱褶示意。白色线条代表 V 形皱褶上的突起）

生破坏和二次污染的环境友好型海洋生物防污材料进行研究，并有了一些成熟的产品。此外，在研究海洋污损生物附着原理的基础上，一些仿生生物粘胶也得到了开发，这些粘胶克服了目前人工粘胶剂无法在潮湿环境中应用的缺点，可以在生物医疗领域得到更好的应用。

(1) 仿生力学结构材料

众所周知，贝壳具有漂亮的颜色、优美的形状，是非常好的装饰品和工艺品原材料。但是，很多人不知道的是，贝壳还具有非常优良的结构。贝壳的主要成分为文石碳酸钙，这些文石与非常少量的有机质层叠交替排列成砖—泥结构，构成独特的有机—无机复合结构（图3-6），当贝壳的断裂方向垂直于片状文石时，这种结构能够改变应力的单一方向，使应力不断偏转，裂纹路径增加，断裂阻力增大，因此这一结构极大地增强了贝壳的韧性，使贝壳的韧性达到文石的1000倍，硬度提高1倍，这种结构的硬度更可以达到普通碳酸钙的3000倍。正是因为具有这样的结构，贝壳才能够保护贻贝、蛤蜊、牡蛎等软体动物在恶劣的海洋环境中生存。将有机—无机复合结构理念应用到材料的设计中，可以大大提高无机材料的断裂韧性和硬度，提高无机材料的性能。有研究表明，将贝壳用于混凝土添加剂能有效提高混凝土的弯曲系数和硬度。因此，从海洋生物材料的结构中学习其设计理念，并将这种理念应用到人工材料的设计中，会大大改善一些人工材料的性能。

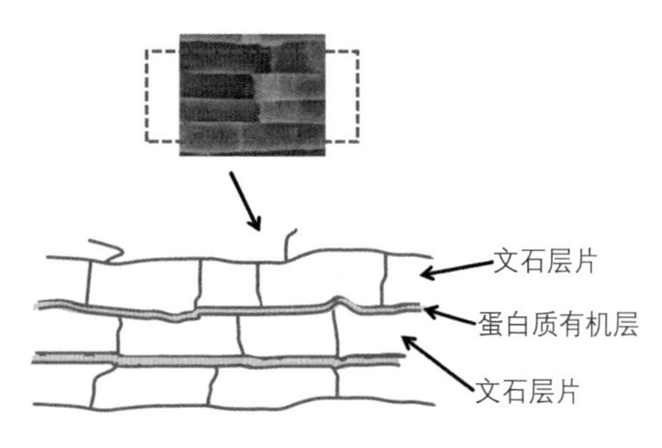

图3-6　贻贝壳珍珠层的砖—泥结构

(2) 仿生多孔材料

硅藻和海胆刺骨架材料都是天然多孔材料，这些多孔性材料与生物的物质传输有密切关系。尽管天然有孔材料有的表现为有序孔径，有的则为无序孔径，但这些材料都有强度大、密度小、比表面积大等特征，具有支撑、分离、吸收能量、减震抗压、传感等功能，能够帮助生物减轻自身重量，抗击海水压力。如今，很多多孔性金属和陶瓷材料都相继研发成功，这些材料除自身重量较轻外还有非常优良的支撑、抗压及传感性能，在航天材料和工业材料上都有较好的应用。

6 蛋白和酶制剂研究

2008 年 10 月 8 日下午 5 点 45 分，诺贝尔化学奖揭晓，3 位美国科学家，伍兹霍尔海洋研究所的下村修、哥伦比亚大学的马丁·沙尔菲和美国加州大学圣地亚哥分校的钱永健因发现并发展了绿色荧光蛋白（GFP）而获得该奖项。这种绿色荧光蛋白大小适中，光稳定性强，荧光强度较高且几乎没有生物毒性，因此在生物学研究中，科学家们可以通过化学方法或分子生物学手段将 GFP 挂在其他本不可见的分子上做生物体标记，从而使本来不可见的分子生物和生物化学过程变得清晰可见，使原本透明的细胞器和细胞在荧光显微镜下变得“可见”，就像在细胞内装配了摄像头。可以说 GFP 在生物技术领域起了划时代的作用。由于许多重大疾病与基因表达的异常有关，因此 GFP 开启了生物技术和生物医学研究领域的“绿色革命”。科学家钱永健在系统地研究 GFP 工作原理的基础上对蛋白进行了改造，不仅大大增强了其发光效率，还研制出了红色、蓝色、黄色荧光蛋白，使荧光蛋白成为更有力的工具，推动着生物技术的革命性进步。除做分子标记外，我们还可以将受体蛋白插入 GFP 表面构建传感器进行多种分子，如蛋白质、核酸、激素、药物、金属及其他的一些小分子化合物等的检测。瑞典的研究人员还将 GFP 用于光伏发电的研究，因此 GFP 有极为广阔的潜在应用前景。瑞典皇家科学院也将绿色荧光蛋白的

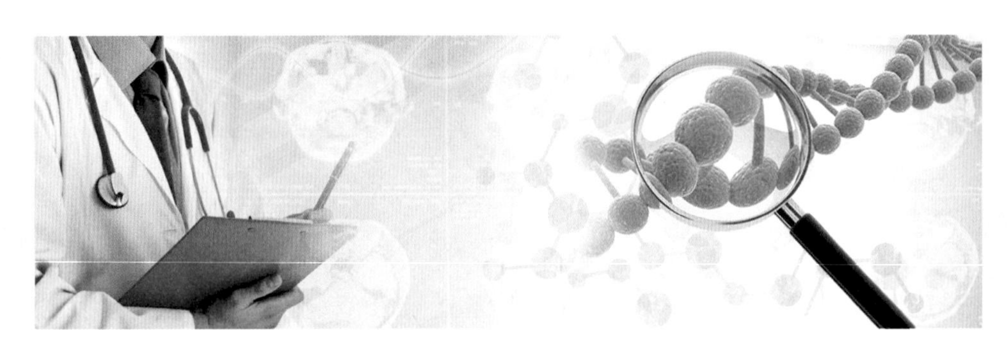

发明与显微镜的发明相提并论。目前，荧光蛋白已遍布全世界的生物实验室，成为细胞和生命科学研究必不可少的工具。GFP也成为海洋生物为人类提供的最具价值的材料。当然海洋中也许还存在其他具有特殊功能的蛋白，这还有待于我们进一步的研究和发现。

酶制剂也是海洋生物材料研究领域的重要部分，因为酶的催化效率高，专一性强，反应条件温和，有利于降低成本、减少污染。海洋中已经开发了多种酶，如几丁质酶、琼脂糖酶、葡萄糖-3-脱氢酶、转谷氨酰胺酶、高温Pfu DNA聚合酶及碱性蛋白酶等。这些酶在医学、工业、科研和化工领域都有着成功的开发经验，为海洋生物技术的发展起了重要的推动作用。此外海洋环境复杂，在海底热液口和超深渊环境中的生物如何适应高温和高压环境，它们体内又有哪些酶参与生命代谢过程中的调节，将是未来海洋生物材料领域研究的重点之一。随着海洋探索技术和仪器的进步，未来人类将在海洋特殊功能酶的研发方面取得更多的进步。

7 海洋新药开发

由于多种原因，人们在享受着丰富物质生活和多样精神生活的同时，也在经受着诸多“现代病”的折磨，多种心血管疾病、肿瘤、抑郁、真菌病（特别是由HIV病毒感染、免疫抑制剂使用等原因引发的深部真菌病）、多种神经退化性疾病和消化道疾病已经成为当今严重威胁人类健康和生活质量的主要病种，人类迫切需要寻找新特效药来控制这些疾病。海洋生物资源是保留最完整、来源最丰富、最具新药开发潜力的领域。由于海洋生态环境的特殊性（高盐度、高压、缺氧、避光），使海洋生物产生的次生代谢产物的生物合成途径和酶反应系统与陆地生物相比有着巨大的差异，导致海洋生物往往能够产生一些化学结构新颖、生物活性多样、显著的海洋药物先导化合物，为新药研究与开发提供了大量的模式结构和药物前体。

目前，利用海洋生物资源开发新药物的研究热潮方兴未艾，人们从海绵、海兔、珊瑚、海鞘、红树林植物发现了大量具有生物活性的化学分子，有些化合物在临床试验中具有很好的疗效。到目前为止，人们已经从海洋真菌、放线菌和细菌中发现了数万个活性先导化合物，在未来的30年间，将有更多的海洋药物被开发出来，新的抗生素、抗病毒、抗心血管病的药物最有可能在海洋生物中被发现，随着高通量海洋微生物原位培养技术的突破，高通量活性化合物筛选技术的进步，众多新的海洋药物的发现将为人们的生命健康保驾护航。

8 海洋功能食品开发

海洋生物体内富含氨基酸、蛋白质和其他生物活性物质，自古以来一直是人类食物的重要来源。近年来，海洋生物资源渐渐被广泛应用于保健品的生产，许多低等海洋生物，如软珊瑚、海藻、乌贼和许多海洋无脊椎生物等都是保健品的优质原料，海洋已成为保健品开发的最后也是最大的一个极具潜力的资源宝库。就营养价值而言，鱼肉肉质细嫩鲜美，蛋白质含量为15% ~ 20%，易于消化，其人体的吸收率高达85% ~ 90%；鱼的脂肪中含有高达70%以上的高级不饱和脂肪酸，其中二十碳五烯酸（EPA）和二十二碳六烯酸（DHA）是陆地动植物中所没有的，它们具有降低血脂中胆固醇和甘油三酯的作用，还能抑制血液凝集，减少血栓形成，对于预防脑卒中，防治冠心病和心肌梗死都有重要的作用。鱼类、贝类中还含有丰富的牛磺酸，研究表明，牛磺酸是婴儿视力和大脑发育所必需的物质，有助于减少血液中脂肪和低密度脂蛋白胆固醇的含量，以及增加高密度脂蛋白胆固醇含量，并提高机体的免疫功能，对中老年人的保健有着重要作用。此外，海洋生物还含有维生

素 A、D、K 和复合 B 族维生素，以及各种常量和微量元素，如碘、镁、钙、磷、铁、钾、钠、氟和锌等。海藻中亦含有丰富的多糖类化合物和人体功能需要的纤维素。海洋生物具有多种营养素及保健功能，如海鱼可防治心肌梗死等疾病，其体内的一种激素类生物活性物质，已被提炼成前列腺素。此外，科学家发现，鲨软骨可以治疗癌症，有关研究认为，鲨软骨含有抑制血管生长的活性物质，可以抑制新生肿瘤组织的血管生长，肿瘤细胞便自行凋亡。另外，从虾、蟹、贝等甲壳类海洋生物中提炼出来的甲壳素和几丁聚糖，已被发现是可食用的阳离子动物纤维素，具有降低血清胆固醇、抑制衰老、增强免疫、抗菌、调节人体生理机制等作用。我国海洋生物资源丰富，为开发新颖功能独特的保健品和功能性食品奠定了物质基础。

五、海洋生物资源愿景

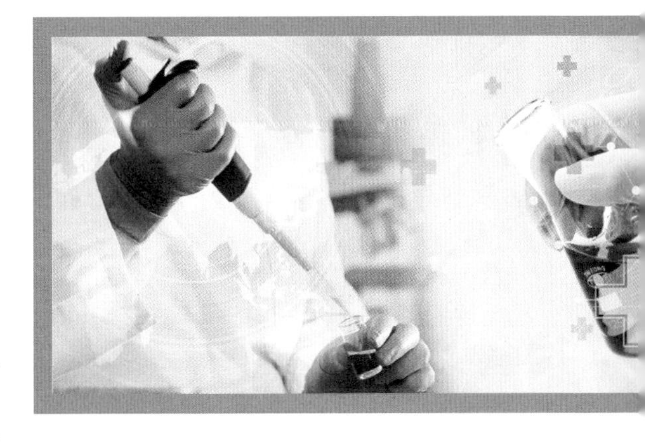

可以设想 2049 年这样一个场景，当一个人因骨折受伤紧急送入医院，护士首先用仿生多孔性金属材料制造的超轻便轮椅将患者推进诊疗室，这种轮椅轻便耐用，便于携带并且在行动过程中可以很好地吸收颠簸产生的能量，大大降低患者的不适。医生诊断后发现患者某处骨头断裂需要进行黏合和修复。医生首先可以根据受伤部位的结构和功能特性选择不同材质的生物材料，使材料能够最佳匹配受伤处骨头的生理功能，然后结合 3D 打印技术，可以很快为患者量身打造一个大小和形状都适合患处修复的人工骨修复材料，然后可以用仿生粘胶将骨修复材料植入患处。由于植入的材料与人体相容，且能很好地促进断裂处骨的修复，患者可以在很短的时间内康复，并且不再经受二次手术取出植入钢板的痛苦。

第三节 海水淡化

水资源作为基础性自然资源和战略性经济资源，已经成为21世纪全球关注的重大资源问题之一。联合国专家估计，地球有10亿~15亿人缺少饮用水，更多的地区或国家将因缺水而面临降低发展速度和生活质量的问题，一些国家和地区甚至因水资源的开发利用而引发争议和冲突。根据联合国环境规划署预测的数据，全球平均每年增加8000万人，随之每年淡水需求量将增加640亿米^3。我国是一个淡水资源严重短缺的国家，既贫乏，又分布不均，人均水量很少，时间和地域分布上又很不均衡，水资源已成为制约我国经济社会可持续发展的瓶颈。近年来各地经济增长迅速，再加上连续几年降雨偏少，以及许多水源严重污染，水的供需矛盾更显突出。根据21世纪初的统计，我国610个中等以上城市中，不同程度缺水的就达400多个，其中32个百万人口以上的大城市中，有30个长期受缺水的困扰。北京的人均水资源不足200米^3，仅为全国人均的1/8，世界人均水平的1/30。环渤海经济圈，包括天津、沈阳等城市，以及辽东半岛和山东半岛，人口高度集中，经济高速增长，缺水问题已经成了经济增长的制约因素。南方地区，包括浙江、福建和广东等省沿海，近年来淡水资源的短缺和污染，也已成为经济持续发展的重要障碍。

为了解决水的资源性危机，人们自然想到了浩瀚的大海，进

行海水淡化。为应对我国沿海淡水资源匮乏问题，中华人民共和国国家发展和改革委员会、中华人民共和国财政部、国家海洋局于2005年8月联合发布了《海水利用专项规划》。在国务院《国家中长期科学和技术发展规划纲要（2006—2020）》、国家发展和改革委员会《高技术产业发展“十一五”规划》、国家海洋局《国家“十一五”海洋科学和技术发展规划纲要》等规划文件中，都将海水淡化技术列入了国家发展战略计划之中。随着各种规划的颁布和实施，海水淡化产业得到快速发展，许多较大规模海水淡化工程纷纷上马，对国内自主知识产权的海水淡化技术的需求日益迫切。

与跨流域调水、蓄水、开采地下水等其他传统手段相比，海水利用是一种可持续、长久解决水资源缺乏的方式，可以弥补蓄水、跨流域调水等传统手段的不足，增加水资源总量，实现水资源的可持续利用，将成为解决我国沿海地区淡水短缺、优化沿海水资源结构的现实和战略选择。

海水淡化经历了以下3个发展阶段：20世纪50年代为发现阶段；20世纪60年代为开发阶段；20世纪70年代以后为商业应用阶段。从全世界来说，海水淡化技术已成为某些条件下解决淡水危机的可以信赖技术。但这主要是针对中东沙漠油田地区而言的。海水淡化技术要真正走出中东，成为全世界都能用得起的技术，尚有一个很长的研发过程。

一、传统的海水淡化方法

1 海水淡化的概述

海水淡化就是将海水脱除盐分变为淡水的过程。海水淡化可以充分利用海水资源，增加淡水总量。第二次世界大战以后，海水淡化在拥有丰富能源却干旱的中东得到了较大的发展。

2 海水的水质特点

海水水质的主要特点是：①含盐量高，一般在 35 克 / 升；②腐蚀性大；③海水中动植物多；④海水中各种离子组成比例比较稳定（表 3-3）；⑤ pH 值变化小，海水表层 pH 值在 8.1 ~ 8.3，而在深层 pH 值则为 7.8 左右。

表 3-3 海水中主要离子成分

成 分	含量 /（毫克 / 升）	成 分	含量 /（毫克 / 升）
Cl^-	18980	Br^-	65
Na^+	10560	Sr^{2+}	13
SO_4^{2-}	2560	SiO_2	6
Mg^{2+}	1272	NO_3^-	2.5
Ca^{2+}	400	B	4.6
K^+	380	F^-	1.4
HCO_3^-	142	总含盐量约 34400 毫克 / 升	

3 海水淡化方法分类及原理

根据分离过程，海水淡化主要包括蒸馏法、膜法、冷冻法和溶剂萃取法等。

蒸馏法是最原始的方法（图 3-7）。蒸馏法是通过加热海水，使水汽化、冷凝而获得淡水的一种淡化方法，包括多级闪蒸、多级蒸发、压汽蒸馏等。由于地理位置要求有局限性，一般在沿海地区设置水电蒸馏厂。蒸馏法存在设备造价要求较高、锅炉易生垢、操作压力大、耗能大等不可避免的问题。

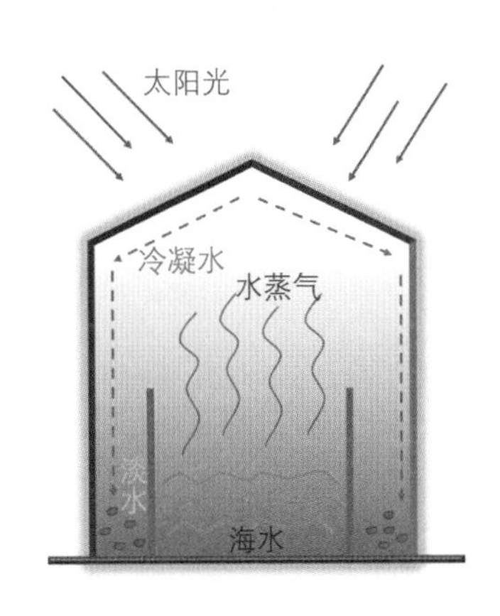

图 3-7　利用太阳能蒸馏海水

膜法海水淡化是以外界能量或化学势差为推动力，利用天然或人工合成的高分子薄膜将海水溶液中盐分和水分离的方法，由推动力的来源可分为电渗析法、反渗透法等。

冷冻法海水淡化是将海水冷却结晶，再使不含盐的碎冰晶体分离出并融化得到淡水的过程。冷冻法的缺点是耗能大且制得的水质较差。

溶剂萃取法是指利用一种只溶解水而不溶解盐的溶剂从海水中把水溶解出来，然后把水和溶剂分开从而得到淡水的过程。

二、海水淡化和直接利用技术的发展现状

1 海水淡化技术

进入 21 世纪以来，国际上海水淡化出现产能加速增长、应用领域不断扩大和国际间竞争加剧的新趋势。据统计，截至 2013 年年底，全球海水淡化工程总装机容量已达 8093 万吨 / 日，其中近 61% 为市政供水工程（图 3–8）。使用的国家和地区既包括了海湾地区产油国家，也包括了西班牙、以色列、澳大利亚等发达国家。海水淡化制水成本从 20 世纪 60 年代的 1 吨水成本 9 美元，下降至最低 0.5 美元。

我国海水淡化研究起于 1958 年，经过 50 多年的发展，已具备较成熟的海水淡化技术，组建了一批优秀的科研团队，并形成了综合性的水处理技术产业，掌握蒸馏法和反渗透法两大主流海水淡化技术，技术经济日趋合理，成为世界上少数几

个掌握海水淡化技术的国家之一。设备造价比国外降低了30%～50%，产水成本已接近国际先进水平，达到每立方米6～8元。我国海水淡化产水能力已从10年前的不足3万吨/日提升到77.4万吨/日（国家海洋局科学技术司，2013年）。

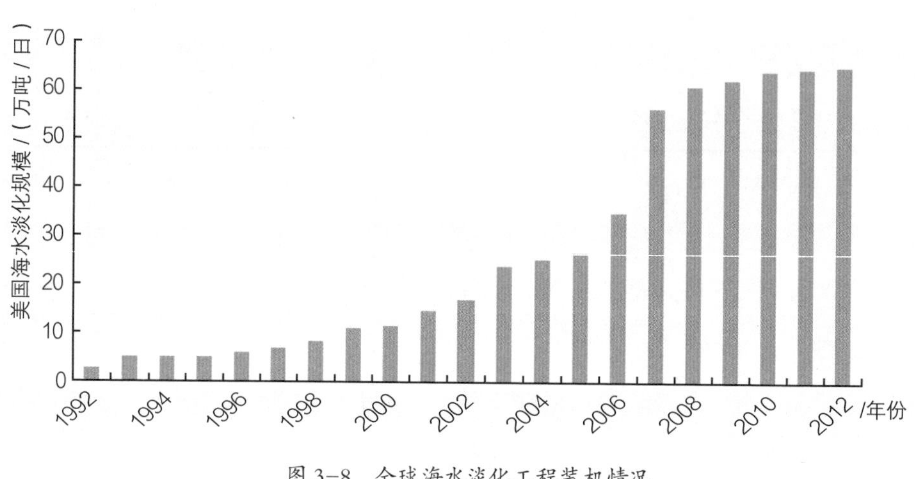

图3-8 全球海水淡化工程装机情况

据统计，截至2011年年底，我国已建成的海水淡化装置总产水量近72万米^3/日，总结近些年产业产能数据得出近20年以来国内淡化装置容量增长趋势图（图3-9）。

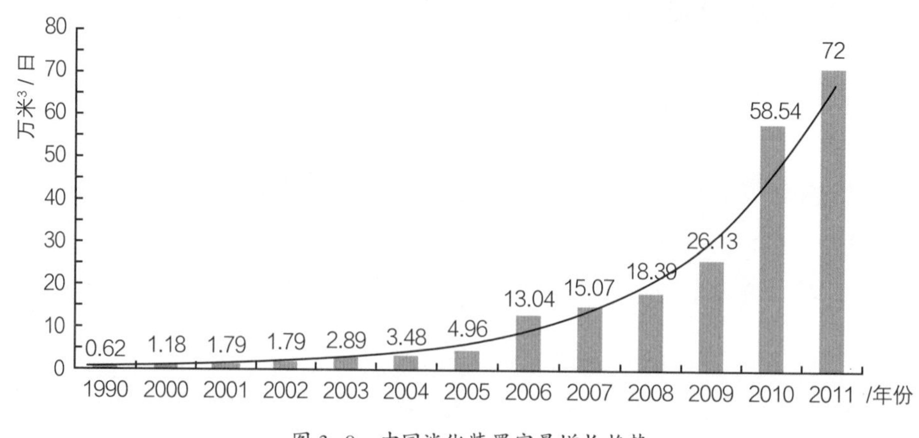

图3-9 中国淡化装置容量增长趋势

(1) 蒸馏法海水淡化技术

蒸馏法是通过加热海水使之沸腾汽化，再把蒸汽冷凝成淡水的方法。蒸馏法海水淡化技术是最早投入工业化应用的淡化技术，特点是即使在污染严重、高生物活性的海水环境中也适用，产水纯度高。与膜法海水淡化技术相比，蒸馏法具有可利用电厂和其他工厂的低品位热、对原料海水水质要求低、装置的生产能力大等特点，是当前海水淡化的主流技术之一。

(2) 多效蒸发技术

多效蒸发技术（MED）是指加热后的海水在多个串联的蒸发器蒸发，随着其水分的蒸发和水温的降低，不断供应其热能，即前一个蒸发器蒸发出的二次蒸汽作为下一个蒸发器的热源，并冷凝成淡水。简单来说，多效蒸发技术是由单效蒸发组成的系统。将前一蒸发器产生的二次蒸汽引入下一蒸发器作为加热蒸汽，并在下一有效蒸发器中冷凝成蒸馏水，如此依次进行。蒸馏温度接近 100℃，此时 $CaCO_3$、$CaSO_4$ 易结垢沉淀，所以多效蒸馏装置存在严重结垢问题，随着多级闪蒸及膜法海水淡化的问世，其市场地位逐渐被取代，直到低温多效海水淡化技术的研发成功。

(3) 低温多效蒸馏技术

低温多效蒸馏（LT-MED）技术是对多效蒸馏技术的改进，其特征是采用热源为 70℃的蒸汽，以此来抑制海水中 $CaCO_3$、$CaSO_4$ 成垢析出，可大大改善传热设备的结垢、腐蚀状况。

低温多效蒸发技术是进料海水在排热冷凝器中被预热和脱气，之后被分成两股物流。一股物流作为冷凝液排弃并排回大海，另外一股物流变成蒸馏过程的进料液。料液经加入阻垢分散剂之后被引入到热回收段各效温度最低的一组中。喷淋系统把料液喷淋分布到各蒸发器中的顶排管上，在沿顶排管向下以薄膜形式自由流动的过程中，一部分海水由于吸收了在蒸发器内冷凝蒸汽的潜热而汽化。被轻微浓缩的剩余料液用泵打入蒸发器的下一组中，该组的操作温度要比上一组高一些，在新的组中又重复了蒸发和喷淋过程。剩余的料液接着往前打，直到最后在温度最高的效组中以浓缩液的形式离开该效组。生蒸汽输入温度最高一效的蒸发管内部，在管内发生冷凝的同时，管外也产生了与冷凝量基本相同的蒸发。产生的二次蒸汽在穿过浓盐水液滴分离器以保证蒸馏水的纯度之后，又引入下一效的传热管内，第二效的操作温度和压力要略低于第一效。

这种蒸发和冷凝过程沿着一串蒸发器的各效一直重复，每效都产生了相当数量的蒸馏水，到最后一效的蒸汽在排热段被海水冷却液冷凝。第一效的冷凝液被收集起来，该蒸馏水的一部分又返回到蒸汽发生器，超过输入的生蒸汽量的部分流入一系列特殊容器的首个容器中，每一个容器都连接到下一低温效的冷凝侧。这样使一部分蒸馏水产生闪蒸并使剩余的产品水冷却下来，同时把热量传给热回收效的主体中去。如此产品水呈阶梯状流动并被逐级闪蒸冷却。放出的热量提高了系统的总效率，被冷却的蒸馏水最后用产品水泵抽出并输入储液罐中。这样生产出的产品水是完全的纯水，它不含任何污染物（图 3-10）。

像蒸馏水一样，浓缩海水从第一效呈阶梯状流入一系列的浓盐水闪蒸罐中，闪蒸冷却以回收其热量。经过冷却之后，浓盐水经浓盐水泵打入大海。不凝性气体从每一根冷凝管中抽出，并从一效流到另一效。这些不凝性气体最后在排热冷凝器的最冷端富集，并用蒸汽喷射器或机械式真空泵抽出。从冷凝器后分流出来的原料海水经过预处理后，由泵依次送入预热器进行预热，然后进入第一效蒸发器的顶部，并按要求分配到传热管的内壁，管外为加热蒸汽。蒸发出来的二次蒸汽同下降的盐

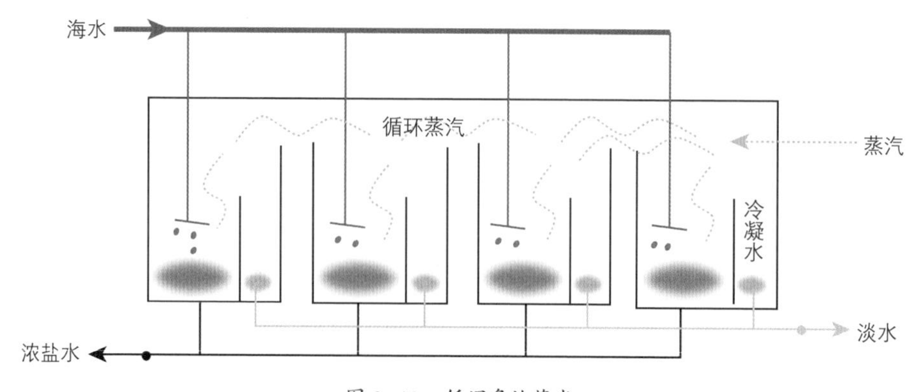

图 3-10　低温多效蒸发

水在分离室中实现汽液分离，二次蒸汽经过除沫器后引至下一效加热。剩下的盐水则因两效间的压差作用而流入下一效蒸发器。各效所生成的蒸馏水也沿压力温度降低的方向流经各效管间，同时回收热量，直到最后的冷凝器形成产品水抽出。最后的浓盐水从末端的底部排出。

（4）多级闪蒸技术

多级闪蒸（MSF）技术是指一定温度的水在环境压力低于该温度所对应的饱和蒸汽压时发生的骤然蒸发现象。闪蒸后的水温度降低以使其饱和蒸汽压与环境压力平衡。多级闪蒸也是利用了这个原理，使加热至一定温度的盐水依次在一系列压力逐渐降低的容器中闪蒸汽化，蒸汽冷凝后得到淡水的过程。该方法是在多效蒸馏的基础上发展而来的。相比多效蒸馏法，多级闪蒸减少了垢的形成。

多级闪蒸属于蒸馏法海水淡化，它是通过加热至一定温度的海水依次在一系列压力逐渐降低的容器中实现闪蒸汽化，然后再将蒸汽冷凝后得到淡水的过程。多级闪蒸具有传热管内无相变、不易结垢、产品水质好、单机容量大等特点。多级闪蒸淡化技术起步于 20 世纪 50 年代，因其工艺要求，多级闪蒸一般与火力电站联合运行，以汽轮机低压抽汽作为热源。1957 年，在科威特建成的 4×2000 米^3/ 日的 4 级闪蒸装置，标志着多级闪蒸技术已趋于商业化，并于 20 世纪 70—80 年代得到了快速发展。此外，多级闪蒸也是至今实现单机容量最大的海水淡化方法，最高淡水产量可达 76000 米^3/ 日。多级闪蒸也存在诸多缺点，主要表现在：操作温度高，设备的腐蚀和结垢速度快，为避免结垢和腐蚀需要加入大量的化学试剂并采用较贵的耐腐蚀材料；动力消耗大，根据国内外的统计资料，用多级闪蒸制造 1 吨淡水的动力消耗为 3.5 ~ 4.5 千瓦时；操作弹性小，是其设计值的 80% ~ 110%；产品水易受污染，多级闪蒸的传热管内流动的是浓盐水，外侧冷凝的是蒸汽，传热管腐蚀穿孔后浓盐水将会泄漏到蒸汽侧，污染产品水；设备投资大，初期建设费用高。由于多级闪蒸技术的局限性，国内海水淡化工程基本以反渗透法和低温多效蒸馏技术为主，因此目前国内对该项技术的研究及工程建设基本处于停滞状态。

(5) 反渗透海水淡化技术

自然状态下，水流从低浓度盐水侧向高浓度盐水侧流动，当在高浓度侧加上一定外压后，以压力差为推动力，使水从高浓度向低浓度侧流动，这一过程称为反渗透。反渗透膜模拟生物半透膜制成，孔径在 0.5 ~ 10 纳米，能截留水中的各种无机离子、胶体物质和大分子有机物、细菌、病毒等，从而得到纯水（图 3-11）。

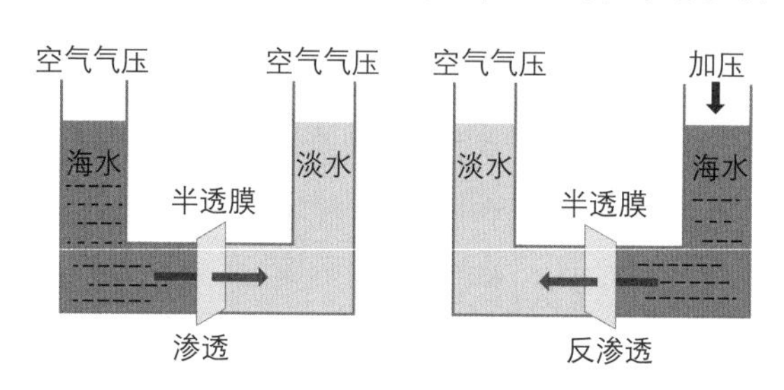

图 3-11　反渗透原理

反渗透海水淡化即是在海水的一侧施加一个大于海水渗透压的外压，使海水中的纯水将反向渗透至淡水中（图 3-12）。

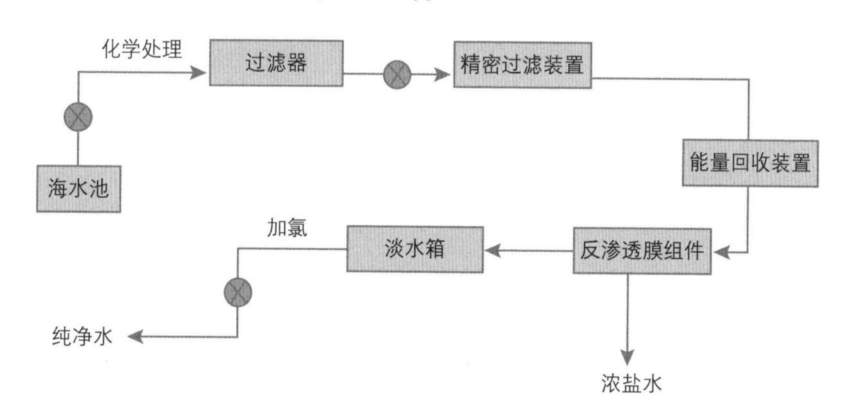

图 3-12　反渗透海水淡化

在反渗透海水淡化工艺中，待处理的原海水经过高压泵加压后，进入反渗透膜组件，经过反渗透膜的水为所需要的淡水，剩余未透过膜的部分水为浓度较高的海水，即浓海水。

在反渗透海水淡化技术方面，最近 20 年，反渗透海水淡化关键设备、材料和工艺技术不断提高，技术水平持续进步。在预处理方面，超微滤膜的应用提升了预处理的技术水平。在反渗透膜方面，开发出大量高性能的新型膜材料，膜制备工艺水平和产品性能迅速提高，海水反渗透膜元件脱盐率最高达到99.8%、水通量增加50%以上，而且膜产品不断呈现系列化和功能化，广泛用于海水/苦咸水淡化、废水再生利用、超纯水处理、料液浓缩分离等。在能量回收技术方面，开发出透平式、差压式、功交换式、转子式等不同结构和类型的能量回收装置，能量回收效率最高可达90%以上。能量回收装置的应用，已使反渗透海水淡化的电耗从20世纪80年代的6～8千瓦小时/米^{3}降低到3～4千瓦小时/米^3。这些技术的进步迅速提升了反渗透海水淡化的市场份额。世界上反渗透海水淡化单机最大规模已达到2.1万吨/日，正在研发单机生产能力为2.7万吨/日的反渗透装备，工程最大规模已达到54万吨/日。反渗透法约占世界淡化市场总装机容量的65%。

热法海水淡化技术（多级闪蒸、多效蒸馏）相对反渗透技术，具有对海水水质要求宽松，对低温、重污染、高浊度海水的适应能力强，淡化水纯度高等优点，在中东地区有广泛的应用。热法海水淡化工程多与沿海电厂共建，以便充分利用电厂余热或低品位蒸汽造水，实现电水联产。低温多效相比多级闪蒸，具有耗电和投资成本低，可使用廉价传热材料等特点，市场发展空间很大。据统计，未来低温多效技术将逐渐替代多级闪蒸部分市场份额，到2015年低温多效将占整个热法海水淡化市场35%的份额。目前世界最大多级闪蒸、低温多效海水淡化工程分别达到88万米^3/日、80万米^3/日，最大单机规模分别突破7.9万米^3/日、3.8万米^3/日。2011年，韩国斗山重工签约沙特低温多效海水淡化项目，单机规模达到6.8万米^3/日。

2010年国际脱盐协会发布的数据显示，截至到2010年年底，全球已建立了15000多座淡化工程，总产水量达到6640万米^3/日，其中海水淡化工程产水规模3912万米^3/日，占总规模的58.9%，解决了全球2亿多人的饮水问题（图3–13）。

从技术上来看，目前我国海水淡化技术主要有两种：反渗透膜法（膜法）和低温多效蒸馏法（热法）。其中，由于反渗透法具备工程造价和运行成本持续降低、耗能少等优势，是未来发展的主导方向，占比较大，约 67%；低温多效蒸馏法（热法）则相对处于劣势，约占 27%。

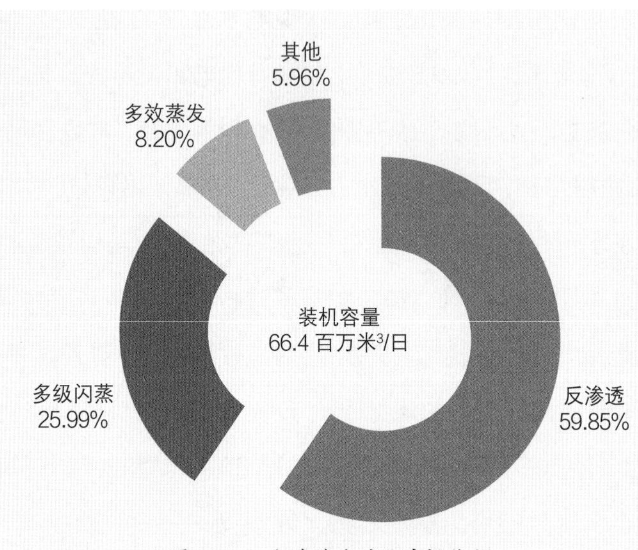

图 3-13　全球海水淡化市场份额

目前，我国已开展了低温多效和多级闪蒸海水淡化关键技术研究。“十五”期间，自主设计、制造完成了山东黄岛发电厂 3000 吨 / 日低温多效蒸馏海水淡化装置并投入运行（图 3-14）。“十一五”期间，完成了海水淡化传热材料、关键设备和部件、专用药剂和材料、仿真及智能化控制技术、相关标准等研究，改进和优化了装置的工艺、结构设计，形成集多效、闪蒸、TVC 技术优势为一体的整体工艺方案；建立了与沿海电厂主流发电机组（300 兆瓦、600 兆瓦、1000 兆瓦）相匹配的具有自主知识产权的 3000 吨 / 日、5000 吨 / 日、10000 吨 / 日、15000 吨 / 日、25000 吨 / 日等不同规模低温多效淡化工程成套技术。自主设计制造的 1 套 2×4500 吨 / 日、2 套 2×3000 吨 / 日低温多效海水淡化装置顺利出口并交付使用，开创了我国低温多效海水淡化装置进军国际市场的先河，主要技术和经

图 3-14　山东黄岛发电厂生产供集团内部使用的华欧海泉纯净水

济指标接近或达到国际先进水平。在对进口装备消化吸收的基础上建成了河北国华沧东发电有限责任公司 12500 吨 / 日低温多效海水淡化工程。

2 海水直接利用

随着科学的进步和经济发展的需要，海水直接利用已成为不可忽视的产业。海水利用主要用于两个方面：一是工业生产；二是解决部分生活用水。

海水在工业生产中的主要用途，除作为溶剂、除尘等，主要还是做工业冷却水，占海水总利用量的 90%，其中以间接换热冷却方式居多，包括用于制冷装置、发电冷凝、纯碱生产冷却、石油精炼、动力设备冷却等。直接洗涤冷却是使海水直接与物料接触，用于化工蒸发过程中或者直喷海水降温。

将海水作为工业冷却用水历史已久，许多沿海国家工业用水量的 40% ~ 50% 来自海水。比如，日本早在 19 世纪 30 年代开始利用海水，到 19 世纪 60 年代海水使用量已占总用水量的 60% 以上，几乎沿海所有企业，如钢铁、化工、电力等部门都采用海水作为冷却水。再如，美国 19 世纪 70 年代末海水利用量达 720 亿米 ^{3}，2000 年工业用水的 1/3 为海水。我国沿海开发使用海水较早。1935 年，华电青岛发电有限公司建厂时即用海水做冷凝器降温、冲灰用，日利用量达 70 万米 ^{3}。目前，全世界海水冷却水量已经超过 7000 亿米 ^{3}，其中日本工业冷却水总用量的 60% 为海水，每年高达 3000 亿米 ^{3}；美国 25% 的工业冷却用水直接取自海水，年用量约 1000 亿米 ^{3}。

海水可以直接作为印染、制药、制碱、橡胶及海产品加工等行业的生产用水。将海水直接用于印染行业，可以加快上染的速度。海水中一些带负电的离子可以使纤维表面产生排斥灰尘的作用，从而提高产品的质量。海水也可作为制碱工业中的工业原料。青岛碱业股份有限公司用海水替代淡水作直流冷却、化盐和化灰等生产用水，日用海水 12.6 万米 ^{3}，其中仅化灰用海水就达 3 万米 ^{3}/ 日。天津渤化永利化工股份有限公司采用海水和淡水混用的方法化盐，既节水又省盐，具有很好的经济效益。烟台海洋渔业有限公司利用海水做人造冰脱盘、刷鱼，每年节约淡水 7000 多万米 ^{2}。

海水循环冷却技术是 20 世纪 70 年代以来发展起来的一种环保型节水技术。在国外已经成熟，在美国、德国、沙特等国均得到了较广泛的应用。经过 30 多年的发展，国外的海水循环冷却技术已经进入大规模应用阶段，产业格局基本形成，市场范围不断扩大，单套系统海水循环量已达 15 万吨 / 小时之多，建造了数十座自然通风和上百座机械通风大型海水冷却塔。

国际上海水循环冷却产业按照关键技术分工细化，形成了德国基伊埃集团、美国斯必克公司等专门从事海水冷却塔设计建造的公司，主要从事机力通风海水冷却塔设计、加工和安装、自然通风海水冷却塔设计及塔芯构件销售；另外，纳尔科、通用贝茨、陶氏、威立雅、栗田等公司专门从事海水处理剂研发生产，并提供与之相配套的技术服务和系统运行管理。

我国经过“九五”“十五”“十一五”科技攻关，已全面掌握海水循环冷却关键技术，建成百吨级、千吨级、万吨级和十万吨级海水循环冷却示范工程。“九五”期间，建成百吨级循环冷却中试装置，首次在我国实现了以海水代替淡水作为工业循环冷却水。“十五”期间，突破“三剂一塔”关键技术，建成 2500 吨 / 小时海水循环冷却示范工程和 2.8 万吨 / 小时海水循环冷却示范工程，在我国首次实现了千吨级和万吨级海水循环冷却技术产业化应用。“十一五”期间，完成了 10 万吨 / 小时海水循环冷却成套技术与工程示范研究，建成我国首例 2×10 万吨 / 小时示范工程，突破国外浓缩倍率 1.5 ~ 2.0 的极限，实现海水循环冷却 1.8 ~ 2.2 高浓缩倍率运行和大规模集成创新。突破海水循环冷却水处理药剂产业化关键技术，形成3000吨 / 年海水水处理药剂生产能力，建成我国首个海水水处理药剂生产基地；攻克超大型海水冷却塔优化设计技术，实现我国大型海水冷却塔设计制造零的突破，形成海水冷却塔塔芯构件生产能力，建成我国首例海水冷却塔塔芯构件生产基地；初步形成我国自主创新海水循环冷却标准体系。研究成果先后应用于浙江国华宁海发电厂和天津北疆电厂 1000 兆瓦超临界发电机组海水冷却工程，成功支撑目前国内2个规模最大的2×10万吨/小时海水循环冷却示范工程，连续安全稳定运行2年以上，累计替代淡水量8000多万吨，年运行费用比淡水循环冷却大幅降低，温排水较海水直流技术相比减少95%以上。实现海水循环冷却应用规模与国际接轨。

滨海城市利用海水替代淡水用于生活主要是冲厕，已有40年的历史。中国香港立法规定必须用海水冲厕，且免费，否则要追究违者责任。据1992年资料，中国香港日需淡水240万米^3，水价8元/立方米，其中冲厕用水52万米^3，占总量21%；在冲厕水中，海水用量35万米^3，占65%，每年可节约淡水1.9亿米^3。一些仍使用淡水冲厕的用户要逐渐改成用海水冲厕。由此不难看出，随着淡水资源的日益紧缺，海水冲厕不失为沿海城市节约淡水的重要举措。

我国沿海开发使用海水较早，例如，华电青岛发电有限公司1935年建厂时即用海水做冷凝器降温、冲灰用，每小时最大用量达5万米^3，日利用量达70万米^3。中华人民共和国水利部规定每发1万千瓦小时电耗淡水200米^3，而华电青岛发电有限公司仅耗淡水6米^3。再如，青岛碱业股份有限公司是用水大户之一，日需淡水3800米^3。由于用海水替代淡水化盐、化灰等工艺，碱产量逐年上升，耗水不断下降。吨碱耗水由1974年的13.08米^{3}降至1981年的1.65米^3，继而降到1988年的0.9米^3，居全国同行业先进水平。利用海水成本低廉，只有自来水成本的5%～10%，具有明显的社会效益和经济效益。山东省已有电力、化工、橡胶、纺织、机械、塑料、食品等行业使用海水，年利用量从20世纪80年代的3.5亿米^{3}增至20世纪90年代的12亿米^3，其中仅青岛市年利用量即达7.7亿米^3。估计我国年海水取用量约60亿米^3。2010年，在青岛市建设9处滨海海水淡化厂，海水淡化能力达到20万米^3/日，海水淡化产业总产值达到60亿元，带动机械制造、高分子材料、技术服务等行业产值增加200亿元。2015年，海水淡化能力达到40万米^3/日，海水淡化产业总产值达到120亿元，带动相关行业产值增加400亿元。

海水冷却，国内外目前多采用直流冷却方式，存在着取水量大、生物附着不易控制、影响生态环境、运行费用高等问题。国外从20世纪70年代起研究合理的

海水循环技术，并得到实际应用。我国海水循环冷却技术处于研究起步阶段，存在的突出问题是腐蚀、结垢、生物附着、盐沉积和盐雾飞溅。比利时对海水冷却塔做了较多研究，并为德国、美国等国家设计建造了冷却塔。苏联、日本、印度等国对海水循环冷却系统的缓蚀剂、阻垢剂做了很多研究工作。

据详细的技术经济评估，当净化海水为0.04~0.13元/米^{3}时，海水循环冷却比海水直流冷却和淡水（水价为0.6~0.9元/米^3）循环冷却更为经济合理。特别是对采用淡水循环冷却的企业，海水循环冷却方式是方便的。因此，开展海水循环冷却技术研究是利用海水的发展方向，前景广阔，有着良好的经济效益和社会效益。

三、我国海水淡化和直接利用技术发展态势

1 海水淡化

（1）蒸馏法海水淡化技术

结合传热学、流体力学、材料科学、腐蚀与防护等学科发展，开展蒸馏法海水淡化过程强化传热机理、关键部件优化、低成本传热材料开发等研究，探索提高蒸馏淡化顶端操作温度的机理和方法，以及水电联产系统的优化配置，以提高蒸汽利用效率、降低制水成本，为大型淡化装置的设计、制造、安装、运行提供理论和技术支持。

（2）膜法海水淡化技术

开展海水淡化反渗透膜材料及元件、大型高压泵及高压增压泵、能量回收装置等核心部件和关键设备研究，开发具有自主知识产权的装备产品，逐步替代进口；开展万吨级以上反渗透海水淡化单机装备设计制造技术研究，通过系统集成与工程示范，推动反渗透海水淡化的规模化应用；开展双膜法海水淡化组合工艺研究及优化，进一步

降低海水淡化系统能耗和制水成本；开展淡化产品水后处理技术研究，建立安全可靠的淡化水调质工艺和水质监测评价体系，实现海水淡化在市政供水领域的广泛应用；开展大型反渗透海水淡化系统运行管理技术研究，促进海水淡化系统运行管理的规范化和科学化，保障海水淡化系统长期稳定投入运行。

（3）海水淡化共用技术

在对我国沿海海域海水水质进行调查分类的基础上，针对我国海域海水水质及变化特征，重点开展海水淡化取水技术、海水预处理技术、浓海水处置及利用技术、系统最优控制技术、热膜耦合技术研究，以及建立浓盐水排放和淡化水水质监测方法、海水淡化设备和材料的质量检测，利用海水淡化集成技术研究在工业废水、农村苦咸水、应急饮用水及特殊用水等方面的应用，开发出适用于我国沿海不同海域的海水淡化共用技术，提高工程建设水平，降低海洋环境污染。

（4）海水淡化前沿技术

开展太阳能、风能、海洋能等可再生能源利用技术在海水淡化领域的应用研究，开发具有实用价值的可再生能源海水淡化新工艺和新装备。开展正渗透、膜蒸馏、电容去离子、电渗析和浓差能利用等新型海水淡化关键技术研究，加强技术储备。

2 海水直接利用

（1）海水循环冷却技术

推动海水循环冷却在各领域的应用，开展石化行业海水循环冷却关键技术研究与应用示范、核电超大型海水循环冷却关键技术研究与应用示范、海水水处理药剂研究、海水循环冷却新技术研究，以及海水冷却环境影响研究及评价技术等。包括石化行业海水循环冷却关键技术研究与应用示范、核电超大型海水循环冷却关键技术研究与应用示范、海水循环冷却新技术等。

（2）海水净化技术

以解决海水淡化预处理关键技术为主要目标，开展高效海水絮凝剂开发及混凝机理研究，进行膜法海水淡化预处理膜污染机理及控制技术研究，探索反渗透海水淡化预处理新技术新工艺，开展海水净化集成技术及装备研发，形成相关工程的设计能力和装备的加工生产能力。包括膜法海水淡化预处理膜污染机理及控制技术、海水净化新技术研发、海水淡化预处理技术集成及装备研发。

（3）海水利用关键材料、部件及装置

开展海水利用关键部件及装置的研究，包括海水淡化膜制备设备、元件卷膜设备、大型海水淡化膜元件、高压泵、能量回收装置、机电一体化反渗透海水淡化装备等，以及超大型海水冷却塔、大生活用海水技术装备研发与产业化。

四、海水淡化未来技术展望——集成海水淡化技术

现有的海水淡化方法无论是蒸馏法还是反渗透、电渗析和纳滤膜方法，都存在各自的缺点。而将两种甚至多种技术结合的集成海水淡化技术可以提高海水利用率、提高淡水产量和降低成本。

1 水电联产

水电联产是利用电厂的廉价电力和废热蒸汽淡化海水的一种方式。水电联产能提高能源利用率、降低海水淡化成本和减轻环境污染，在水资源缺乏地区，将海水淡化和其他工业形式灵活组合，对解决淡水紧缺和促进工业发展有很大的帮助。

国内外很多海水淡化厂是和发电厂建在一起的，这是当前大型海水淡化工程的主要建设模式。传统能源的资源利用率有限，发展核能、太阳能等新能源进行海水淡化将成为新的研究热点。

2 热膜联产

热膜联产是结合热法和膜法淡化海水的一种方式，满足不同用水需求，降低海水淡化成本。用太阳能、风能等可再生能源与反渗透联合使用，可提高海水淡化效率，降低能耗及成本。近年来国内仅公开了少量以采用蒸汽、风能为能源与反渗透联合淡化海水的相关研究，太阳能反渗透海水淡化设备和一种风能反渗透海水淡化装置。太阳能反渗透海水淡化设备用太阳能产生的蒸汽代替电力直接驱动汽轮泵，避免了蒸汽转化为电力再驱动泵所造成的热效率的损失。热膜联产既具有太阳能技术的节能和环保特点，又具有膜法海水淡化的优点。以风能直接驱动的海水淡化设备中的高压泵，相比以风力发电为基础的电力驱动装置，其利用率更高，投资更少，维护费用更低。热膜联产最主要的缺点是设备造价高。

3 离子交换法－纳滤膜法

离子交换法（HIX）是利用阳离子交换树脂吸附水中的阳离子释放出氢离子，再用阴离子交换树脂吸附其中的阴离子释放出氢氧根，二者中和而达到除盐的目的。离子交换法—纳滤膜法（HIX–NF）是一种新型的集成淡化海水技术，纳滤膜替代反渗透膜，大幅度降低海水脱盐过程中的能量消耗，提高能源利用率。从科学的角度去分析，HIX–NF 优于膜处理，它能改变进料液的化学性质，在淡化海水过程中具有独特性。特别是在不添加任何添加剂的情况下，HIX–NF 通过可逆阴离子交换法将海水中一价 Cl^- 转化成二价 SO_4^{2-}，一方面降低了反渗透时进料液所需约 30% 的操作压力，另一方面纳滤膜的浓缩液中富集的 SO_4^{2-} 可以作为阴离子交换离子循环使用，降低了反渗透海水淡化过程中的能耗，克服纳滤膜对单价离子截留率不高的缺点，提高海水淡化率（图 3–15）。

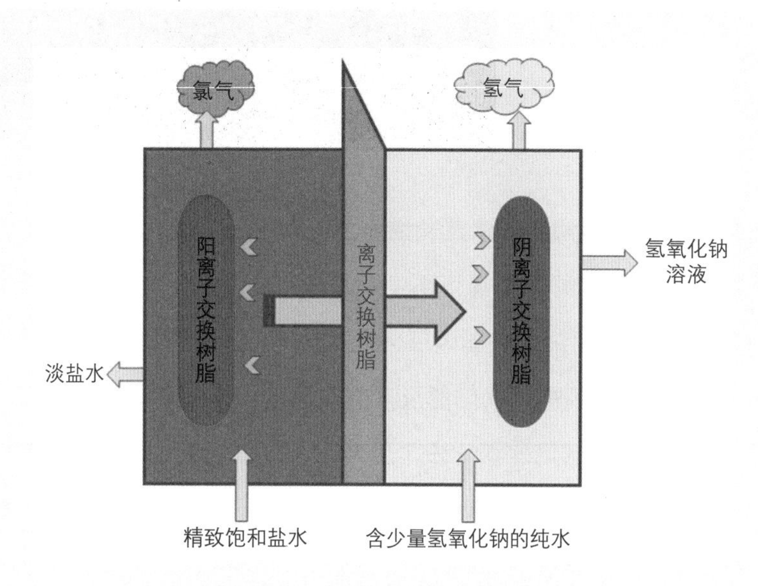

图 3–15　离子交换膜法电解原理

4 双膜法

海水中含有大量的无机胶体和有机大分子，海水预处理尤为重要。海水淡化预处理主要包括降低海水的浊度、污泥密度指数（SDI）、化学耗氧量（COD）、微生物含量，以及加入高效助凝剂提高氢氧化物絮凝沉淀的速率等。未经有效预处理的海水进行反渗透时，将增加反渗透膜的负荷，增加淡化过程膜清洗、反冲的频率，增加成本，降低产淡水量，影响反渗透膜的使用寿命。在固定浓度的 TDS 和操作压力下，检测 NF 膜和 RO 膜过滤得到的浓缩液 A 和 B 中 Na_2SO_4 的截留率，结果分别为大于 75% 和 99.2%。采用纳滤和反渗透联用的膜法联用技术进行海水淡化，可明显提高离子的截留率，降低能耗和造水成本。另外，双膜法还有微滤和反渗透的结合，以及双重纳滤膜法。

淡水资源严重缺乏是 21 世纪困扰世界各国发展的一个重要因素，相对于各种有实效的方案，海水淡化是一个较优的解决方式。在国际上，海水淡化已具有明显的优势，国内由于水价较低，海水淡化成本相对较高。国内的海水淡化生产能力同国际上相比差距大，我国海水淡化技术还有待提高。海水淡化方法有蒸馏法和膜法：①蒸馏法能耗大，操作成本高。②膜法中的反渗透法已被广泛运用于淡水生产中，但是反渗透法的操作压力较高，以及膜组件污染问题会影响膜的寿命；纳滤膜法操作压力低、能耗低，符合未来海水淡化发展的趋势，但膜通量的高低和纳滤膜对 NaCl 截留率的大小影响纳滤膜淡化海水的效率。水电联产、热膜联产等技术集成的海水淡化技术能提高海水淡化效率，降低能耗。可以预测未来提高海水淡化效率的两种方法：①发展具有抗污染性强、高膜通量和高 NaCl 截留率特性的膜淡化海水技术；②作为资源的最有效整合方式，集成海水淡化技术将是未来海水淡化技术发展的趋势。

第四节 海洋能资源

海洋能作为储量巨大的低碳能源和可再生洁净能源，其发展前景与未来可提供的服务保障受到全世界海洋科技的高度关注。海洋可再生能源在减少化石能源消耗、改善沿海地区用电紧张局面、改善能源结构、促进节能减排、保护生态环境、保障国家安全方面都具有巨大的作用。同时，经济结构和经济增长方式的调整和转变在未来社会发展中也对海洋能有着不可估量的依赖和需求，海洋可再生能源对于未来建设资源节约型、环境友好型社会具有巨大的推动作用。

一、我国海洋能利用现状

海洋能通常是指海洋本身所蕴藏的能量，海洋通过各种物理过程接收、储存和散发能量，这些能量以潮汐、波浪、潮流、温度差、盐度梯度等形式存在于海洋之中。海洋能主要包括潮汐能、波浪能、温差能、海流能、盐差能。根据联合国教科文组织在 1981 年出版的信息估算中，这 5 种海洋能的总量为 0.766 亿千瓦，相当于 25 万个秦山核电站的发电功率。

1 潮汐能

潮汐能是指海水因潮汐现象所拥有的动能和势能的总和。由于太阳和月亮的引潮力作用，海水发生周期性运动的现象称为潮汐。潮汐能包括潮差能和潮流能两种：潮差能是太阳、月亮与地球之间的万有引力与地球自转的运动使海水水位形成高低变化所产生的势能；潮流能指潮汐导致的有规律的海水流动产生的动能。潮汐能是一种相对稳定的可靠能源，很少受气候、水文等自然因素的影响，不存在丰水期和枯水期的变化，全年总发电量稳定。全球潮汐能的理论蕴藏量约为 30 亿千瓦。我国海岸线曲折漫长，这些的海岸蕴藏着十分丰富的潮汐能资源。我国近海有 171 个 500 千瓦以上的潜在潮汐能开发利用站址，理论装机容量为 230 万千瓦，主要分布在浙江、福建两省。

2 波浪能

波浪能是指海洋表面波浪所具有的动能和势能，是一种在风和地球引力的作用下产生的，并以势能和动能的形式由短周期波储存的机械能。波浪的能量与波高的平方、波浪的运动周期及迎波面的宽度成正比。波浪能是以机械能形式存在的，具有分布面广的优点。受到技术的限制，目前可供利用的波浪能资源仅局限于靠近海岸线的地方。但即使是这样，在条件比较好的沿海区的波浪能资源贮量大概也超过 20 亿千瓦。据估计，全世界可开发利用的波浪能达 20 亿千瓦。我国离岸 20 千米海域波浪能理论装机容量为 150 万千瓦，其中广东、海南、福建、浙江 4 省波浪能资源较为丰富。

3 温差能

海水温差能是指海洋表层海水和深层海水之间水的温差所蕴含的热能，是海洋能的一种重要形式。低纬度的海面水温较高，与深层冷水存在温度差，并储存着温差热能，其能量与温差的大小和水量成正比。据估计，全球温差发电的可利用功率在 20 亿千瓦。我国可利用的温差能为 15 亿千瓦，其中 90% 分布在南海（理论装机容量 0.37 亿千瓦）。

4 海流能

海流能又称潮流能，是指海水大规模相对稳定流动所产生的动能，主要是指海底水道和海峡中较为稳定的流动所产生的能量，是另一种以动能形态出现的海洋能。利用海流发电比陆地上的河流优越得多，它既不受洪水的威胁，又不受枯水季节的影响，几乎以常年不变的水量和一定的流速流动，完全可成为人类可靠的能源。海流能发电设备制造起来也相对较简单，就像是风力发电机的水下版本。全球海流能储藏量也有几十亿千瓦。我国沿岸潮流资源根据对 99 个主要水道的计算统计，理论装机容量为 83 万千瓦。这些资源在全国沿岸的分布，以浙江省为最多，占到全国潮流能资源的一半以上，其次是山东省、江苏省等。

5 盐差能

盐差能是指海水和淡水之间或两种含盐浓度不同的海水之间的化学电位差能，是以化学能形态出现的海洋能。盐差发电一般用半透膜隔开淡水和咸水，在盐离子浓度差异的驱动下，淡水可不断向盐水渗透而产生水流，从而可以驱动涡轮机发电。全球盐差能可利用的能量约为 26 亿千瓦。我国的盐差能理论装机容量为 0.11 亿千瓦，主要集中在长江口、珠江口、黄河口等各大江河的入海处。

二、海洋能技术发展概述

1 潮汐能发电技术

潮汐能发电技术指利用潮汐能发电的技术，其中潮流发电技术尚处于实验阶段，而潮差发电技术已成熟。1912年，德国在石勒苏益格—荷尔斯泰因州的苏姆建成世界上第一座潮汐电站。之后，法国、苏联、英国、美国、韩国和加拿大等国家都进行了潮汐发电的开发。世界上已经建成的较著名的潮汐电站有：① 1967年，法国建成的朗斯潮汐电站（图3-16）。朗斯电站位于法国圣马洛湾朗斯河口，一道750米长的大坝横跨朗斯河。坝上是通行车辆的公路桥，坝下设置船闸、泄水闸和发电机房。朗斯潮汐电站机房中安装有24台双向涡轮发电机，涨潮、落潮都能发电。总装机容量24万千瓦，年发电量5亿多千瓦时，输入国家电网，是20世纪世界上装机规模最大的潮汐电站。② 1984年，加拿大在芬迪湾建成安纳波利斯潮汐电站，装机容量为2万千瓦，主要目的是试验全贯流式机组。③ 2011年8月，韩国试运行的始华湖潮汐电站总装机容量为25万千瓦。④我国的潮汐电站建设开始于20世纪50年代中期，经过1958年前后、20世纪70年代初期和80年代三个时期建设，至20世纪80年代中期建成并长期运行的潮汐电站8座，总装机容量为6100千瓦，其中我国建成的最大的潮汐试验电站是位于浙江省乐清湾北部的江厦潮汐试验电站。江厦潮汐试验电站总装机容量3900千瓦，电站装有双向贯流式机组6台，年发电量600万千瓦时，可昼夜发电14～15小时。我国潮汐发电技术经过40多年的实践，小型潮汐发电技术已基本成熟，已具备开发中型潮汐电站的技术条件。

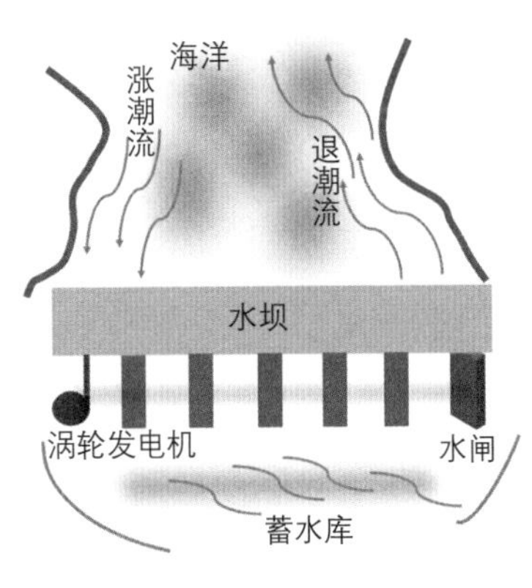

图3-16 潮汐发电（朗斯）

2 波浪能发电技术

波浪能发电技术是指利用波浪的动能和势能生产电能的技术，波浪发电系统的能量俘获系统从波浪流动中获得动能，再由能量转换系统转换为气动的、液动的、液压的和机械的能量，然后通过汽轮机、水轮机、液压马达或传动机构驱动发电机发电。英国、美国、丹麦、澳大利亚等国家都研制出应用波浪发电的装置，并应用于波浪发电中。20 世纪 90 年代末，波浪发电装置的研究进入示范阶段。英国的海蛇海洋动力公司研制了“海蛇” 750 千瓦波浪发电装置，并进行了实海况运行。美国电力技术公司目前正在研制 Powerbuoy500 千瓦点吸收式波浪能发电装置。丹麦波龙公司研制的“波龙”波浪发电装置，于 2003 年在丹麦内海进行了 20 千瓦的样机试验，实现了并网发电。我国波浪发电研究始于 20 世纪 70 年代末，20 世纪 80 年代后获得了较大的发展，微型波浪能发电技术已经成熟，小型波浪能转换技术已经进入世界先进行列。已建成的波浪能示范电站包括广东省汕尾市 100 千瓦岸式振荡水柱波浪电站并入电网，30 千瓦摆式装置与风能装置并联发电，为岛上居民提供电力；我国发明的 10 千瓦鹰式装置在转换效率和可维护性上具有优势，截至 2014 年 1 月底，已进行了一年多海试，并于 2014 年 5 月回收。运行期间，装置单次无故障连续运行超过 6 个月。在该技术基础上，2014 年开始研制 100 千瓦鹰式波浪能发电装置工程样机。中国海洋大学研制的 10 千瓦震荡浮子式波浪能装置经历了数次台风，于 2015 年通过了验收。我国波浪能研究与世界先进水平仍然存在一定差距，波浪能开发的规模远小于挪威和英国，小型波浪发电距实用化尚有一定的距离。

3 海流能发电技术

海流能发电原理与风能发电原理类似，发电装置主要有叶轮式、降落伞式和磁流式几种。目前海流发电技术最为先进的国家是英国，已进入实验验证阶段，其中英国 MCT 公司于 2003 年 5 月在北德文郡近海岸成功安装了额定功率 300 千瓦的测试系统，并可靠运行超过一年。在此基础上，MCT 公司成功研发了 1.0×10^3 千瓦级的发电机组并于 2008 年 4 月在位于爱尔兰北部海床下，完成了 1.2×10^3 千瓦的 SeaGen 潮流发电机安装，标志着世界上第一个商业化规模的潮流发电系统投入使用。挪威政府支持开发的 300 千瓦级试验型水平轴潮流发电机，于 2003 年 12 月安装在挪威海湾。此外，还有美国的潮流电站 NT400 等。中国的浙江大学、哈尔滨工程大学、中国海洋大学等院校在潮流能发电技术上取得了一定的进展。其中，浙江大学 2014 年 5 月成功研制了 60 千瓦半直驱水平轴机组，已进行 300 千瓦潮流能机组工程样机产品化设计与制造。近年来，以浙江大学、哈尔滨工程大学和东北师范大学为代表的高校研制了多个装置；此外，还有部分装置对叶轮形式和形状进行了创新改造，如中国海洋大学开展的柔性叶片潮流能发电装置研发，上海交通大学开展的变几何水轮机发电装置的研制等。潮汐发电技术整体上处于世界较先进的地位。但是整体开发规模的单机容量还很小，电站单位装机造价高于常规水电站，尚不具备与常规燃料电站竞争的能力。

4 温差能发电技术

海洋温差发电的概念是在 1881 年由法国物理学家雅克 – 阿尔塞纳 · 达松瓦尔提出的（图 3–17）。美国于 1979 年在夏威夷沿海建立并运转了世界上第一座海上闭式循环 Mini–OTEC 电站，装机容量为 50 千瓦，这是人类首次通过海洋温差能得到有实用价值的电能。1993 年，在夏威夷沿岸建成了 210 千瓦的开式循环 OTEC 电站，净输出功率 40 ~ 50 千瓦，同时产出淡水，开始了对海洋温差能综合利用的研究探索。2013 年 1 月，日本在冲绳县岛尻郡久米岛町安装 100 千瓦的海洋温差能示范电站，2013 年 3 月成功发电。我国对海洋温差能的利用也进行了大量的研究，1985 年，中国科学院广州能源研究所开始对温差利用中的一种“雾滴提升循环”方法进行研究。2004—2005 年，天津大学对混合式海洋温差能利用系统进行了研究，并

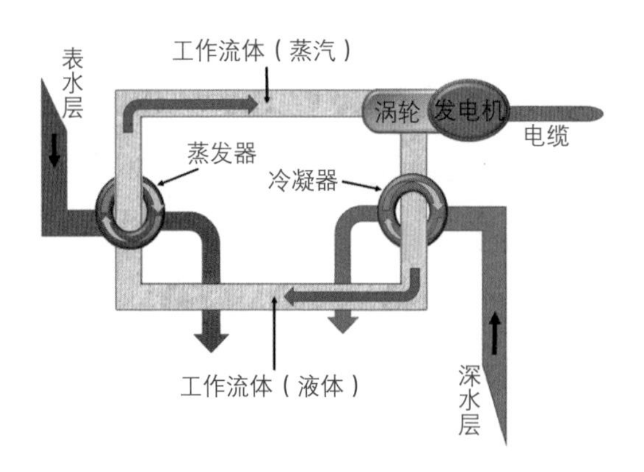

图 3-17　海洋温差发电

就小型化试验用 200 瓦氨饱和蒸汽透平进行理论研究和计算。2008 年，国家海洋局第一海洋研究所开展了海洋温差能发电的研究工作，重点开展了闭式海洋温差能发电循环系统的研究，其设计的“国海循环”方案的理论效率达到了 5.1%。2008 年，国家海洋局第一海洋研究所承担了“十一五国家科技支撑计划”重点项目“15 千瓦海洋温差能关键技术与设备的研制”，建成了利用电厂蒸汽余热加热工质进行热循环的温差能发电装置用以进行模拟研究，设计功率为 15 千瓦，于 2012 年 8 月通过了项目验收。

5 盐差能发电技术

盐差能发电技术是将海水和淡水之间或两种含盐浓度不同海水之间的化学电位差转换为电能的技术（图 3-18）。盐差能发电是 1939 年首先提出来的，1973 年，以色列科学家洛布建造并试验了一套渗透法装置。近年来美国、日本等国家相继开展了这方面的研究。我国于 1985 年在西安冶金建筑学院采用半渗透膜法研制了一套可利用干涸盐湖盐差发电的试验装置。总体上看，海洋盐差能研究还处于实验室试验水平，离示范应用还有一段的路程。

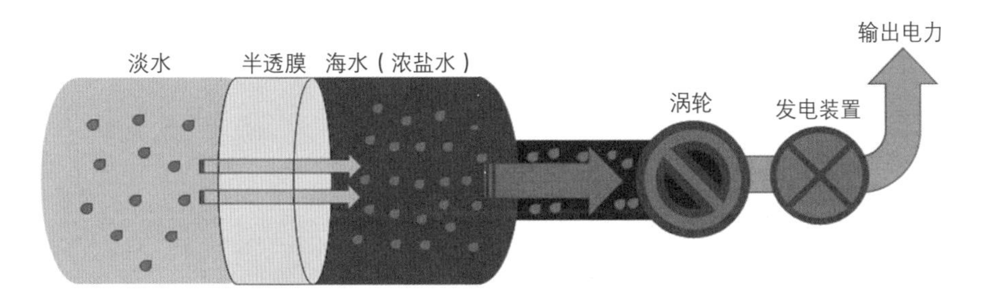

图 3-18 盐差能发电

三、海洋能技术发展趋势和主要方向

海洋能作为储量巨大的低碳能源和可再生洁净能源，其发展前景与未来可提供的服务保障是全世界海洋科技发展都高度关注的。海洋可再生能源在减少化石能源消耗、改善沿海地区用电紧张局面、改善能源结构、促进节能减排、保护生态环境、保障国家安全方面都具有巨大的直接作用。同时，经济结构和经济增长方式的调整和转变在未来社会发展中也对海洋能有着不可估量的依赖性，对于未来建设资源节约型、环境友好型社会具有巨大的推动作用。

1 潮汐能

潮汐能作为海洋能源的重要表现形式，全球发达乃至发展中国家都在不断尝试和探索更为巨大的潮汐能利用前景。世界上对潮汐能的研究方向有：适应潮流双向流动特性的能量捕获与高效转换技术；对环境友好、低运行成本和低维护成本的大功率高效潮汐发电机组研制；潮汐能电站综合利用的开展，降低电站整体发电成本。开展新型潮汐能开发方式研究，有的学者提出了在距离海岸线数千米的浅滩可用毛石等堆砌防波堤形成蓄水库，涨潮蓄水发电，落潮发电泄水。这种开发模式无须占用宝贵的天然港口、海湾、多功能岸线，不妨碍航行，也不会影响生态环境。也可以考虑与岸线治理、海岛综合开发、促淤围垦相结合开展联合开发。

2 波浪能

波浪能利用技术已经经历了装置发明、实验室试验研究、实海况应用示范等阶段。下一步目标是开发研究各种波浪能的发电高新技术与装备，建造达到商业化利用的波能装置，降低成本，提高获能效率和安全性。目前，波浪能发展的趋势是安全、可靠、高效、适用性强，在我国由于受波浪能资源条件的限制，大功率开发宜向多级阵列化发展，不宜开展大功率单机波浪能装备。

3 海流能

海流能发电装置的发展趋势和主要方向是高效捕获效率的叶片和高可靠系统研究，对来流方向调节的变桨控制技术应用，以实现双向对流发电。另外，海流能发电装置和波浪能装置一样，由于受资源条件的限制，未来适合向阵列化发展。从发电装置的形式上来看，易于上浮的水平轴坐底式潮流发电装置也是发展的方向之一，这种技术可避免对航运产生影响，抗风能力也强，易于维修。

4 温差能

海洋温差能发电的未来趋势是采用高效热力循环，透平采用高效叶片，岸置式发电系统解决电站冷海水管道的敷设技术，漂浮式电站解决漂浮平台的建造技术和抗风浪技术。

海洋温差能发电在发电的同时可以进行海水淡化、提供空调冷源和发展养殖业。海水淡化是海洋能除发电以外最有利于人类发展的开发项目，利用海洋温差能发电技术进行海水淡化是相当具有应用前景的。通过温差能将深海中氮、磷、硅等营养元素输送至养殖场，可以提高海洋养殖场的生产力，扩大海水养殖。荒野的小岛如果靠人力上去搭建电力系统，建造生产基地是非常不合算的工程，但如果在表层与深层温差较大的海岛附近建造温差能发电站，为岛上居民提供电力、淡水、空调制冷，实现独立生存系统是经济可行的方案。

温差能除了发电，未来的二级产品也是非常有市场的，例如，靠温差能驱动的水下滑翔机、Argo浮标等水下设备。温差能驱动的水下装备是一种利用冷暖海水层之间的温差获取能量，并转化为机械能。主要的工作原理是将温差能转化为机械能，驱动浮标上升和下潜。这里需要注意的是，温差能在这类设备上并不是转化为电能，而是直接转化为机械能驱动装备运动。简单而言就是由工作流体、工作气体及能量船体液体构成的系统。工作流体是一种低温工质，通过相变在冷暖水之间吸收或释放热量，因相变改变体积，进而改变机体净浮力，实现水下沉浮运动。工作介质的任务是在暖水层存储工作流体传递过来的能量，而在冷水层释放能量。利用这一技术路线，实现水下设备的运动路线的改变。

5 盐差能

盐差能主要的发展方向是经济的渗透膜开发。盐差能的主要利用前景依然是发电，其基本方式是将不同浓度的海水之间的化学电位差能转换成水的势能，再利用水轮机发电，具体主要有渗透压式、蒸汽压式和机械化学式等，其中渗透压式最为关注。未来的盐差能装置可以大规模地对不同浓度的海水进行隔离，转换电力资源。

未来盐差能的产品可能会更依赖于近岸的建设，因为人类可以触及的盐差能大的地方首先就是近岸，其次是深远海的深水团浓度差。其产品有望实现近岸盐差能储电箱、自供电式化工厂、深水大型发电台站等。节能减排和应对气候变化已经成为我国当前社会经济发展的一项重要而紧迫的任务，同时能源短缺严重制约沿海和海岛经济社会的发展，不仅在我国，全世界对此问题都是高度重视。据不完全统计，目前在法国、英国、俄罗斯、加拿大、印度、韩国等 13 个国家都在运行潮汐能发电站，在建、设计和研究的潮汐能发电站达 150 多座。开展波浪能利用研究的国家更有英国、日本、挪威、丹麦、俄罗斯、加拿大、以色列、美国、法国、西班牙、葡萄牙、瑞典、荷兰等 20 多个国家，地跨亚欧大陆及美洲地区。除此之外，美国利用潮流能设计的“低速海水换能器”、中美等国利用温差能设计的水下滑翔机、欧洲的 38 个海上风能发电站等都充分说明了全世界在利用海洋能推动国家进步的战略部署是多么的急迫与重视。未来海洋能利用的前景是非常广阔的，围绕潮汐能、波浪能、温差能、盐差能、海上风能、海上太阳能等洁净新能源动力研究会不断促成新的海洋能产品和服务推向社会。

四、未来海洋能资源利用

2049 年，海洋能发电技术将走向成熟，市场化开发海洋能将成为常态，海洋能发电技术将从近海走向远洋，从浅水迈向深海。

1 潮汐能

潮汐能作为海洋能源的重要表现形式，全球发达乃至发展中国家都在不断尝试和探索更为巨大的潮汐能利用前景。最为主要的是利用潮汐能发电，还有海水淡化。

(1) 潮汐发电站

潮汐能发电的主要优点是一方面具有月平均规律性，另一方面，潮汐发电具有日变化和月变化。潮汐发电不均匀性的问题实质上在20世纪下半叶已经通过建立大型电力系统得到解决。这些大型电力系统通过保障水电站和火电站的联合运行能够吸收潮汐电站所发的电量。据相关研究表明潮汐能的蕴藏量为30亿千瓦，与可利用的水电蕴藏量相当。我国的水力发电在2013年占总发电使用量的24%，这就意味着如果我们可以把潮汐能完全转化为电能，至少可以解决我国1/5的用电，我国人均消费水力发电为447瓦，世界人均消费133瓦，粗略估计，全世界的潮汐能转化为电能，至少可以解决全球6%的用电。英国已经研发出一种用于浅海静水水域的潮汐能栅栏发电系统，该潮汐能栅栏预计成本为1.43亿英镑，全长1000米，将从英格兰西部横跨南威尔士地区的布里斯托海峡。该栅栏由一系列相互连接的涡轮组成，新型横轴水力涡轮机的设计与水车的设计原理相仿，将使用最新的碳复合技术，同时适用于英国本土及其他海域。该装置一经完工即可独立发电，总输出功率为3000千瓦时，可满足英国约3万户居民的日常电力使用。

修建潮汐发电站具有诸多优点，主要有4个方面：可以形成有利的娱乐条件、发挥抗暴风浪的护岸作用、减缓大量水体紊动、提供有利于水池内动植物群生长的清洁水。

漂浮技术可以将主体工程从未开发的原始自然区转移到现有的沿海工业中心，从而避免阻断施工期间大海与水池之间的水体交换。

过去难以实现在水力发电站或核电站附近建设生活区的问题，一旦潮汐电站可以成熟运行就不再是问题。到21世纪中叶，全球较为大型的海岸港口城市的发电站将会是非常怡人的生活区、游乐场乃至旅游胜地。同时，对于台风易登陆的海岸城市，可以修建超大型的潮汐电站，一举多得。而有利于动植物群生长的清洁水可以用来进行灌溉或者对生态环境已遭破坏的地区进行人工输水，加强人工造林，更为诱人的是可以在潮汐电站附近建设野生动物园，动物的饮水问题被解决将会是吸引野生动物聚居生活的重要因素。利用漂浮技术将潮汐电站建造在海面上既提高了自然环境的利用率，又保护了环境，同时还能增加大海与水池的水体交换，在渔业资源丰富的海域构建潮汐电站，将会形成天然的海水养殖区，适当的人工维护与养殖，将大幅提升人类海产品的供应量，在一定程度上解决了全球人口的温饱问题。

（2）潮汐能与海水淡化

提到清洁水，势必让我们去关注海水淡化的问题。海水淡化是指脱去海水中的盐分从而得到纯水的过程。海水淡化是解决全球淡水危机的根本途径之一，但是常规海水淡化方法需要消耗大量的能源，反而又加剧了能源危机。产出淡水的能源成本远高于自来水，严重制约着人造淡水的产业化发展。目前，海水淡化的科学手段会消耗大量化石能源进而产生高碳排放，加剧环境危机。潮汐能利用与海水淡化技术相结合，完全或部分承担海水淡化所需的能源，而且海水淡化本身的原料即来自海洋，不仅仅解决的是缺水问题，更能避免大量的碳排放。不同的海水淡化消耗不同的能量，多效蒸馏法和多级闪蒸法主要消耗热能，压气蒸馏法消耗一定的电能，而反渗透法主要就是消耗电能了。恰恰反渗透法在全世界淡化水产量中所占比重最为突出，占到全球淡水化产量的44%。

潮汐能可以与不同的海水淡化方法进行结合，但利用率各有不同。潮汐能与蒸馏法的结合，利用潮汐能代替电力驱动的水泵和真空泵为系统给排水及抽真空提供动力，降低成本。潮汐能与反渗透法结合最为直观，反渗透法主要是直接消耗电能，二者结合的核心是将潮汐能转化为电能，然后利用电能供给支持反渗透海水淡化。基本是潮汐能经过机械能转化为电能，电能再次转化为机械能。由于这个过程能量利用率降低，所以从能耗成本和设备上都导致了制淡水成本偏高。未来的发展完全有可能将潮汐能直接聚集代替电能，从而产生高压海水为反渗透淡化提供原动力。简单来说，就是利用海洋发生的潮汐现象，将相邻高潮位与低潮位的势能进行转换，可以称之为“潮汐能驱动的反渗透海水淡化系统”。通过水轮机输出的轴功直接驱动反渗透高压泵，使低水位的潮汐能直接

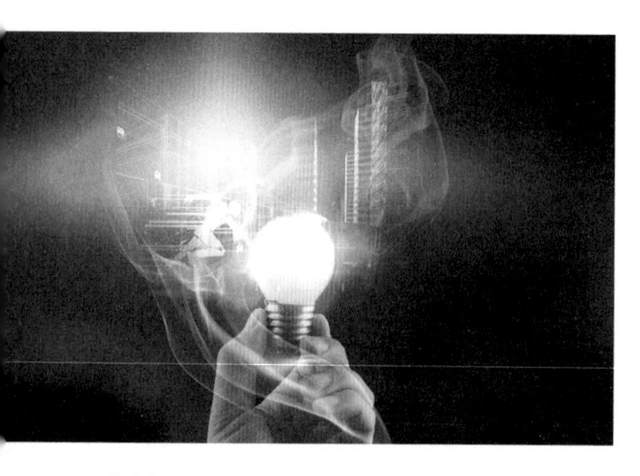

聚能后可产生满足要求的高压海水。未来反渗透法海水淡化的主要流程可以实现将水库中的水通过潮汐能聚能增压装置输送给反渗透膜组件，从而实现海水淡化，大大降低了海水淡化的工业成本。相关研究表明，目前的反渗透法淡水化成本约为 6 元 / 吨，通过潮汐能转换装置进行反渗透，最终的制淡工业成本为 3 元 / 吨，成本可以降低 50%。

潮汐能在未来有可能实现的新产品除了潮汐能发电站，还会有储蓄电箱、风暴潮护岸平台、海上游泳池、海水淡化平台。

2 波浪能

波浪能作为另一种新型的可再生洁净能源，已经引起了世界各国研究人员的广泛重视，并已经取得了一系列研究成果。波浪能是海洋能中最不稳定的一种能源，但蕴藏量大、分布更广且质量最好。据世界能源委员会的调查显示，全球可利用的波浪能达到 20 亿千瓦，相当于目前世界发电能量的 2 倍。

(1) 波浪能发电

波浪能应用最广泛的依然是发电，将水的动能和势能转变为电能。通常波浪能要经过三级转换，第一级称为受波体，将大海的波浪能吸收进来；第二级为中间转换装置，它优化第一级转换，产生出足够稳定的能量；第三极为发电装置。波浪能发电装置主要包括振荡水柱式波能装置、摆式波能装置、聚波水库波能装置、振荡浮子式波能装置、筏式波浪能转换装置、鸭式波浪能装置。波浪能利用技术已经经历了装置发明、实验室试验研究、实海况应用示范等阶段。设计和建造中的基本问题已经解决，下一步目标是建造达到商业化利用规模的波能装置，降低成本，提高效率和稳定性。目前，日本、英国、爱尔兰、挪威、葡萄牙、西班牙、印度、美国、丹麦和中国等国家都在积极地开发研究各种波浪能的发电高新技术与装备。日本鉴于国土面积狭小，资源紧张，高度重视波浪能的开发并已走在世界前列。英国的波浪发电能源居世界首位。挪威以十分迅速的发展速度开发波浪能，利用相位控制原理和喇叭口收缩波道式波能装置对世界波浪能研发作出了重要贡献。葡萄牙、西班牙等国限于技术的局限也在大批引进技术，从而更好地利用其得天独厚的自然条件。

目前，波浪能发电装置虽然还有一些是岸基装置，可是远离近岸走向深海是波浪能开发的重要方向。国内外一些科研机构已经将波浪发电设备的研制制定在深远海区域环境下使用的基础上了，以后的商业化海洋波浪能发电会基于这些发电装置。远海区域比起近岸蕴藏更为丰富的波浪能资源，需要的设备相对简单。远海区域的波浪发电装置的优势主要包括发电装置相对简单、成本低、可选用区域广，适合大规模运行。另外，远海区域的发电装置单位发电效率较高，装机容量也比近岸高很多。据 2004—2008 年的数据显示，远海区域的波浪发电装置装机容量是岸基发电装置装机容量的 7 倍。但是，远海波浪能发电需要克服稳定性、持续性和环境问题。特别是环境的剧烈变化是远海发电最为致命的问题，同时大规模的波浪发电会对生态系统产生较大的冲击，引起生态系统的不平衡甚至区域生态系统遭到破坏，直接影响海洋正常商业运输。

波浪能发电装置作为漂浮在海面上的一种装置，会大大减小海洋表层海水的流动，这种作用会对很多港口大有益处。因为这样可以抵消部分波浪对海岸的冲击，从而减少波浪对岸边建筑的腐蚀，然而有利就有弊，这都取决于海岸线和近海的状况。同时这种现象可能会对海洋生物直接或间接产生影响，有可能影响海面上的浮游生物分布，从而影响到一些靠浮游生物生存的鱼类，直接改变它们的产卵地和捕食地。也有一种观点认为，波浪发电装置会像海底人工暗礁一样给海洋生物提供新的生存场所，当然这是未来人类解决问题的一个选择。

(2) 海洋浮标发电系统

利用波浪能及其漂浮技术，未来首先最具实用性的是海洋浮标发电系统，根据波形理论分析影响发电机性能的主要因素，即波高和频率的作用，目前较为成熟的一种技术是圆筒形永磁直线发电机，通过模拟仿真得到空载电压波形，波浪周期和波高在适值范围内为波浪能发电系统提供动能，从而转化为电能。这一装置如果未来能够产业化，将大幅度提高波浪能的利用率，将浮标布放在海气对流和大气运动强烈的海域，既降低了波浪能装置的成本，又可以有效地从海面采集波浪能。

除了固定的浮标式波浪能装置，上面提到的其他装置都可以根据海域的特点，布放不同结构的产品。摆式转换装置应用的代表是英国的 Oyster 摆式波浪能发电系统，它底部铰接浮力摆式波浪能装置，由一组垂直排列的漂浮管组成，与底部基座由铰接连接，最大限度减少摆的重量。结构简单，生存性高，岸基发电。振荡水柱式波浪能装置是以空气为转换介质，在波浪力的冲击下，装置内的振荡水柱不停冲击致使气室上半部的空气做强迫运动，最终将波浪能转化为空气的压力能和动能。澳大利亚采用漂浮式或固定安装在近海海底或岸边，利用 Denniss-Auld 水轮进行发电，已实现了并网发电，可以为澳大利亚一个市提供近 2 个月的电力。筏式波浪能装置是波面筏通过铰链相互铰接在一起，通过波浪运动反复压缩液力活塞输出机械能。目前的主要代表是英国的 Pelamis 筏式波浪能装置，也已经成功实现并网发电。鸭式波浪能装置由鸭体、水下浮体、系泊系统、液压转化系统和发配电系统组成。该装置运动时可以带动周边海水共同运动，形成附加质量，从而抑制水下浮体运动。目前主要在加拿大应用广泛，WET EnGen 是其业务化的产品，与其他波浪能发电装置相比具有更高的能量转换效率，并且其成本与风能发电成本相媲美。振荡浮子式波浪能发电装置由浮体、能量转换机、发电机和保护壳等组成。振荡浮子式的优点颇多，不仅转换效率比较高，而且减少了水下施工，建造难度小，成本较低廉，但保养和维修较为困难，易受海水腐蚀。其主要代表装置是美国的 PowerBuoy 点吸收式波浪能装置。这个浮标体可以为任何离岸的测量传感器提供相对高水平的供给能源，布放深度只要大于 35 米，波高大于 0.3 米就可以发电。聚波水库式装置又称为收缩波道式，是利用喇叭型的收缩波道收集大范围的波浪能，通过增加能量密度的方式提高发电效率。聚波水库装置没有互动部件，可靠性较好，成本低廉，装置工作稳定，其代表业务化产品是丹麦的 Wave Dragon，可以调整自体的漂浮高度，从而适应不同波高的波浪，以实现最大的波浪能俘获能力。其他主要的波浪能发电装置包括日本的“巨鲸”波浪能发电装置和葡萄牙的 Agucadoura 波浪能发电站。“巨鲸”波浪能发电装置具有独立提供能源的供能，不仅能够吸收波浪能发电，还能起到平稳波浪的作用。Agucadoura 波浪能发电站是世界首座商用波浪能发电站，到 2014 年，Agucadoura 可满足 1500 个家庭的用电需求。

（3）波浪能发电综合装置

波浪能的发电技术不仅可以单独搭建，而且各国开始研发基于新原理的发电技术集成与综合利用，兼顾近岸应用并向深远海应用发展，发明一些新的波浪能发电装置和综合利用装置。澳大利亚 IVEC 多气式振荡水柱式装置，基于振荡水柱式工作原理，采用多气室、单发电机结构，不再需要考虑波周期与某个波高时段的采集能力，而是可以在整个波周期内进行能量转换，从而大大提高装置的波浪能俘获能力。英国的 Wave Treader 波浪能风能综合发电装置在其研制的 Ocean Treader 波浪能发电基础上，结合风力发电技术研制了波浪能综合发电装置，装置浮体可随波向及潮差动态调整，以保证实现最大的波浪俘获能力。丹麦多点吸收式波浪能发电装置最高可以输出 600 千瓦，具备风暴保护模式，其所有液压和发电设备安装在水面以上，在风暴期间浮体能够抬升，使其远离海面从而避免风暴对设备的冲击和破坏。澳大利亚的波浪能综合利用装置把高压海水泵到岸上，可同时用于发电及海水淡化。美国多气室波浪能综合利用平台可在顶端安装风机及其他海上作业装置，开展单平台多用途研究。美国的磁流体波浪能装置采用高效的液态金属磁流体，具有能量转换效率高、功率密度大、结构紧凑、成本低廉、移动性好且易于进行商业化推广等优点，可以有效解决深海区域波浪发电装置生存能力差等问题，可为水下无人机器人、深海油气平台等海洋装备进行水下供电。

未来的波浪能是可以从军用、商用、民用等方面来拓展的，但也有其需要进一步解决的问题，例如发电效率低、生存可靠性较低、成本较高等问题。不过总体来看，波浪能在全球的实现性还是很强的，到 20 世纪中叶，波浪能发电装置大批量的产业化是完全可以实现的，为发达国家和部分发展中国家提供基础电力供应是非常具有可行性的。未来波浪能可以实现的产品除了近岸发电站，还可以有远洋发电平台、浮标充电站、深海发电平台。二级产品可以有电动船舶、水下机器人等。

3 温差能

温差能就是不同深度海水水温之间的热能。由于太阳辐射，海水温度随水深的增加而降低，由此产生了温度差异，这一温差中包含了巨大的能量。赤道地区的热海水由于重力作用下沉，流向极地，由此产生大尺度海洋环流，从而也常年保持着海水不同层面的温度差，形成海水温差能。据测量，如把赤道附近的海水作为热源，2000 米以上的深层水作为冷源，它们之间的温度差可达 26℃以上，只要把赤道海域宽 10 千米、厚 10 米的海水冷却到冷源的温度，其发出的电力就够全世界用一年，可见其能量之大。

(1) 海洋温差能发电装置

海洋温差能发电装置的核心技术主要包括泵与涡轮机技术、平台技术、平台定位技术、热交换器技术、冷水管技术、平台水管接口技术及水下电缆技术。可见，实现温差能发电的技术路线还是很多的，但是需要根据不同的海域特征与实际人工情况来进行建设。温差能发电装置可以建在岸上，也可以建在海上。岸式温差能发电系统的优势是维护和维修简单，不受台风影响，长期使用经济性较好，但建厂位置要求苛刻，附近必须有 800 米水深的热带海域以确保表面与深层之间足够的温差。海上装置垂直于水面吸水，水管长度减短，海水在运输过程中能量损失较少。但是海上装置需要用锚固定，且需要电缆将电能输出，增加了工程的造价和难度。海上装置包括船式设计、半潜式设计及全潜式设计。

(2) 水下滑翔机驱动能源

目前，温差能正在试图产业化的业务是将其用在驱动水下滑翔机方面，由于水下滑翔机可以穿越不同温度的海水层和海域，水下滑翔机是未来世界探索海洋的重要手段，目前已经在很多发达国家得到了应用，但限于电池的续航能力及海流状况的复杂性，难以持续，并且极易丢失。利用海洋温跃层温度突变的特征，热机获取海水温差能，使浮标可以穿越于冷暖水层之间。因此，成熟的温差能驱动技术一旦广泛应用，既可以降低滑翔机的制作成本，又可以无污染地对大洋开展调查，而且续航能力大大提升，连续观测数据的获取也就更容易。

（3）海水淡化等其他装置

未来海洋温差能除了可以发电，还有很多其他用途。例如海水淡化、发展养殖业和热带农业、低成本发展海岛等。海水淡化是海洋能除发电以外最有利于人类发展的开发项目，利用海洋温差能发电技术将海洋热能通过开式和闭式循环工作流体转换为电能，进而驱动相关装置进行海水淡化是相当具有应用前景的。通过温差能将深海中氮、磷、硅等营养元素输送至高纬度地区，可以提高海洋种植场的生产力，扩大海水养殖面积。荒野的小岛如果靠人力上去搭建电力系统，建造生产基地是非常不合算的工程，但如果在表层与深层温差较大的海岛附近建造温差能发电站，就可以大大降低人工成本，而且对小岛的原始生态环境破坏程度大大降低。

所以温差能除了发电，未来的二级产品也是非常有应用价值的，例如上文提到的靠温差能驱动的水下滑翔机产品，其他如 Argo 浮标、水下飞行声学多普勒流速剖面仪等。

4 盐差能

盐差能是人们了解最少但并非不重要的海洋能源，在海水和江河水交汇处，蕴

藏着鲜为人知的盐差能。据估算，地球上存在着26亿千瓦可利用的盐差能，其能量比温差能还要大。将一层半渗透膜放在不同盐度的两种海水之间，迫使水从低盐度的一侧通过膜向高盐度一侧渗透，从而稀释高盐度海水，直到平衡位置，此渗透压就可以转化为动能，进而转换为电能。未来的盐差能装置应该会与化工厂、原料加工厂相邻，在低成本的同时，可以大规模地对不同浓度的海水进行隔离，从而实现盐差能的俘获，最终转换为人类需要的电力资源。

5 海流能

海流能也是人们了解较少但十分重要的海洋能源。海流能是流动的海水所具有的动能，主要指海底水道和海峡中由于潮汐导致的有规律的海水流动而产生的能量。海流主要由风吹和海水密度差驱动的，所以海流能的发电原理与风力发电、水力发电原理相似，利用流动的介质推动水轮机发电。未来还可以利用海流切割地球磁场的磁力线所做的功发电，但是地球磁场的强度较弱，生活用电的需求不易达到。然而超导材料的出现给人们提供了希望，利用超导材料制成的超导体可获得高强度的磁场，如果把一个超大型超导磁体放入黑潮区，海流切割超导体磁场即可以放出上百万瓦数的电量。美国、加拿大等国已经建成了海流能发电厂，并实现并网发电。未来发展的模式应当采用易于上浮的坐底式海流发电装置，这种技术可避免对航运的影响，抗风能力也强，易于维修。也可以利用海水腐蚀、海洋生物附着的技术，通过阴极保护来协助实现海流发电。

海流能产品最主要的价值应是直接替代水力发电，不过可以远离近岸，只要在洋流强劲的海域就具有巨大的海流能，包括大洋切割磁场发电平台、海流供电船舶等。

6 海上风能

海上风能是非常理想也是最易捕捉的同海洋相关的能源，尽管海上风能受到了诸多的制约，包括风速、海流与水深、天气对流状况，以及海洋潮湿的环境和周围的盐雾容易引起结构和部件的腐蚀等问题，都为海上风能的利用带来了巨大困难，但是目前仍然是世界各国最为关注和应用最广的海洋能。

海上风能的优势主要包括：①海上风力资源丰富、比陆地风力发电量大；②海水表面粗糙度低，海平面摩擦力小，下垫面光滑，风速随高度变化小，不需要很高的塔架，可降低风电机组成本，研究表明，离岸 10 千米的海上风速比岸上高 25% 以上；③海上风能的湍流强度低，风作用在风电机组上的疲劳载荷减少，从而延长风电机组的使用寿命；④风电技术已经较为成熟，最具大规模开发和商业化发展前景；⑤全球大部分海域的风能开发利用的风速出现频率都在 60% 以上。丹麦和英国是世界为期最长的海上风电场建造国家，累计装机容量已经达到 10^6 千瓦，其他如荷兰、瑞士、德国等国家的海上风力发电厂也有着非常可观的规模，这足以证明人类对于海上风能的关注和利用在未来是多么的广阔。法国的发展计划是在 2020 年海上风能发电可供 450 万户家庭一年的用电，英国的伦敦阵列要实现 100 万千瓦的海上风场电力，供 75 万户家庭用电。因此，到 21 世纪中叶，海上风力发电的发展很有可能为全球发达国家提供生活用电，特别是地处信风带、东风带和西风带的国家，常年的大自然馈赠会为他们的生活锦上添花。

五、2049 年能源利用愿景

到 2049 年除了海洋能源发电站，还会建设有储蓄电箱、风暴潮护岸平台、海上游泳池、海水淡化平台等装置和应用设施。波浪、潮流发电装置如同海底人工暗礁一样给海洋生物提供新的生存场所，减小对周围海洋生态系统的影响。

温差能、潮汐发电站在发电的同时，可以提供附属产品淡化水，将温差能、潮汐发电站与海水淡化相结合，淡化水的成本将大幅地降低。温差能利用发电后的冷、热海水制取淡水不再增加抽取海水的动力，也不需要加热海水的热能，因此是发电的副产品。潮汐能可由潮汐透平阵列输出动力，通过渗透膜法直接淡化海水，这将降低多次转换造成的系统效率下降。

可以实现的能源发电除了近岸发电站，还可以搭建远洋发电平台、浮标充电站、深海发电平台，广泛应用在电动船舶、水下机器人等产品的自助供电。海洋温差能大型综合装置将给其他设备提供电力、淡水、冷源、动力输出。

远洋发电平台是指在远离海岸线的海域通过采集海洋能进行发电的系统。海洋能资源分布具有很大的区域性差异，因此大规模开发的基本原则就是做好资源分布的评估，寻找适合联合发电的海域，在此基础上，制定发电和电网配套建设规划，实现海洋能综合利用。全球已经有不少国家开始做深海空间站的战略部署，为深度开发做准备。在这种战略部署中，电力、动力系统必然是其中不可或缺的支撑体系，因此，随着科技的进步，远洋发电平台是解决深海空间站最直接的动力、电力支撑系统。除此之外，远洋发屯平台可为船舶运输、深井钻探等建立运行提供持续的电力、动力系统支撑。

通过海洋能得到储蓄电箱、远洋发电平台、漂浮充电站、海水淡化平台等一系列的产品，不仅可以从宏观上改善社会经济状况，当然也能给社会生产生活带来巨大的变化，涉及多种行业、产业、群体等。由海洋能产业化延伸出的各类产品和服务都将全方位对社会生产生活带来巨大的影响。

第五节 海水化学资源综合利用

进入 20 世纪以来，随着科技进步和社会生产力的极大提高，人类创造了前所未有的物质财富，加速推进了社会文明的发展进程。与此同时，人口剧增、资源过度消耗、环境污染及生态破坏等问题日益突出，成为全球性的重大问题，严重地阻碍着人类社会的可持续发展。

海水蕴藏着丰富的化学资源，在我们的地球上已发现的 109 种化学元素中，海水就含有 80 多种。每 1 千米^{3}海水含有 3700 万吨固体物质，其中大部分是有用元素，总价值约 10 亿美元，可见海水是巨大的液体矿物资源。海盐、溴素、锂盐、镁盐是其中的四大主体要素，因为它们是世界各国国民经济发展的重要基础化工原料；铀、氘、锂、碘是其中的四大微量元素，也是 21 世纪的重要战略物资。

世界海洋总面积为 3.6 亿千米^2，世界海洋海水的体积约为 1.317×10^{15} 米^3，总量约为 1.413×10^{17} 吨，水体储量约为 1.318×10^{17} 吨，约占地球总水量的 97%。海水中含有 80 多种化学元素，各种盐类约 5×10^{16} 吨，其中氯化钠 4×10^{16} 吨，镁 4×10^{15} 吨，溴 9.5×10^{13} 吨，钾 5×10^{14} 吨，碘 8.2×10^{10} 吨，锂 2.6×10^{15} 吨，银 5×10^{8} 吨；核燃料铀 4.5×10^{9} 吨，是陆地上已探明的铀矿储量的 2000 倍；海水中还含有核聚变的原料重水 2×10^{14} 吨。

海水中的化学元素以卤族元素最为丰富，可以多重目的地开发利用。目前已被广泛利用的主要有溴、碘、碱、钾、镁、铀和重水，例如氯化钠被广泛应用于氯碱工业、冶金工业和其他化学工业；钾是植物生长发育所必需的一种重要元素；溴是一种贵重的药品原料，可以生产许多消毒药品；铀是高能量的核燃料；镁不仅大量用于火箭、导弹和飞机制造业，它还可以用于钢铁工业。作为高技术、高附加值产业，海洋化学元素提取产业发展前景十分广阔。

一、海水化学资源综合利用现状

海水中溶存着80多种元素，其中不少元素可以提取利用，具有重要的开发价值。据计算，每立方千米海水中含有3750万吨固体物质，其中除氯化钠约3000万吨，镁约450万吨，钾、溴、碘、钍、钼、铀等元素也不少。若把这1千米^{3}海水中的物质提炼出来，其价值约等于10亿美元。目前，海水提溴和提镁在国外已形成产业。海水提钾、碘、铀、重水等尚处于研究阶段。我国对海水化学元素的提取都有一些研究。

世界上现已实现了直接从海水中提取氯化钠、溴素和氧化镁的工业化，直接从海水中提取钾、铀、锂等正在向产业化积极迈进。随着沿海大规模海水淡化和大规模的海水循环冷却技术的应用，产生的浓海水量是相当可观的。浓海水是指海水经淡化技术提取淡水后，海水被浓缩一倍左右的部分，

以及采用海水循环冷却技术，作为工业冷却水时，海水中的水分将逐渐挥发，在海水的浓度达到增浓一倍左右后排放的部分。由于浓海水中的化学物质的浓度提高了一倍，综合利用该资源将有助于进一步降低提取其中的化学物质的能量消耗，减少造水成本，提高综合经济效益。

海水是巨大的资源宝库，浓海水的资源更是不可限量。以 10 万吨 / 日海水淡化装置为例，其每天排出的浓海水中的含盐量约为 6000 吨，如果作为副产品提取，就可以使淡化成本降低 20%，而其一年排出的浓海水中化学资源总量则为 200 多万吨，其中主要资源含量见表 3-4，其利用潜能更是无可限量。

表 3-4　浓海水主要资源含量

序　号	化学资源名称	化学符号	含有量
1	海盐	NaCl	186 万吨
2	镁	Mg	9.4 万吨
3	硫	S	6.1 万吨
4	钾	K	2.6 万吨
5	溴素	Br	4500 吨
6	重水	D_2O	2100 吨
7	锂	Li	11.9 吨
8	铀	U	0.23 吨

上述物质若不加以提取利用，无疑是资源的浪费，同时将浓海水排放也是对海洋环境的污染。

为了实现海水矿物资源的高效、经济的开发利用，有必要开展针对海水体系特性的多学科交叉应用基础理论创新研究，建立全新的科学理论体系，开发海水化学资源高效利用技术（图 3-19、图 3-20）。在《国家中长期科学和技术发展规划纲要》中，“海水化学资源综合利用技术”列为“水和矿产资源”重点领域的优先主题；在中华人民共和国国家发展和改革委员会等部委联合发布的《海水利用专项规划》中，海水中的钾、锂、铀、重水等资源的开发利用列为重点工作内容。因此，海水化学资源开发利用属于 21 世纪化学工程与技术学科发展的一个新兴前沿领域。

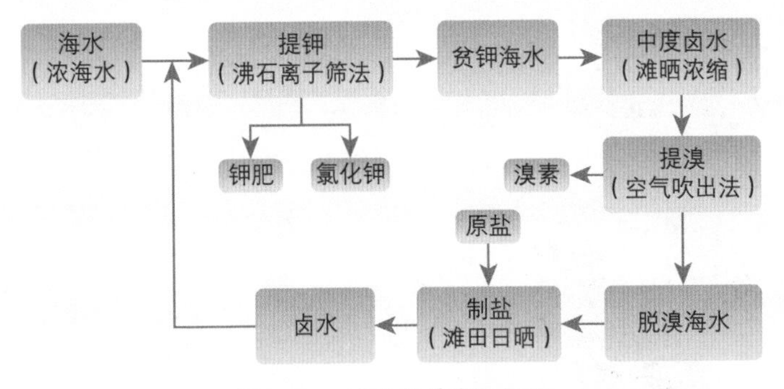

图 3-19 海水化学资源提取

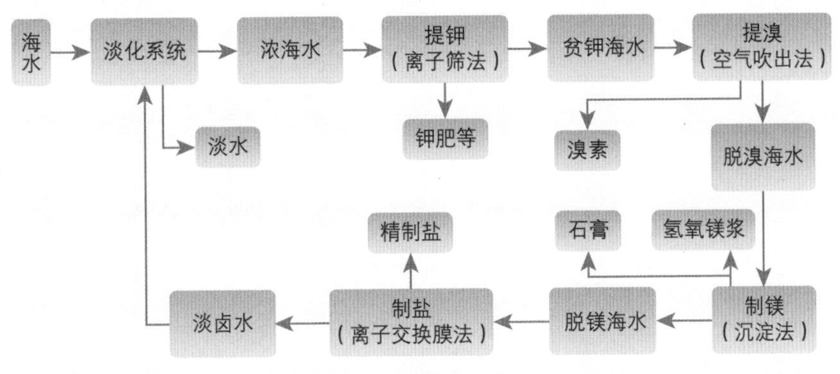

图 3-20 海水资源综合利用

1 海水提钾

钾在工农业和医药卫生方面用途广泛。钾为植物生长的三大要素之一。据统计，世界平均氮、磷、钾肥的施用比例为 1:0.5:0.4，钾肥的总消费量在 6000 万吨 / 年（实物量）。钾在海水中的总量是在 500 万亿吨以上。海水中所含钾的储量远远超过钾盐矿物储量。我国是钾资源不足的国家，至今尚未发现大储量的可溶性钾矿。由于陆地钾矿分布不均匀，全球陆地可溶性钾矿的储存和生产 90% 集中在加拿大、俄罗斯、乌克兰、德国、以色列、约旦、美国 7 个国家，而绝大多数国家钾矿贫乏，依赖进口，因此世界众多沿海国家致力于海水钾资源的开发。目前主要是从制盐的苦卤中提取钾，每年能生产 10 万吨左右的氯化钾，如能突破从海

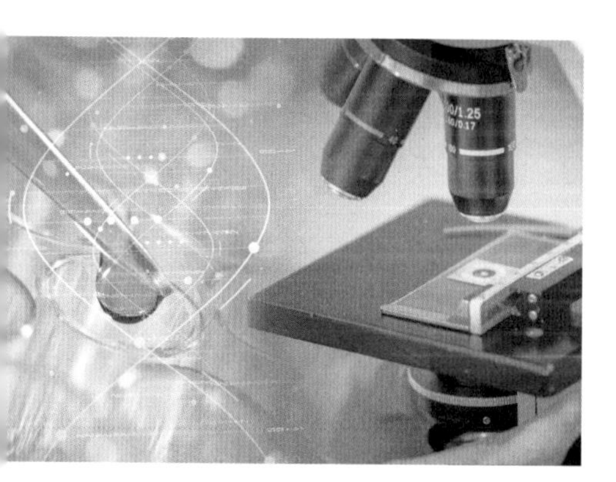

水中直接提钾，则是有价值的。我国的海水提钾研究已有一定基础，以天然无机交换剂为富集剂的提钾方法，已通过千吨级的中间试验。

上述海水提钾方法及工业化的中间试验均取得了阶段性成功，但因海水的组成复杂、浓度稀薄，造成高效分离提取钾盐技术难度大，特别是经济上不易过关，所以均未能实现工业化。因此，海水提钾过经济关、实现工业化是一项世界性的技术难题。我国政府高度重视海水钾资源的开发，在国家科技部和地方科技部门的长期培育下，经过近 30 年的不懈攻关，具有我国原创自主知识产权的沸石离子筛法海水提钾技术已取得了技术经济的重大突破。

我国自 20 世纪 70 年代开始进行“沸石法海水提钾技术”研究，经过多年连续科技攻关，具有我国原创性自主知识产权的“沸石离子筛法海水提钾技术”实现了重大突破，开发出了“海水提钾高效节能成套技术与装备”，并投入万吨级产业化应用，在国际上率先实现了海水提钾工业化，海水提钾生产能力约 5 万吨 / 年，为大型化海水提钾技术与装备开发奠定了坚实的基础，也为大型海水提钾工业化生产开辟了新路。

2 海水提溴

海水中溴的浓度较高，平均每升海水含 0.067 毫升。地球上 99%的溴都储存在海水里，故溴有“海洋元素”之称。溴是一种赤褐色液体，在医疗和药品生产上应用广泛。工业上溴大量用作燃料的抗爆剂，既可降低汽油的消耗，又可防止汽油的爆炸。溴在橡胶工业、感光材料生产和精炼石油等方面也得到应用。在农业方面，溴主要用来制作熏蒸剂和杀虫剂等。溴主要以溴化镁、溴化钠等形式存在于海水中，可利用制盐的卤水提溴，也可从海水中直接提溴。目前世界年产溴不足 40 万吨，海水提溴占 1/3 左右。

在海水提溴方面，目前溴素的生产方法主要为空气吹出法和水蒸气蒸馏法。空气吹出法（图 3-21）是现在最成熟且普遍采用的提溴技术，但它存在所需设备庞大、能耗高和投资大等不利因素，而且需要集中建厂，对那些较为分散的溴资源地区较为不利。除此之外，由于目前海水中的溴浓度普遍不高，这也导致了利用空气吹出法的不便捷性。目前国内已没有使用天然海水制溴的规模化企业，空气吹出法的原料一般为晒盐过程中的浓缩海水和地下卤水。

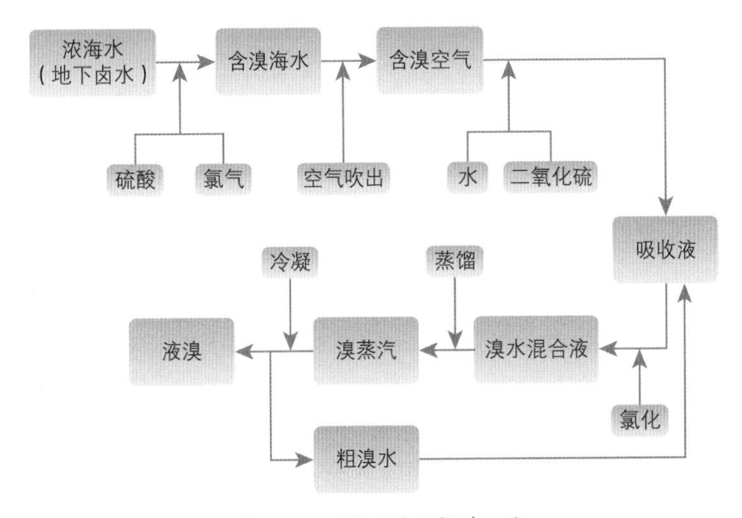

图 3-21　空气吹出法提溴工艺

我国空气吹出法占全国溴素生产能力的 90% 以上，多从地下卤水中提取。利用海水淡化后形成的浓海水提溴，应对工艺路线、离子溴氧化、解析、吸收、富集等技术进行更深入的研究，使技术路线先进合理，工艺参数和经济指标最优，同时，开展含溴精细化学品的研究开发。在溴素生产工艺上，我国在空气吹出法提溴工艺的改进、气态膜法和超重力法提溴方面开展了有益的探索，完成“百吨级气态膜法海水（卤水）提溴技术与示范研究”示范装置。

水蒸气蒸馏法原用于从盐湖的苦卤中提取溴，和空气吹出法几乎同时发展起来，对于浓度较高的原料液有很好的效果。该法使用氯气做氧化剂直接将原料液的溴离子氧化，利用溴对水蒸气的相对挥发度大的特点采用水蒸气蒸馏，将蒸馏产物静置分层，溴层经过精制得到成品。此法经过多年改进，收率可达 90%，高于空气吹出法，流程相对简单。但是预热卤水及提供水蒸气的耗能仍很大，并且对低浓度的海水效果不好。近年来已经有不少的改进意见，例如，卢伯南等提出的连续双过程真空提溴技术，在低压（41 ~ 83 千帕）下运行，可在保证产率的情况下节省大量氯气、水蒸气及能源，并且设备造价大大降低。

3 海水提镁

镁在海中水含量很高，浓度为 1.28 克 / 升，次于氯和钠，居第三位。陆地上高纯度的镁矿是稀少的，缺乏陆地镁矿的一些国家，直接从海水中生产金属镁和各种镁盐。全球镁的年产量约 60%是从海水中得来的。海水中的镁主要以氯化镁和硫酸镁形式存在。海盐产量高的国家多利用制盐的苦卤生产各种镁化物。镁在航空、航天、冶金、轻工、农业等领域都有广泛的用途，国外利用海水提镁已有 60 多年的历史。

镁及镁化物是重要的工业原料，在合金材料、耐火材料、建筑材料和环保材料等行业具有广泛用途。目前炼钢工业对镁的纯度要求越来越高，甚至达到 99%，这样纯的镁只有从海水中提取。镁在海水中含量仅次于钠，储量极丰，如果镁盐不能合理开发利用便无法实现可持续开发的海水综合利用。在国外，利用沉淀法海水制取氢氧化镁、高纯氧化镁技术经过几十年的发展，已形成数百万吨的产业化规模。在我国，海水中镁资源的开发利用仅限于利用海盐苦卤生产氯化镁和硫酸镁，年产量在 40 ~ 50 万吨。

在海水提镁方面，我国通过连续多年科技攻关，重点突破了浓海水提取氢氧化镁、硼酸镁晶须、层状氢氧化镁铝等镁系产品的关键、共性和公益技术与装备，建立了万吨级浓海水提镁示范工程、百吨级硼酸镁晶须及层状氢氧化镁铝中试线。初步构建了具有自主知识产权的浓海水提镁及镁系物深加工的技术、装备、标准体系，整体水平国际先进。

从发展趋势看，功能性镁化物的开发越来越受到重视。一是氢氧化镁作为工业废气、废液处理的环保型碱性中和剂，在发达国家得到广泛应用，美国、日本等国家的使用量均已超过百万吨。我国环保型氢氧化镁浆的开发刚刚起步，随着人们环保意识的增强和国家环保法规的健全，市场潜力巨大。二是氢氧化镁作为新型无机阻燃剂，由于其特有的抑烟、无二次污染等特色，越来越得到重视，市场开发前景广阔。此外，镁盐晶须和超细氧化镁等高技术粉体材料在塑料、铝镁基合金、造纸、涂料、粘合剂等领域展示出良好的应用前景。

4 海水提碘

碘在海水中的浓度很低，属于微量元素。某些海藻可以从周围海水中富集碘，如海带含有高达 0.5%左右的碘，故以海藻为原料间接从海水中提碘较普遍。我国即主要从海带中提碘，每年约生产 135 吨，远不够需求。

海水中的碘大部分是以碘的有机化合物形式存在。有许多海洋植物，如海带、马尾藻等可以吸收碘，它们能高度的富集碘。干海带中含碘量达 0.3% ~ 0.5%，约比海水中的碘浓度提高了 10 万倍。因此，利用海带浸泡液制取碘成为我国东部沿海碘生产企业的主要方法，通过大量人工繁殖海带等植物来达到富集的目的，但是相关生产方式落后，碘收率低，总体科技水平落后，未能对海洋化学资源进行充分利用，严重制约了我国的碘生产。因此，目前亟须研究具有高效吸附富集效率的载体，通过高科技的生产方式，充分利用广阔的海洋资源，开创我国制碘工业的新局面。

由于海藻资源的限制，许多国家在研究从石油油井卤水和地下卤水中提碘，且已有成熟的技术。我国研究人员利用吸附剂直接从海水中提碘，浓集因数达 1.7×10^5，在国际上是独创的，为我国直接从海水中提碘开辟了远景。

5 海水提铀

铀裂变时能释放巨大的能量，1000 克铀所含的能量约相当于 2500 吨优质煤燃烧所释放的能量。陆地上铀的储量有限，目前有开采价值的总共不过 100 万吨左右。海水中铀的浓度虽不高，每升海水只含 3.3 微克，但铀在海水中的总量非常可观，达 45 亿吨，相当于陆地储量的 4500 倍。因此世界上一些国家，特别是缺乏陆地铀矿的国家，都在进行海水提铀的研究。目前研究的提取方法有离子交换法、吸附法和生物富集法等。我国海水提铀研究在不少方面达到世界先进水平，对吸铀机理等方面的研究居世界前列。吸附法是目前海水提铀最有前景的方法。含偕胺肟基的吸附剂是海水提铀研究最多的材料，吸附容量 5 ~ 10 毫克 / 克。

近年来，海水提铀课题已成为各国研究的热点。海水中含有超过 40 亿吨的铀资源，因此对其研究有广阔的前景。但海水中铀的浓度只有十亿分之三至十亿分之四，因此，研究一个具有成本效益的海水提铀方法是一个巨大的挑战。

从 20 世纪 50 年代开始，德国、意大利、日本、英国和美国相继展开了海水提铀的研究，但是到目前为止，还没有一个国家成功研究出具有商业可行性的海水提铀技术。

日本广岛大学工学部设计了填充纤维状偕胺肟类吸附材料的浮体。1986 年，日本建成了年产 10 千克铀的海水提铀实验工厂。

美国近年海水提铀取得重大进展，橡树岭国家重点实验室研制的可重复使用的高容量吸附剂，希尔公司发明了一种高比表面积聚乙烯纤维，二者相结合，创造出一个能从水中快速、选择性地吸附微量贵重金属的吸附材料，被称为 HiCap，其性能超过当前最好的吸附材料。

我国对海水提铀的研究工作始于 20 世纪 60 年代，到 20 世纪 80 年代初海水提铀技术已有了一定的基础和水平，但由于一些原因中断。近年来，海水提铀的研究有了进一步的进展，其中国家海洋局第三海洋研究所研制的钛型吸附剂，吸附量可达 650 微克酶活力 / 克，华东师范大学海洋资源研究室研制的海水提铀设备方法已达到世界先进水平，但迄今我国尚未建立海水提铀工厂。

目前海水提铀的主要方法有以下 6 种。

(1) 吸附法：为了回收铀，科研工作者们尝试了很多方法，吸附法是目前有效的方法之一。

(2) 石灰法：这种方法用廉价的石灰与海水的镁发生反应来提取铀。

(3) 生物处理法：由于有些微生物天然存在含铀的矿物或基质中，可以利用这些微生物使海水中的铀转化为不溶于水的形式。

(4) 浮选法：从溶液中回收溶解态物质的浮选法有离子浮选和载体浮选。

(5) 超导磁分离法：利用超导磁的超导磁场 (3.5 ~ 6 特斯拉) 及分选腔中磁介质的高梯度，产生巨大的磁场来分选极弱的材料。

(6) 综合利用法：海水综合利用和海水提铀相结合，在获取化学资源与淡水的同时获取铀。

上述方法中吸附法是目前研究最热门的方法。目前其他方法都存在着溶剂、沉淀物、表面活性剂和海洋生物的完全吸收等问题尚未解决，故不能用来大范围的海水提铀。吸附法海水提铀由吸附、脱附、浓缩、分离等工序组成，其中最重要的是要有高性能的吸附剂和高效的提取工艺 (图 3–22)。

现有的海水提铀装置一般有以下 5 种 (图 3–23)。

(1) 水泵方式：用装在低于海面吸附床上的水泵引导海水。其特点是吸附、脱附装置简单、效率高。

(2) 海浪方式：这种装置可设在自然海流中或潮流中。

(3) 潮汐方式：在海边筑两道堤坝，利用潮水涨落差，使更换的海水进入吸附床。

(4)波力方式：吸附随波浪晃动来更换海水吸附铀，或将涌来的波浪引入吸附床来吸附铀。

(5)膜方式：把海水提铀和现有的膜技术结合起来。

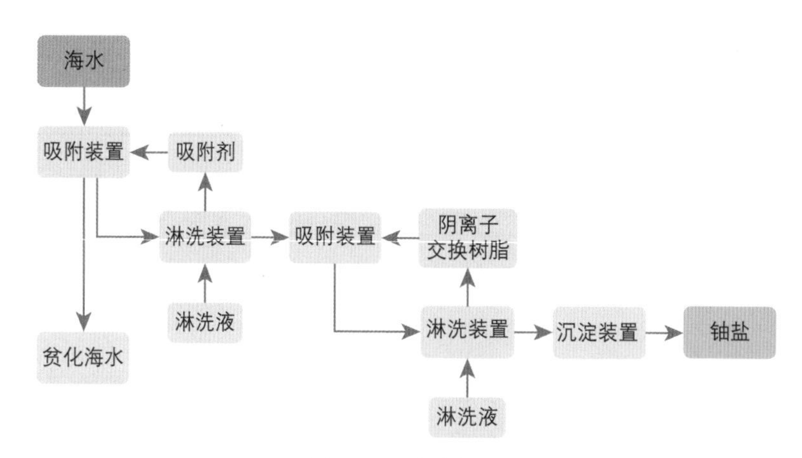

图 3-22　海水提铀

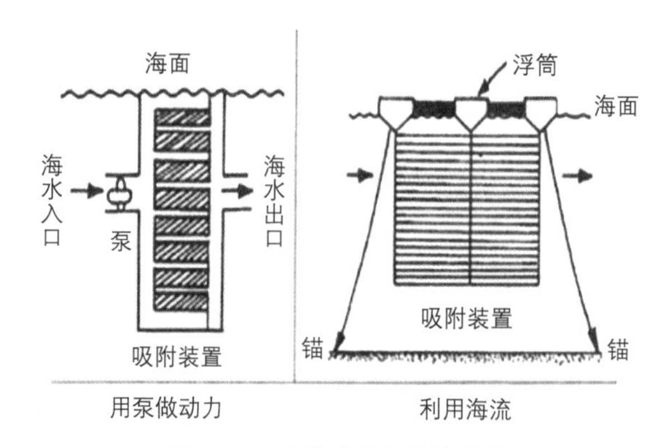

图 3-23　吸附法海水提铀示意

海水提铀吸附剂的选择要求有以下 10 个。

(1)吸附剂的平衡吸附量要尽可能大。

(2)吸附剂的吸附速度尽可能快。

(3)吸附剂对铀酰离子的选择性要高。

(4)能容易快速脱附。

(5)和海水接触效率高，能充分利用自然能。

(6)在海洋环境中耐腐蚀性强，使用寿命长。

(7)可大量生产，制备简单、易回收且廉价。

(8)吸附剂对化学、机械作用力、微生物稳定。

(9)廉价海水处理装置的设计。

(10)大量海水进入方式的设计等。

海水中铀酰离子与碳酸跟离子形成极其稳定的络合物：

$$UO_2^{2}+3CO_3^{2-}=[UO_2(CO_3)_3]^{4-}\ (K=10^{21.54})$$

为了达到有效地捕捉铀酰离子，我们采取平衡常数大的配位体，使反应向右移动：

$$[UO_2(CO_3)_3]^{4-}+L^{n-}=UO_2L^{(n-2)-}+3CO_3^{2-}$$

根据这样的分子设计，各国科研人员研制出很多吸附剂，大致分为两类：有机类和无机类(表 3–5)。

表 3–5 有代表性的偕胺肟吸附剂

吸附剂	结构与形态	吸附铀量 /(毫克 / 克)
Duality ES 346	颗粒形	3.6
RNH—G	颗粒形	2.2
偕胺肟基木屑	将木屑腈基化后再羟胺化	0.07
亲水偕胺肟基树脂	AO—TEGDM 用亲水交联剂调制为颗粒树脂	3.5
偕胺肟基螯合纤维	纤维	4.8
偕胺肟基树脂	球形	2.6
放射线接枝偕胺肟基纤维	与聚乙烯膜内用放射线接枝聚合丙稀腈，再羟胺化	0.35
膜状偕胺肟基树脂	偕胺肟基多孔状聚乙烯	0.8

用于海水提铀的偕胺肟螯合纤维方案有以下3种。

(1)聚丙烯腈纤维直接偕胺肟基化。工艺有：湿法；松弛浸渍焙烘法；紧张浸渍焙烘法。

(2)在基材上接枝共聚丙烯腈后偕胺肟基化。工艺有：辐射方式；化学方式。

(3)含偕胺肟基团的复合吸附剂。

海水中的铀浓度很低(3～4微克/升)，且有共存离子的竞争。因此，海水提铀是难度大、周期长、综合性强、涉及面广的探索性研究课题。研究海水提铀不仅可为开发新的铀资源提供理论依据和技术支持，而且也可丰富海洋化学、界面化学、低浓物理化学，以及海洋化工和环境科学的内容，同时对原子能工业和其他工业的三废处置也将提供技术参考资料。

海水提铀是一个值得研究与探索的问题，对其研究有深远的意义。研发新的方法，要敢于创新，思维不能被传统所禁锢。

海水提铀与铀矿废水的处理有类似之处，二者的铀离子浓度都非常的低，因此在研究上可相互借鉴。但铀的存在形式又不尽相同，因此二者还是有区别的，废水处理方式不完全用于海水提铀。

目前铀废水处理方面，生物处理已经有了良好的效果，经济效果也极其可观，已有对铀离子吞噬能力强的生物。因此，可以寻找对海水中的铀离子吸附能力强的生物，对其进行选择与培育。但前人的研究成果也不能忽视。吸附法的研究已经有了一定的进展，如果将吸附材料与生物吞噬相结合，也许会取得意想不到的效果。

6 海水提锂

锂是一种自然界中最轻的金属，被公认为推动世界进步的能源金属，与钠、镁共存，提取技术难度较大。锂及其盐类是国民经济和国防建设中具有重要意义的战略物资，也是与人们生活息息相关的新型绿色能源材料，特别在化学电源、新合金材料、核聚变发电等高技术领域具有广阔的发展前景。目前世界锂的消耗量约为 30 万吨，且以每年 7% ~ 11% 的速度持续增长。然而，世界上陆地锂资源总量约为 1700 万吨（折合成金属锂），远不能满足锂的远景市场需要。相比之下海水锂的 2400 亿吨资源量则非常巨大，因此，近些年来国内外科研工作者开始探索海水提锂的技术，并取得了一定的进展。

日本、美国等工业发达国家已从事多年海水提锂的研究，并取得了显著的进展。在海水提锂研究中主要应用溶剂萃取法和吸附剂法。由于海水中锂浓度仅为 0.17 毫克/升，吸附剂法被认为是最有前途的海水提锂方法。日本、以色列等国创造海水提锂吸附法，所选用的吸附剂有氢氧化铝吸附剂、氢氧化铝—活性炭复合吸附剂、氧化锰—活性炭复合吸附剂及各种树脂吸附剂等，其中无定型氢氧化铝吸附剂的吸附能力较强，性能较优越。日本工业技术院四国工业技术试验所近年来研制成功多孔质氧化锰吸附剂，吸附能力比常规锂吸附剂高 5 ~ 10 倍。经过科学家探索研究出来的离子筛吸附法是从高镁锂比海水卤水中提锂的最具工业化应用前景的方法。

对海水提锂用离了筛型氧化物的研究集中点为单斜晶系锑酸、尖晶石型钛氧化物和锰氧化物，特别是锂锰氧化物的研究最多，目前效果也最好，每克二氧化锰离子筛吸附容量为 20 ~ 50 毫克。国内的海水提锂研究刚刚起步，许多单位开展了锂离子筛的研制工作，在锂吸附量方面已接近国际先进水平。今后应注重离子筛在海水提锂中的应用研究，以尽快形成海水提锂技术，为实现海水提锂工业化奠定基础。

7 提取重水

海水中约有 200 亿吨重水，含有丰富的氘、氚等，实现从海中提取重水，海洋就能为人类提供取之不尽的能源。重水是原子能反应堆的减速剂和传热介质，也是制造氢弹的原料，氘是氢的同位素。氘的原子核除包含一个质子，比氢多了一个中子。氘的化学性质与氢一样，但是一个氘原子比一个氢原子重 1 倍，所以叫作重氢。重氢和氧化合成的水叫作“重水”。1 吨海水中所含重水的核聚变反应，可释放出相当于 256 吨石油燃烧所产生的能量。

目前较大规模生产重水的方法有蒸馏法、电解法、化学交换法和吸附法。如果人类一直致力的受控热核聚变的研究得以解决，从海水中大规模提取重水一旦实现，它将成为 21 世纪的重要能源。海水中含有 200 万亿吨重水，蕴藏在海水中的氘有 50 亿吨，足够人类用上千万亿年，海洋就能为人类提供取之不尽、用之不竭的能源。

8 浓海水利用

浓海水是海水淡化产生的副产物，是量大质优的化学资源，若将其排放不但造成浪费，还会危害近海生态环境。目前可通过一系列工艺提取技术在浓海水中提取其他产品。

（1）浓海水软化

由于浓海水中含有较多的 Ca^{2+} 和 Mg^{2+}，在浓海水利用过程中极易结垢，给设备造成危害，增加运行成本，同时杂质离子的存在也给其他元素的提取带来困难，降低了生产效率及经济性，成为制约浓海水资源化利用技术发展的瓶颈之一。因此，进行以降低浓海水中钙镁含量为目的的软化处理，对于浓海水化学资源的综合利用具有重要的意义。

化学反应沉淀软化法是除钙镁的传统方法，通过向海水中加入适宜的药剂，使其与海水中的钙镁离子发生化学反应生成沉淀，以降低海水硬度，达到海水软化的目的。常见的化学反应沉淀软化法包括石灰软化法、石灰纯碱软化法、热法石灰纯碱磷酸盐软化法。

采用石灰乳除镁后再用碳酸钠除钙的方法对吉兰泰盐湖卤水进行除杂，所得卤水中杂质含量符合纯碱生产要求；袁俊生等人分别开展了电容吸附法海水脱钙研究和利用烟道气中的 CO_2 作为沉淀剂，选择性脱除海水的钙、镁离子，减轻了传统沉淀软化法的药剂消耗问题，缓解了烟道气对环境的污染，同时也解决了海水综合利用中的结垢问题。

（2）浓海水制盐

氯化钠是化学工业之母，也是人们日常生活的必需品。盐田日晒法制盐为传统技术，具有工艺简单、技术成熟等特点，但需占用大量的滨海土地资源。当前，盐田法仍是（浓）海水制盐最普遍的方法，产品海盐主要作为氯碱及纯碱生产的主要原料。因海水淡化副产浓海水的盐含量约为天然海水的 2 倍，以浓海水为原料用于日晒制盐可节省约一半的盐田面积。但伴随滨海经济的快速发展，盐田面积日渐缩减，浓海水的处理靠传统的盐田法制盐将无法满足发展大规模海水淡化的需求。

电渗析法海水制盐是通过选择性离子交换膜浓缩制卤——液体盐，并可进行真空蒸发制精制盐甚至食用盐。该技术已于 20 世纪 70 年代在日本实现工业化，目前日本已全部废除了盐田法制盐工艺，年产食盐 150 万吨均源于电渗析法制盐。依托一价离子选择性交换膜制备的液体盐中 NaCl 浓度可达 200 克 / 升，每吨盐耗电约 150 千瓦时。与盐田法相比，电渗析法占地少，不受季节影响，是有发展前景的工厂化制盐方法。如生产 15 万吨盐，盐田法占地近 5 千米 ^{2}，而电渗析法仅需 0.05 千米 ^{2}。若以提取钾、溴、镁等化学元素后的浓海水为原料，利用电渗析系统浓缩制卤，与海水直接电渗析浓缩制卤工艺相比，可大大提高化学资源的综合利用率。此外，河北省唐山三友化工股份有限公司联合河北工业大学等多家研究机构开发出的浓海水用于纯碱生产新工艺，为浓海水利用提供了新的途径。

一般反渗透海水淡化中排放浓盐水是自然海水浓度的 2 倍，蒸馏法淡化时浓盐水浓度是自然海水浓度的 2.5 ~ 3 倍，淡化 1 吨海水大约产生 0.5 吨的浓海水。无论哪种方法进行海水淡化，在获得淡水的同时，均需排放大量浓海水。浓盐水不仅含盐量高，而且含有海水预处理时引入的一些化学物质。目前我国已开展的浓海水利用新工艺研究中，完成了元素分离提取顺序及产品品种优化研究、综合利用集成技术研究，建立了 30 米^3/ 日浓海水利用中试平台，形成了浓海水利用新工艺。

二、海水化学综合利用向精细深加工方向发展

世界各海洋强国在海水化学资源领域不但实现常量元素的低能耗工厂化规模提取利用，同时在其精细化深加工方面取得了长足进展，并将发展战略眼光投向了海洋微量元素锂、铀、重氢的提取利用方面。其中，在低能耗提取利用技术方面，其电渗析浓缩技术能耗较我国现有水平低约 40%，配套大型机械热压缩蒸发装置核心技术处于垄断地位；在精细化深加工方面，仅英国的海洋化学集团溴化物产品达 600 多种，是我国全部溴化物种类的 5 倍之多；在战略性微量元素提取方面，日本已于 20 世纪 80 年代建成年产 10 千克海水提铀实验装置。韩国近年来欲建年产 10 吨海水提锂工业化装置。

三、展望

通过高端技术研发，2049 年我国海水（卤水）中溴、镁提取及利用能力与水平得到进一步提高，部分高端镁系物实现进口替代。设计开发形成 50 万吨 / 年的沸石离子筛法海水提钾超大型化成套技术与装备，海水提钾能力达到 1000 万吨 / 年以上，建成国际海水提钾技术与装备的研发与输出基地，高端功能海洋化工产品主要依靠进口的形势得以改观。在铀、锂、重氢等重要战略性资源的提取利用方面，建成颇具规模的实验工厂，同时搭建海水利用工程实时监测测试平台及膜产品、药

剂检验检测平台等。

根据国务院《关于加快海水淡化产业发展的指导意见》的目标，2015 年全国的海水淡化规模将达到 220 万~ 260 万米 ^{3}/ 日。若将副产的浓海水资源的 80% 加以利用，则可形成约 120 万吨钾肥、530 万吨溴素、250 万吨镁盐材料和 1500 万吨精盐的新兴产业链，新增产值约 125 亿元。当 2020 年海水淡化 600 万~ 800 万米 ^{3}/ 日的目标实现时，浓海水资源化产业的产值将达到 370 亿元以上。因此，海水资源综合利用，特别是浓海水资源化利用，不仅可获得很好的综合经济效益，而且将为解决国内急缺矿物的来源，以及保护海洋环境做出重要贡献，其前景非常广阔。

对于我国海洋化工基础较好的沿海地区，在一定时期内，滩晒制盐及盐化工仍将是最简便易行的综合利用方式。但是，随着沿海区域土地利用价值的提高，此方式将逐渐失去优势。从长远来看，电渗析与纳滤等膜分离技术的集成是未来实现工厂化制盐及盐化生产的前景较好的浓海水利用方式。同时，结合部分地区两碱行业的发展需求，开展浓海水综合利用制液体盐的工厂化生产也具有较为广阔的发展前景。因此，需要继续加大科研攻关力度，着力开发具有自主知识产权的高选择性离子交换膜、大型电渗析成套装置，以及与纳滤等膜处理过程的耦合集成技术。此外，不断开发资源利用率和产品附加值高、占地少、利用可再生能源（太阳能、风能等）的新工艺，深化锂、铀、硼、碘、铯等微量元素分离富集材料和提取工艺的研究，全面提升我国浓海水综合利用核心竞争力，促进其与海水淡化的集成链接，提高海水淡化及浓海水利用的综合效益。

海底矿产资源开发

海底矿产资源包括赋存于深海海底的多金属结核、热液硫化物及富钴结壳等。随着人类对资源的需求不断增加，陆地上的资源供给越来越乏力，不断增长的需求必然带来价格的增长，加之深海矿产资源勘查开发技术的进步，开发成本降低，深海矿产资源开发终将有利可图，实现商业化开发，一些国家和国际矿业公司正以极大的关注和热情瞄准深海矿产资源的开采。加拿大多伦多大学地质学家史蒂文·斯考特博士曾指出，深海采矿时代即将到来。

一、海底矿产资源现状

1 多金属结核

多金属结核又称锰结核、铁锰结核，广泛分布于世界各大洋洋底，产出水深约5000米。

1868年，在西伯利亚岸外的北冰洋喀拉海首次发现了多金属结核。1873年，英国“挑战者”号科学考察船在人类首次环球海洋考察时（1872—1876年），于大西洋加那利群岛的法罗岛西南约300千米处采集到多金属结核。后来，人们发现世界大多数海底都有多金属结核产出。德国的“瓦尔迪维亚”号和瑞典的“信天翁”号也曾对多金属结核进行过调查研究。鉴于早期调查技术和分析手段的限制，人类对多金属结核的认识极为有限，且兴趣点主要聚焦于学术研究的范畴。自梅罗指出海底多金属结核具有巨大的资源潜力后，针对多金属结核作为潜在资源的调查和研究引起了世界各国政府、企业界和学术界的广泛关注。美、苏、德、法、日等国家及一些国际财团纷纷开展了对多金属结核的科学考察和资源勘查活动。

多金属结核是一种深海海底自生富锰矿石。主要成分为锰和铁的氧化物和氢氧化物，含铜、镍、钴等金属元素，广泛分布于太平洋、大西洋和印度洋水深 4 ~ 6 千米的海底，一般呈球状或椭圆球状或块状，直径 1 ~ 20 厘米。

锰结核矿的最大特点是蕴藏量巨大，铜、钴、镍等金属含量高。世界洋底的锰结核总量为 3 万多亿吨，含锰 4000 亿吨、镍 164 亿吨、铜 88 亿吨、钴 58 亿吨。这些储量相当于目前陆地锰储量的 400 多倍，镍储量的 1000 多倍，铜储量的 88 倍，钴储量的 5000 多倍。仅就太平洋海域而言，其蕴藏量达 1.7 万亿吨，约含锰 2000 多亿吨、铜 50 多亿吨、镍 90 多亿吨、钴 30 亿吨，相当于陆地矿山中锰储量的 200 倍、镍储量的 600 倍、铜储量的 50 倍、钴储量的 3000 倍。按现在世界年消耗量计，这些矿产可以满足人类消费数千甚至数万年。更重要的是多金属结核仍在不断生长。太平洋底的锰结核以每年 1000 万吨左右的速度生长，一年的产量就可供全世界用上几年。考虑到大洋锰结核矿如此大的储量，而且还在继续增长，可以毫不夸张地说，深海多金属结核是人类“用之不竭的资源”，被认为是最具经济

潜力和开发前景的海底矿产资源。

20 世纪 70 年代，国际上出现锰结核开发热。随着勘探技术和开发技术的发展，对锰结核的开采将形成新兴的海洋矿产业。1978 年，美国根据多年的考察、探测结果，综合了大量的研究资料，正式出版了《海底沉积物和锰结核公布图》，使世界各国对各大洋特别是太平洋海域的锰结核情况有了一个较全面、正确的了解。我国自 20 世纪 80 年代起开展了大洋海底资源勘查活动，经过 8 年的努力，在太平洋 CC 区圈定了 30 万千米^{2}的多金属结核申请区，并从中优选出 15 万千米^{2}的开辟区。1990 年，中国以“中国大洋矿产资源研究开发协会”名义，向联合国国际海底筹委会提交了多金属结核矿区申请书。1991 年，我国提交的多金属结核矿区申请获得批准，在东北太平洋 CC 国际海底区获得了 15 万千米^{2}的多金属结核矿区优先开发权。

2 海底热液矿床

海底热液矿床是与海底热泉有关的一种多金属硫化物矿床。海底表面的地壳岩石断层让冰冷的海水进入水深 2000 ~ 3000 米海底裂缝中，被地壳深处热源加热后，溶解了地壳内的多种金属，使这种热水含有金、银、铜、锌等金属和稀土元素，当含有矿物质的热水从热液口喷出时，矿物颗粒形成的浓云在热液口周围如同“黑烟柱”一样。因与周围的冷海水混合迅速变冷，溶解于热液中的金属物质沉淀凝结，由此产生的矿物颗粒沉积在海底形成泥状物。因含有铜、铅、锌、锰、铁、金、银等金属，又称“多金属软泥”或“热液性金属泥”，其中金、银等贵金属的含量高于锰结核矿，被称为“海底金库”。

这些富含硫和金属的海底热液矿床，在世界大洋水深数百米至 3500 米处均有分布。主要出现在 2000 米深处的大洋中脊和弧后盆地扩张带等有热源供给的拉张性构造体制，是具有远景意义的海底多金属矿产资源，其主要包含的金属为铜、铅、锌等，另外银、金、钴、镍、铂等在有些地区也达到了工业品位。海底热液矿床的发现，引起世界各国的高度重视。专家普遍认为，海底热液矿床是极有开发价值的海底矿床。一些深海探查开采技术发达的国家纷纷投入巨资研制各种实用型采矿设备。我国也将其列为未来重点发展的高新技术之一。2011 年，中国大洋协会与国际海底管理局签订了多金属硫化物矿区勘探合同，使我国在西南印度洋国际海底区域获得了 1 万千米 ^{2} 多金属硫化物资源矿区的专属勘探权和优先开发权。

3 富钴结壳

富钴结壳是一种富含钴、镍、铂、稀土等金属的结壳，广泛分布在水深 800 ~ 3000 米海山山坡和山顶表面的壳状沉积矿产。由于经济价值高，资源分布相对集中和水深较浅，富钴结壳的商业开采前景有可能先于多金属结核的商业开采。

富钴结壳的富集区主要分布在赤道太平洋北部海域的海山区，既包括国际海底区域，也包括若干国家的专属经济区和大陆架。在大西洋、印度洋的海山也有结壳发育分布，但钴含量较太平洋地区为低。我国科学家在南海海山区也采集到很厚的结壳，但钴含量较低，不到 0.2%，南海北部海山结壳富含稀土元素，轻稀土含量已达到工业品位。

全球三大洋的富钴结壳资源量估计为 1000 ~ 2000 亿吨，其中太平洋为 500 ~ 1000 亿吨，大西洋为 120 ~ 230 亿吨，印度洋为 80 ~ 160 亿吨。2014 年，中国大洋协会与国际海底管理局签订富钴结壳矿区勘探合同，在西北太平洋海山区获得了 3000 千米 ^{2} 富钴结壳矿区。

二、深海采矿技术现状

海洋采矿工程在技术方面涉及海洋、地质、环境、船舶工程、海洋工程、采矿工艺与方法、设备设计与制造、选冶、材料、通信与动力、电子与自动控制等行业与学科，有其独特的技术要求。目前，国际上的主流深海采矿装备主要由水面支持系统、矿物提升系统和集矿系统三部分组成。

深海固体矿产资源的采集方法和技术主要针对三大固体矿产资源，即多金属结核、多金属硫化物和富钴结壳。深海固体矿产资源的采集方法和技术主要取决于矿产资源在海底的产出状态，由于多金属结核、多金属硫化物和富钴结壳资源在海底产出状态不同，所以采集技术也有不同。

1 国际研究现状

国际上深海固体矿产资源开采技术研究始于20世纪50年代末，主要针对多金属结核矿进行的。迄今为止，各国相继研发了拖斗式采矿系统、连续绳斗法采矿系统（CLB采矿法）、穿梭潜器采矿系统和集矿机结合管道提升的深海采矿系统等。目前最具应用前景的当属集矿机结合管道提升的深海采矿系统（图3–24）。该系统由美国肯尼柯特财团（KENNECOTT）、海洋采矿协会（OMA）、海洋管理公司

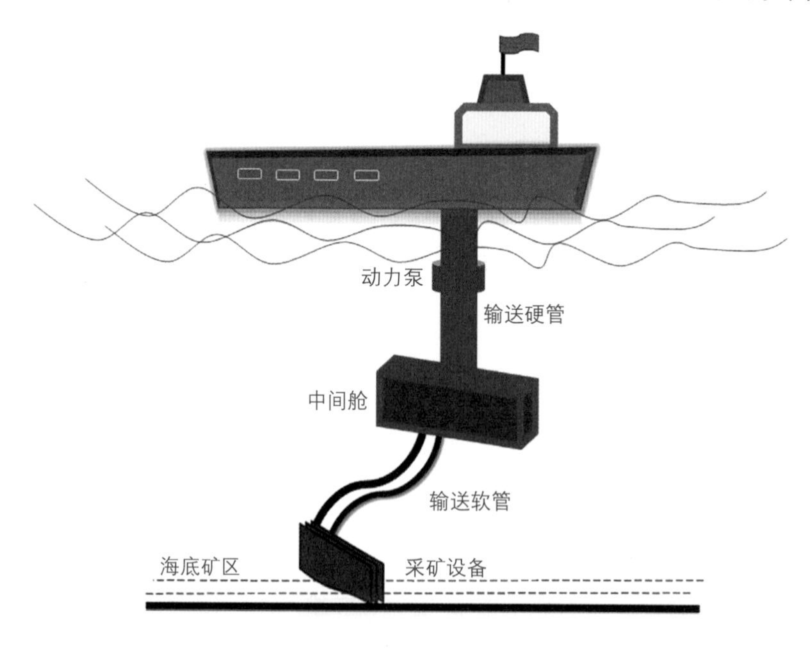

图3–24　深海采矿系统

(OMI)、海洋矿物公司(OMCO)共同研究提出，主要由扬矿(输送)软管、中间舱、扬矿泵、扬矿硬管等部分组成。

作为深海矿产资源开采设备的关键技术研究，韩国、印度、日本、德国、波兰等国都在实验室建立了“扬矿模拟试验系统”，大都采用了管道提升式扬矿。管道提升式扬矿系统主要包括：水力管道提升扬矿系统、气举泵管道提升扬矿系统、清水泵管道提升扬矿系统、管道戽斗提升扬矿系统、重介质管道提升扬矿系统、轻介质管道提升扬矿系统、矿浆泵水力管道提升扬矿系统。

水面支持系统不仅可以作为水下提升系统的支持平台，海底采矿装备的操纵控制中心，所有工作人员的居住场所，还具备对海底提升上来的矿浆进行脱水处理，以及将矿石卸至运输驳船等功能。目前采用的水面支持系统主要包括船舶式水面支持系统和平台式水面支持系统。船舶式水面支持系统要求是有较大动力、较高动力定位精度、较长生存能力的水面平台或特殊船舶。目前主要采用采矿船作为水面支持平台，满载排水量约为 9 万吨，动力定位在 DP2 级及以上。此外，对水下采矿设备的安全布放与回收，对数百吨重的管道提升系统进行升沉补偿，对运输船的动力定位系统的控制均是水面支持系统需具备的关键技术和装备。除了采矿船，从深海采油的经验来看，海上大型平台，如单柱式平台(Spar)及半潜式海洋平台，也可以被用来改装成水面支持系统。

目前，世界各国也先后研制了各种的水下采矿机器人，主要包括 3 种行走方式：拖曳式、阿基米德螺旋自行式和履带式，其中履带式是现在发展的主流。

2 我国研究现状

我国深海采矿技术研究起步相对较晚，通过基础研究、扩大试验研究、系统集成与制造、海试技术设计等阶段性研究，也取得了一定的成果。

在基础研究方面，确定了矿区开采的条件、开采规划及海上中试方案，研发了高齿履带行走机构行驶和水力式集矿机构采集矿物的集矿机机型，设计了潜水矿浆泵扬矿系统及其工艺流程、工作参数、设备配套方式，制定了通过罗盘导航和声学定位对集矿机行走进行控制的方案，研究开发了水下高压供电、水面低压侧软启动和控制的动力配置系统，完成了多项关键基础技术的研究。

完成了具有自主知识产权的、水下采集、输送作业的单体模型设备及成套流程试验主要设备的研制。同时，开展了软硬管输送装置、测控系统装置、水面支持系统设备的选型及改造设计工作。2001 年，我国开展了深海多金属结核开采虚拟现实研究工作，现已完成了基于具有自主知识产权的多金属结核 1000 米海试系统及其作业条件的虚拟样机和采矿作业虚拟环境的构建，实现了深海多金属结核 1000 米海试作业过程的计算机模拟和可视化显示。在解决履带式行走机构在软泥、沉积物上行驶的仿真等关键技术上，取得了突破。

已完成了深海采矿实验基地基础研究综合实验室的建设，建有试验大水池、可移动式操作室、扬矿试验装置、维修工作间及可移动式操作室。集矿实验室由湖南省长沙矿山研究院负责建设，新建实验室总面积 8000 米^2，其中陆地试验场占地 3200 米^2，工作车间占地面积 540 米^2，工作间配置 35 吨行车。扬矿实验室由湖南省长沙矿冶研究院负责改扩建，通过改造原试验系统的工艺、提高系统承载能力和扩展试验的功能，构造出开环和闭环两套提升试验系统，完成深海矿产资源的水力提升系统的综合性能提升试验研究工作。2001 年，进行了水下系统的布放回收、集矿机行驶性能、软管扬矿、集矿和扬矿联动及湖试系统运行的可控性等试验，实现了预定的调通采矿系统工艺流程、考核成套设备运行状态等基本试验目标，最终成功地将铺撒在 130 米深的湖底模拟结核采集输送到湖面的试验船上，收集到模拟结核 900 千克。湖底试验验证了我国确定的大洋多金属结核采矿系统技术的可行性，为下一步的浅海试验积累了经验。

富钴结壳和热液硫化物开采技术研究，在基础技术研究、设备研制及实验室建设等方面的工作现已取得了较大进展，关键技术的研究取得了新的突破。成功地组织完成了主要针对热液硫化物资源调查，采集了一批有价值的样品。这些为构建我国的富钴结壳开采系统奠定了坚实基础。

近年来，国内和深海采矿有关的工程装备制造也得到了较好发展，为深海采矿提供了装备支持。研发了 DTA-6000 声学深拖系统，可在水深 6000 米以内海域对海底微地形地貌进行探测。中深孔岩芯取样钻机在东太平洋海隆站位作业，取得了硬岩柱状样品，为多金属硫化物资源探测又提供了一大利器。“蛟龙”号载人潜水器 7000 米级海上试验成功标志着我国具备载人到达全球 99.8% 深海海底进行勘探、开发和作业的能力。4500 米级深海资源自主勘查系统研发和 6000 米无人无缆潜器（AUV）实用化改造基本完成，为深海探测和作业提供了有力手段。小型“深海移动工作站”完成大深度水下复杂作业任务，今后将承担油气资源和矿产资源、海洋生物资源的勘探开发，以及海底设施的维护检查与检修等任务。

三、技术发展趋势

目前，国内外对深海采矿的技术研究仍处于起步阶段，技术发展趋势并不明朗。主要存在以下需要解决的诸多关键问题。

(1) 深海矿产资源处于不同深度，种类繁多，特点各异，外界环境不同，海底地形复杂，对于采用何种采矿方式和设备，需要进行系统的总体设计技术研究，获取经济效益较优的实用采矿系统。

(2) 作为采矿作业中心的水面支持系统，其性能优劣影响采矿效率，研究趋势主要体现在布放回收技术、升沉补偿技术、系统控制与运行技术、定位导航技术等。还有，矿物提升系统是整个采矿系统成功与否的关键，由于其处于复杂的外界和内部双重环境中，存在较多的流固两相流耦合、涡激振动/运动等非线性力学问题。

(3)集矿机是采矿系统能否采到矿、提取高纯度矿的关键设备，它处于高压、复杂的地形地貌下作业，需要解决海底控制技术、适应性、走行及采集方式等关键问题。

(4)采矿系统位于风、浪、流联合作用的复杂环境下，水面、水下系统运动相互耦合，构成了复杂的非线性系统。因此，综合考虑提升系统与采矿船、集矿机动力学耦合问题十分必要。

(5)采矿系统的布放回收是采矿作业顺利进行的前提，其布放作业必须克服复杂的海洋环境影响。对布放回收装置及布放回收技术的研究是需要解决的关键问题。

(6)深海需要靠自动采矿机进行采矿，而海底环境复杂多变，海底地表及海底洋流扰动复杂。要求有高可靠性和一定人工智能的采矿机遥控遥测系统，以保证海底作业环境信息进行有效控制。

四、未来技术

1 深海采矿系统

深海采矿是人类获取海底资源的重要途径，深海采矿机器人的广泛应用是深海装备发展的必然产物。

从事海底采矿的公司，为解决如何运送海底矿石的问题，可以使用深海型的自动采矿机器人，自动开采收集海底矿石。自动采矿机器人的主要功能是在海底采集结核矿石、脱泥、破碎。中试采矿系统选用履带自行式水力集矿机器人，自动采矿机器人由机身、履带、集矿头、破碎机、液压系统及控制系统、传感器和仪表、脐带缆、动力分电箱和接头、输送软管及附件、浮力构件和它的测控元器件等部分组成。

控制采用水下计算机工作站和水面船控制中心的集中控制系统。水下控制站为具有数字量、模拟量处理能力和高速网络通信能力的微控制器系统。由可编程逻辑控制器、输入输出模块、输入输出接口、网络模件、通信模块、电源变压器、姿态传感器和罗盘等构成，装在圆筒形压力舱内。执行向自动采矿机器人上的测控设备提供低压交直流电，采集水下传感器的信息，进行机器人行走的闭环控制，驱动所有传动装置（包括液压系统），与船上操作系统高速通信等功能。

采矿机器人行驶的控制以罗盘导航和基线定位修正实现按预定开采路线行驶，利用电视摄像和声呐在线监测障碍和辅助搜寻上次轨迹，自动控制绕障和掉头，并根据观测的海底结核丰度和坡度调节车速。采矿机器人采矿作业控制主要根据车的纵向倾角手动调节集矿头摆角缸使集矿头平行海底面。根据工作参数要求，调节集矿头离地高度，保持集矿效率最高。

将矿石采集完成后，通过管道提升采矿系统垂直传送到下潜式采矿平台。管道提升装置将集矿机器人所采集的结核矿石经管道提升到平台上。

采矿平台是采矿作业中心，为水下设备提供存放、布放/回收、作业支承和维修，并贮存结核矿石。

2 功能性机器人

由于深海采矿环境的特殊性，各国研究了各种用途的水下机器人来代替人类难以亲临处理的工作。

（1）观察机器人

为采集深海底的矿产资源，人们首先探查海底矿产的分布与环境状态，以及开采价值和能否进行开采。为详细掌握选定的海底矿区状况，人们借助于观察机器人。这种机器人按事先预定好的路线，可在距离海底最低1米的高度进行录像和拍照。这种机器人又分为两类：一类是无缆机器人，这种机器人在水下完成观测任务浮上水面后，再对录像与拍照的资料进行后处理。另一类为有缆机器人，这种机器人可通过电缆实时观察到水下状况，在控制方面灵活和实时性强，缺点是观察的区域受到电缆的限制。人们通过机器人观察可以获得这一区域的海底表面矿产分布情况与地貌状态是否平坦、是否适合开采等重要资料。目前这种观察机器人可运行在 6000 米的水下。

(2) 勘探机器人

除了观察海底表面情况，人们还需进一步掌握这一区域的地质资料。如海底表面剪切强度，其不同层面的地质成分等，那么就必须对海底的地质物质进行取样，因此，发明了勘探机器人。勘探机器人的特点是按指令到达指定地点后，钻取一个或多个海底样岩并尽量保存原样，然后上浮。由于这种样岩保持了海底原始的地质分布状态，对人们研究和开发采矿机器人等科研工作提供了十分重要的第一手资料。

第七节 海洋工程技术与装备

海洋是资源的宝库，面对日趋严重的人口、资源、环境等全球性问题，以海洋开发为主题的“蓝色浪潮”在全球范围内蓬勃兴起，越来越多的国家将发展目光投向海洋，加大了海洋资源开发力度。由于海洋开发特殊的环境影响，海洋工程科技正在成为加强对海洋的控制、占有和利用的最关键因素，成为各国维护海洋利益的法宝。

目前，国际上通常将海洋工程技术装备分为三大类：海洋油气资源开发装备、其他海洋资源开发装备、海洋浮体结构物。海洋油气资源开发装备是海洋工程装备的主体，包括各类钻井平台、生产平台、浮式生产储油船、卸油船、起重船、铺管船、海底挖沟埋管船、潜水作业船等。

新装备技术的产生和应用，正在对国际海洋竞争等重大问题产生深刻影响。例如，深水油气技术的发展已经改变了国际石油生产格局，挪威、巴西等国已发展成为世界深水油气开发大国，国家获取海洋财富能力和国际竞争力显著增强。以深水油气开发工程装备为例，目前深水油气田开发工程技术和装备主要为国外公司所垄断，成为制约我国深水油气勘探开发的技术瓶颈。只有通过核心技术自主研发、尽快突破深水油气田勘探开发关键技术，我国才能获得深水油气资源勘探开发的主动权。此外，面对海洋开发迅速发展的形势，海洋资源开发工程装备技术一旦取得突破，得到实际应用检验，能够很快形成相应的装备制造产业，成为我国海洋国际竞争力的重要组成部分。这不仅能够为我国加快海洋开发步伐提供工程技术保障，也有利于凭借技术合作推动海洋国际合作，为我国海洋开发拓展更加广阔的天地。

一、技术现状

近20年来，全球深水油气田勘探开发成果层出不穷，深水区已发现29个超过5亿桶的大型油气田；全球储量超过1亿吨的油气田中有60%位于海上，其中50%位于深水区。各国石油公司已把目光投向3000米以深的海域，深水正在成为世界石油工业可持续发展的重要领域、21世纪重要的能源基地和科技创新的前沿。

深水油气开发具有高风险、高投入、高科技的特点。自20世纪80年代以来，世界各大石油公司投入大量的人力、物力、财力制定了深水技术中长期发展规划，开展了持续的深水工程技术及装备的系统研究，如欧洲的“海神计划”、美国的“海王星计划”、巴西的PROCAP1000、PROCAP2000、PROCAP3000系列研究计划。经过多年研究，深水勘探开发和施工装备作业水深不断增加。目前，深水半潜式钻井平台和深水钻井船约占钻井平台总数的1/3。现有深水钻井装置主要集中于国外大型钻井公司，其中瑞士越洋钻探公司有深水钻井平台58座，美国海上钻井公司22座，英国深海石油钻探公司20座，美国诺布尔钻井公司18座，深水钻井平台主要活跃于美国墨西哥湾、巴西、欧洲北海、西非和澳大利亚海域。

海洋油气开发技术创新对于保障我国石油供应安全意义重大。据中国工程院《中国可持续发展油气资源战略研究报告》，到2020年我国石油需求将达4.3 ~ 4.5亿吨，对外依存度将进一步提高。在油气严重依赖进口的形势下，国内油气生产还表现出后备资源储量不足的矛盾。近年来，海洋油气已经成为我国油气增产的主要来源。我国海洋油气开发的主要特点有：一是油气资源开发主要集中在近海，近海探明的原油储量中，有 13 亿吨属于边际油田；二是稠油开发所占比例大，中国海上已发现原油地质储量中，稠油约占 69%。稠油占中国海上原油产量一半以上，占全球海上稠油产量的 44%。这就使海洋油气科技创新主要明确为两个方向：一是向深水进军，加大对深水油气资源的勘探开发力度；二是提高海上稠油采收率，目前海上稠油油田采收率为 18% ~ 22%，如果通过新技术的研究和应用，将海上稠油油田采收率提高 5% ~ 10%，相当于发现一个 10 亿吨级大油田，增加的可采储量相当于我国 1 ~ 2 年的石油产量，从而对缓解我国石油供需矛盾产生明显的正面影响。

二、技术发展概述

1 深水油气田开发

深水油气田开发模式日渐丰富，深水油气田开发水深和输送距离不断增加，新型多功能的深水浮式设施不断涌现，浮式生产储油装置（FPSO）、张力腿平台（TLP）、深水多功能半潜式平台（Semi-FPS）、深吃水立柱式平台（SPAR）等类型的深水浮式平台和水下生产设施已经成为深水油气田开发的主要装备。制约深水油气开发工程技术主要包括深水钻完井、深水平台、水下生产系统、深水海底管线和立管，以及深水流动安全等关键技术。

另外，简易平台和小型 FPSO 在边际油田开发中得到广泛应用。如墨西哥湾 1200 多个、西非 63 个、欧洲北海 59 个、南亚 39 个、墨西哥 39 个、澳大利亚 21 个。此外，还有 8 艘专门为边际油田的开发而建造或改造的小型 FPSO。

2 海洋天然气水合物试验性开采

1968 年，苏联在开发麦索亚哈气田时，首次在地层中发现了天然气水合物藏，并采用注热、化学药剂等方法成功开发了世界上第一个天然气水合物气藏。此后不久，在西伯利亚、马更些三角洲、北斯洛普、墨西哥湾、日本海、印度湾、中国南海北坡等地相继发现了天然气水合物。20 世纪 90 年代中期，以深海钻探和大洋钻探两大计划为标志，美国、俄罗斯、荷兰、德国、加拿大、日本等国家探测天然气水合物的目标和范围已覆盖了世界上几乎所有大洋陆缘的重要潜在远景区及高纬度极地永久冻土地带，“一陆三海”格局初步形成。

近年来，国外科学家开展了天然气水合物沉积学、成矿动力学、地热学及天然气水合物相平衡理论和实验研究，并对沉积物中气体运移方式和富集机制进行了探索性研究。总体来看，目前天然气水合物藏开发工程技术还处于起步阶段，试验开采前期研究（包括室内模拟和冻土带短期试采）正在逐步展开，从实验室开采机理、模拟开采技术研究到长期试开采还有较长距离。

3 水下作业和通用技术装备

世界各国均投入了大量的人力和物力开展大型海洋装备的研制，以构成覆盖不同水深、从水面支持母船到水下运载作业装备的完整装备体系。目前，国际上水下运载装备、作业装备、配套设备及其通用技术已形成产业，有诸多提供各类技术、装备和服务的专业生产厂商，已形成了完整的产业链。

在水下运载器方面，当前已成为最重要的探查和作业平台，其发展趋势是朝着实用化、综合技术体系化方向发展，且功能日益完善。发展多功能、实用化遥控潜水器、自治水下机器人、载人潜水器和配套作业工具，实现装备之间的相互支持、联合作业、安全救助，能够顺利完成水下调查、搜索、采样、维修、施工、救捞等任务，已成为国际水下运载器的发展趋势。

4 深海通用技术

在深海通用技术方面，海洋发达国家都战略性地规划建立了一批相关企业，专门开展深海通用技术的研发和产品支撑，如美国艾默生公司的浮力材料、美国圣地亚哥地区的通用技术产业群等。国际深海通用技术已形成产业，有诸多提供各类技术和基础件的专业厂商，为水下装备的开发提供专业、可靠、实用的技术和基础，保证了水下装备的整体可靠性和实用性。现在，国际上的深海通用技术朝着更高性能、更加完整、更高水平的方向发展。

5 海洋探测 / 监测技术研发及装备制造

国外海洋监测网络在覆盖范围、监测要素和实时性等方面的优点都比较突出，而且监测设备技术先进、实时性强、自动化程度高。其主要特点和发展趋势是：已建成业务系统技术集成度高，监测能力较强的网络；对本国海岸沿线专属经济区实现了实时监测，对国际重要海上通道和重点区域有一定的监测能力；对重点海域隐蔽、智能化、移动观测技术成熟，波导、内波、水声等水下海洋监测能力满足军事需求；注重积累重要海域长周期断面剖面观测数据，大量使用潜标浮标；海洋监测仪器装备研发能力强，产品更新快，基本实现了海洋环境的立体实时监测。

遥控水下机器人（ROV）被广泛应用于深水海洋工程的勘探、开采、监测、检测和维修。近几年，国际上深海潜水器的开发研究逐渐朝着综合技术体系化方向发展，其任务功能日益完善。重载作业级深水油气工程 ROV 作业系统能够对深水油气田开发、水下装备的检测和应急维修提供强有力的支撑，是目前最有效的深水油气田水下作业和保障装备。

智能作业机器人（AUV）广泛用于地球物理学考察、海洋科学考察、深海传感器开发研究等。美国在该技术领域始终处于领先地位。美国研制的新一代深海智能探测潜水器“海神”，可实现遥控操作和自主操作。另外，日本、英国、俄罗斯、法国和挪威等国家在应用海洋智能潜水器完成海洋探测方面也都取得了明显的、各有特色的成果。

三、技术发展趋势

我国已基本具备浅水油气装备的自主设计与建造能力，具备较强国际竞争力的产品有自升式钻井平台、半潜式钻井平台、新建与改装的FPSO、中小型平台供应船和中小型三用工作船等。近年，在半潜式钻井平台、钻井船等深水海洋工程装备领域也取得突破，初步具备设计与建造能力。

我国已初步形成环渤海、长三角、珠三角三大海洋工程装备聚集产业区，涌现出中国船舶重工集团公司、中国船舶工业集团公司、中远船务工程有限公司和中集来福士等若干具有竞争力的企业（集团）。中央企业在我国海洋工程装备产业中居于主导地位，目前外资和民营造船、石油装备和机械制造企业也积极进入。

1 海洋油气工程装备

我国已具备300米水深以浅的地球物理勘探、工程地质调查、钻井作业、海上起重铺管、作业支持船及配套作业装备体系，2012年初步建成海洋石油981、海洋石油201、海洋石油708等3000米深水作业装备，但与国外相比还有很大差距。

（1）物探船

目前，国内从事海上地震勘探作业的主要有中海油田服务股份有限公司物探事业部所属的 14 艘物探船和广州海洋地质调查局所属的 4 艘物探船，主要进行常规海上二维、三维地震数据采集。这些物探船配备的拖缆地震采集系统主要购买自法国 Sercel 公司和美国 I/O 公司，其中以 Sercel 公司的产品居多。

工程勘察船和勘探作业装备。我国除新建造的海洋石油 708 船，国内勘察装备只是具有约 300 米水深内的浅孔钻探取芯作业能力，不能满足深水资源勘探开发实施中的工程勘察作业任务的需求。我国尚未形成自己的海上地震勘探及工程勘探的装备技术体系，绝大部分的海上物探装备仍然依靠进口。

（2）钻井装备

我国浅水油田使用的钻井装备包括海洋模块钻机、坐底式钻井平台、自升式钻井平台均已实现国产化，其中自升式钻井平台作业水深达到 121.92 米。我国目前有 8 座半潜式钻井平台，包括自行设计建造的勘探 3 号，从国外进口 4 艘：南海 2 号、南海 5 号、南海 6 号和勘探 3 号，设计工作水深最深为 457 米；我国自行建造的超深水半潜式钻井平台海洋石油 981，作业水深达 3000 米；中海油田服务股份有限公司的 CDE 公司还拥有 2 座作业水深 2500 米的半潜式钻井平台（COSL Pioneer 和 COSL Innovator）；另外尚有一座作业水深 2500 米的半潜式钻井平台（COSLPromoter）和一座作业水深 5000 米的半潜式钻井平台在建。

（3）修井装备

我国浅水油田使用的修井装备包括平台修井机、自升式修井平台、自航和自升能力的多功能平台。其中使用最多的是平台修井机，渤海油田有大量平台修井机，平台修井机大钩载荷范围为 90 ~ 225 吨，大部分平台修井机的大钩载荷为 135 吨和 180 吨。以上浅水修井设备均已实现国产化。目前，国内尚无专用的深水修井装备。

(4) 起重铺管船

我国起重铺管船从20世纪70年代开始逐步发展起来，至今主要在用的有18艘起重铺管船，主要为各打捞局及中海油、中石油和中石化三家公司所有。我国起重铺管船主要经历了外购改造浅水起重铺管船、自主设计建造浅水起重铺管船到自主建造深水起重铺管船的过程。

(5) 油田支持船

深远海油气开发工程支持系统所涉及的高附加值船舶包括深远海油气开发大型浮式工程支持船、深水三用工作船、深水油田供应船等。2011年以前，我国海上油田所有储量和产量的来源均为350米水深以内的近海。因此，工程支持船基本以在12000马力以内的工作船为主，大多数主机推进功率在8000马力以下，船舶专用配套设备参差不齐，并且船舶大多以外购的二手船为主。

(6) 浮式液化天然气生产储卸装置

我国的浮式液化天然气生产储卸装置（FLNG）尚处于研发设计阶段。在“十一五”期间，中海油研究总院针对目标深水气田开展研究，完成了FLNG的总体方案和部分关键技术研究。目前将针对目标气田完成FLNG的概念设计和基本设计，完成FLNG液化中试装置的研制，初步形成具有自主知识产权的FLNG关键技术系列。

2 水下作业及通用技术装备

我国已具有一定的水下运载技术研发能力，通过国家“九五”“十五”“十一五”期间的持续支持，先后自主研制或与国外合作研制了工作深度从几十米到6000米的多种水下装备。在这些水下运载器的研制过程中，通过引进消化吸收国外先进技术，提升了与之相关的制造和加工能力。由中国船舶重工集团702所研制的“蛟龙”号载人潜器潜深7000米，是我国第一艘大深度载人潜器，号称是世界上下潜最深的载人潜器，该载人潜器已在太平洋成功完成7000米潜深试验。哈尔滨工程大学在“十一五”期间完成了深海空间站的关键装备“载人潜水器”的方案设计工作。

我国各类深海取样设备大部分还处于研制和海试阶段，只有少数投入了实际应用。比如，深海电视抓斗和深海浅层岩芯取样钻机完成了多个航次的调查任务，已作为“大洋1号”科考船上的常规装备投入应用。然而，由于我国缺乏深海作业机器人，载人潜水器还处于试验阶段，限制了依靠深潜器使用的取样设备的发展和应用。

深海通用技术是我国深海高技术落后的主要根源之一，主要原因有：一是品种繁杂，难于产业化；二是长期缺乏国家的支持与投入；三是没有系统的研发机制与计划；四是缺乏基本的海试条件支撑。

3 海洋探测/监测装备

在海洋探测/监测方面，与发达国家相比，我国海洋探测/监测方面的差距还很明显，尤其是在稳定性、可靠性、系列产品等方面存在较大差距。国外公司的仪器仪表中档产品及许多关键零部件占有了国内60%以上的市场份额，大型和高精度的仪器仪表及海洋仪器几乎全部依赖进口。我国主要仪器依赖进口的局面还没有根本改变，自主技术装备目前只能满足海洋监测需要的10%左右。随着国家防灾减灾、海洋环境监测系统、军事海洋环境保障等系统建设的快速进展，从“十一五”的情况来看，每年以超过20%的速度增长。

我国已具有一定的遥控潜水器(ROV)技术研发能力，先后研制成功了工作深度从几十米到6000米的多种水下装备，如工作水深为1000米、6000米的遥控潜水器及智能军用水下机器人，以及ML-01海缆埋设机、自走式海缆埋设机、海潜1号、灭雷潜器等一系列遥控潜水器和作业装备，正在研发4500米级深海作业系统、1500米重载作业型ROV系统等。

我国AUV的研究工作始于20世纪80年代，90年代中期是我国AUV技术发展的重要时期，“探索者”号AUV研制成功，首次在南海成功下潜到1000米。在此基础上，CR-01和CR-02 6000米AUV研制成功。通过近十几年的研究工作，国内AUV技术取得了一系列的进展和突破，特别在作业水深和长航程技术方面已达到了国际先进水平。

目前，我国海洋环境全面实时监测体系尚在规划建设中，监测数据和信息尚不能满足国家大发展的需要。自主提高海洋监测仪器装备性能、丰富设备仪器品种将成为日后发展的重要方向。具体研究目标为：①建立深远海水下环境监测能力，监测长期剖面立体观测数据；②加强应对海上突发事件的海洋环境应急机动保障能力和海洋环境预报保障能力，对重点海域进行隐蔽观测的智能化水下移动观测平台建设；③加强海洋环境数据通信能力，建立海洋卫星体系，逐步形成业务化运行能力，突破水下组网观测和数据实时通信技术；④突破海洋监测仪器装备关键技术研究，研制出具有我国自主知识产权的国战设备。

四、未来技术

目前，同欧美地区的技术强国，以及韩国、新加坡等建造强国相比，高端装备的制造能力较弱是我国海洋工程技术设备发展的重要制约因素。经过数十年的创新发展和技术攻关，通过提高核心技术研发能力，设计研发一批拥有自主知识产权的海洋工程装备核心配套设备，完成大型设备的自行组装。建造完成新型天然气运输和储存装置（LNG-FSRU）、浮式天然气生产液化储存装备（LNG-FPSO）等高端生产装备。成功研发核心设备，掌握半潜式钻井平台系统集成技术。开展深水海洋工程装备设计研发，建立深水海洋工程试验水池，开展水池模型试验。我国海洋工程技术设备制造将取得更多的突破，发展成为海洋工程技术高端装备建造大国。

海洋油气开发领域实现由浅水到深水、由常规油气到非常规油气的跨越。实现3000米深水油气田开发工程研究、试验分析及设计能力，逐步建立我国深水油气田开发工程技术体系，逐步形成深水油气开发工程技术标准体系，部分深水油气工程技术和装备跻身世界先进行列。海洋油气勘探技术形成6～8个具有特色的油气勘探核心技术体系。以海上稠油油田为主要对象，初步建立健全海上稠油聚合物驱油及多枝导流适度出砂技术体系。天然气水合物开发锁定海域目标勘探区域、实施海域水合物取样、具备试验开采技术能力。

在海洋油气开发领域，深水油气技术达到世界领先水平，建成南海大庆、稠油大庆（各 5000 万吨油当量）。海上能源勘探技术围绕重点领域的关键地质问题，在新理论与方法集成和创新方面形成具有我国特色的实用技术体系。发展海上稠油开发技术，形成具有中国海油特色的海上稠油开发技术体系。实现 3000 米水深油气田自主开发和装备国产化，具备独立自主开发深水油气田能力。开展深水钻井船、起重铺管船、油田支持船的应用技术研究，进一步系统完善深水钻井、起重、铺管作业技术。建成深水应急救援技术装备体系。

海洋新型矿产资源开发领域，全面实现产业化开发。建成 30 万吨级的极大型水面浮式平台，工程技术水平世界领先。深海勘测 / 监测设备等实现自主设计制造，配合深海采矿，实现资源勘探技术产业化。全面取得多金属结核、热液硫化物、钴结壳三大矿的国际海底矿区永久开采权，并实现成熟商业开采。深海勘测 / 监测设备、水面综合支持系统、水下运载器、水下作业装备、深海通用基础件等实现自主设计制造，形成深海采矿装备制造产业。

第八节 海洋观测网络

海洋探测、观测及预测技术是认知海洋的基本技术手段，因而也是对海洋科学和海洋事业发展影响最深、意义最大的海洋技术分支。海洋探测揭示未曾认识的海洋现象，是认知海洋的第一步；海洋观测在海洋探测发现问题的前提下，针对该问题进行深入长期的观察与研究；海洋预测则是在海洋观测数据的基础上，建立理论和数值模式，对海洋过程的未来发展进行预测。在近代海洋科学发展史上，利用声学、光学、电子学、遥感技术的海洋探测和观测，为发现洋中脊和海沟、证实地球板块理论、建立大洋环流理论，以及研究海洋物理、地质、化学和生物过程奠定了基础；无人潜水器、深潜器、现代综合考察船和海洋观测网的发展使海洋观测进入无人、自动、全球、深海、多学科长期观测的时期。

一、海洋观测技术发展现状

随着海洋观测技术的深入，以及海底供电输送信号的巨大优势，衍生出一批新技术，大大地推动了海底观测网络技术的发展。这方面的发展趋势主要体现在：①完整的海底观测网络；②海洋立体观测网络；③海底移动观测网络；④基于海底通信网络的海底观测网络技术；⑤海底观测网络与其他系统的综合发展；⑥观测网络的快速组网技术；⑦基于水下直升机的海底观测网络。

近几十年来，随着观测技术和计算能力的迅速提高，国际海洋环境与气候研究进入了系统化、规模化、精细化的发展时期。卫星、浮标、湍流观测、新型浮标/潜标技术的发展，不但使大范围、高精度、准同步的全球海洋实时观测成为可能，而且使多学科、多尺度、全方位的大型国际海洋观测计划得以成功实施。例如，热带海洋与全球大气实验（TOGA）为研究厄尔尼诺—南方涛动（ENSO）乃至预测全球短期气候变化奠定了基础；全球海洋环流实验（WOCE）极大地促进了对大洋环流特别是全球翻转环流的认识和模拟；海洋卫星遥感（如TOPEX/POSEIDON）揭示了海洋的涡动特征，将人们对海洋环流及其变化的认识从10±1厘米/秒变为1±10厘米/秒，从而引发了所谓的“中尺度革命”。目前正在进行的国际计划包括气候变异及预测（CLIVAR）、全球海洋观测系统（GOOS）、全球海洋实时观测网（Argo）、全球海洋资料同化试验（GODAE）、非洲—亚洲—澳大利亚季风区浮标系统（RAMA）、印度洋二次大考察（IIOE-2）等，旨在构建集观测、模式和资料同化为一体的全球海洋监测与预测系统。这些大型计划不仅加深了人们对海洋环境的演变机理及其在气候变化中作用的认识，而且为实现对海洋环境与气候变异的预测提供了重要依据。

海底长期科学观测系统将海洋表面或外部的短暂考察，发展到进入海洋内部进行原位的连续观测，代表着海洋科学的根本变革。海底长期科学观测系统的发展不是一蹴而就的，现今世界上的多个海底长期科学观测系统的建设都是从船载调查开始，再到投放锚系进行连续观测，最后才在有些观测站的基础上建立起观测网，表3-6列出了世界上已经投入运行或者正在实施中的观测网的基本情况。

表 3-6　全球主要海底长期科学观测系统一览表

组建机构	系统名称	覆盖范围	用　途	进　展
美国和加拿大	海王星（NEPTUNE）海底观测网	东北太平洋海底，最大深度约 3000 米	由 30 ~ 50 个观测站节点和陆地控制中心组成，针对海底深部活动构造、热液活动和极端生态环境，采集物理、化学、生物信息	部分投入运行
	蒙特里海洋科学观测站（MARS）	美国蒙特里湾	海洋科技研发和科学试验基地	投入运行
	维纳斯观测站（VENUS）	加拿大温哥华附近海域	海底试验网	投入运行
欧洲海洋观测系统	欧洲海底观测系统（ESONET）	大西洋和地中海	用于生态、渔业资源监测，开展相关科学研究	部分投入运行
	欧洲海洋观测数据网络（EMODNET）	涵盖欧洲海岸带、大陆架及周围海盆	提供海洋基础数据、开展数据抢救、信息管理和分发	实施中
日本	日本新型实时海底监测网（ARENA）	日本海沟	监测地震、生物资源、海水资源、海底能源	实施中
	日本海底观测网计划（DONET）	纪伊半岛以南海域	主要监测地震海啸	投入运行
中国台湾	“妈祖”计划（MACHO）	中国台湾东部海域	主要监测海底地震、海洋物理	投入运行
中国同济大学	东海小衢山海底试验站	东海小衢山	主要监测化学成分、海底摄像	投入运行
中国国家海洋局第二海洋研究所	水下地质灾害监测网络	海南三亚大小洞天	主要监测海底地震、地磁	投入运行

二、海洋观测技术发展趋势和方向

从 20 世纪 90 年代早期开始，美国、英国、意大利、日本等国家针对海底长期观测的需求，建立起了海底科学观测站和观测网，这些观测站（网）的建设最初往往是以建立近海海底观测站和近海海底观测网络为目标。早在 1993 年，日本海洋科学与技术中心（JAMSTEC）于初岛附近建立了一个海底观测站，用于研究板块边缘的海底生物、地震和火山活动；夏威夷海底地学观测站（HUGO）建于1997年，位于罗希（Loihi）海底活火山，并首次将海底光缆与传感器连接，组成了一个长期多学科观测的海底实验室；1998年，美国罗格斯大学在新泽西海岸水深15米处建立了LEO-15海底观测网，其目的是发展对近岸海洋生态环境变化的快速实时监测能力。在20世纪90年代后期，海底观测更多关注于数据的实时、快速传输，以及多学科多参数的同时监测。在1995—2001年，欧洲委员会资助了GEOSTAR和GEOSTAR-2计划，建立了深海多学科、长期（达1年）观测站，并通过卫星网络进行数据的实时传输。

进入21世纪，海底观测技术越来越受到各国政府和学术界的重视，欧美及亚洲等国纷纷投入巨资建设海底长期科学观测系统，特别是2004年印度洋海啸和2011年日本海啸发生后，许多国家都把海底观测技术作为重要的科技基础设施重点发展。美国国家科学基金会（NSF）于2000年确定大洋观测计划（OOI）立项，包括规模庞大的区域网、近海网和全球网三部分，2006年6月底OOI建设计划正式通过。2007年起投入3亿美元的建设费，并将投入2.4亿美元的运行维护费，保证2014年前第一阶段的使用，网络建成后预计可以使用30年。OOI中最突出的是区域网NEPTUNE，即“海王星”计划，设在东北太平洋、美国和加拿大西岸以外的胡安·德富卡板块，光电缆总长达2000多千米，覆盖面积20万千米^2，由布置于大洋海底的30～50个观测站节点和陆地控制中心组成，将针对海底深部活动构造、热液活动和极端生态环境，采集物理、化学、生物等信息，通过光纤实时传输至陆地控制中心，每个观测站负载有延伸至几千米远的各种仪器。该区域网的北面部分NEPTUNE-Canada由加拿大负责建造，于2009年12月正式启用，安装有300多个传感器，在网上能够进行实时观测数据的浏览和下载，网络建设进展十分迅速。而北美大陆第一个深海长期科学观测网MARS由美国加利福尼亚的蒙特利尔海洋

(MBARI)研究所在蒙特里湾建设，2002 年启动，2007 年开始铺设，2008 年 11 月开始运行，水深 891 米，缆长 52 千米，由 MBARI 研究所和美国国家科学基金会共同建设和运行管理。

NEPTUNE 计划促进了海洋技术、光纤通信、能源供应系统设计、数据管理、传感器和机器人技术的发展。NEPTUNE 的科学目标主要围绕地震和海啸活动、大洋气候相互作用及其对渔业的影响、天然气水合物和海底生态环境、板块从洋脊扩张到俯冲消亡的过程等。NEPTUNE 不仅具有科研价值。其超过 25 年的运作计划，将在相关行业创造许多新的就业机会，并为大量研究生和研究助理创造“做科学”的新机遇，为下一代海洋科学家和技术人员的成长奠定基础。社会效益目标还包括领土主权与安全、海洋污染、港口安全与船运、灾害消减、资源勘探、海洋管理和公共政策制定等。

MARS 海底观测网络是美国蒙特利尔海洋研究所建造的。该网络主缆长约 52 千米，主干网传输速率达 100 兆比特 / 秒，岸基电源提供 10 千伏 /10 千瓦的电能，节点位于蒙特利湾西北约 25 千米的 Smooth 海脊，水深 891 米，具有 8 个可扩展的端口。其初始架构为自身 1999 年起建设的 MBARI Ocean Observing System (MOOS)，包括浮标、AUV 和以缆连接的海床节点为主。而 MARS 自 2007 年正式建设以来，已成为美国、加拿大两国海底观测组网设备的主要实验场所。

欧洲则实行 ESONET 计划，目标是在大西洋和地中海沿岸兴建从浅海至 4000 米深海的海底长期科学观测系统，准备建立 11 个区域海底观测网。ESONET 于 2002 年正式启动，ESONET CA、ESONIM 和 ESONET-NeO 等子项目已经完成。该系统计划由 5000 千米长的海底光纤网将观测站与海底接驳盒终端相连到陆地上。光缆不仅提供能量供应，也是双向实时数据传输通道。ESONET 可以在地震和海啸灾害预警与监测方面发挥关键作用。许多地震区和最活跃的火山都位于大陆板块边缘，比如南欧就属于这一类型。对地震和火山喷发这些偶发事件，需要连续测量与快速反应能力，进而能够预测地震参数和海啸水波高度。ESONET 网络节点配备地震仪，精度高，低频压力传感器，构成覆盖东大西洋和地中海区域的海啸预警系统实施的基础。

日本在亚洲的海底长期科学观测系统建设上处于领先地位，在西太平洋海底地震网的基础上，提出了地震和海啸海底观测密集网络计划（DONET计划），该网络位于纪伊半岛以南海域，目标为实现对地震、海啸和海洋板块变形的实时连续监测。该项目第一阶段从2006年开始，2010年3月基本完成铺缆，2011年建成。DONET以15～20千米为间隔，在海底布置20个节点，每个节点由多个高精度的海底地震仪和压力传感器组成，主干网上可以承载3千瓦的电力输送，对每个科学节点的输入功率为500瓦，节点和基站之间的数据传输速率可达600兆比特/秒。DONET2为二期工程，设计450千瓦主干网、2个陆地基站、7个科学节点、29个观测站，同时为DONET1增加2个观测站，2013年开工建设，2015年系统开始运转。

三、海洋观测技术未来展望

目前，我国海洋观测技术与国际先进水平存在一定差距，主要以岸基观测台站为主，标准断面不断缩减，离岸观测和监测能力有待提升；空间覆盖率低，大洋和极地海洋观测系统缺乏；长期、连续观测台站功能较为单一，不能满足多学科同步的综合性观测要求；海洋观测技术落后，主要仪器设备依赖进口；实时监测能力薄弱，综合集成和业务化支撑体系有待完善；观测数据不能共享，信息共享和科研支撑能力有待提高；海洋科学观测的持续性投入不足，无法支撑长期连续的海洋科学观测。

针对我国目前海洋观测存在的问题，今后的技术发展方向主要在以下几方面开展：面向综合性、大数据方向开展海洋探测与观测方法的研究；重点发展探测与观测的基本工具——海洋传感器技术，特别是解决精确测量、长时等问题，同时发展海洋现场分析手段；着重开展原位、实时、在线的探测与观测数据获取技术的研究；

面向网络化、立体化、全海域的方向拓展探测与观测的范围；对于探测与观测数据的后处理，发展基于海量数据的模型，通过应用大数据、云计算等手段，使分析和预测能力更加完善；发展无人自主的全海洋范围运载工具（如水下滑翔机、美人鱼等），催生大海洋观测理念。

在未来海洋观测仪器中，自主化、智能化是发展趋势。研究不同水下自主观测器与海底观测网接驳的各项技术，有利于整个海洋综合观测平台的建立。在水下航行器导航定位、智能控制与路径规划方面，开展水下声学通信、水下导航、卫星定位、智能控制与路径规划技术可以有效帮助自主观测器规划观测与采样路径，同时帮助其进出水下坞站，进行能量和数据的传输，并帮助科研人员顺利追踪和回收航行器。在基于自主观测器（包括剖面仪、水下航行器）的小型化动力驱动理论与方法研究方面，提出有效的小型化动力驱动原理与理论方法，针对动力驱动单元与海水的密封方法进行研究与试验，针对自主观测器进行小型化紧急抛载方法研究，构建针对上述理论方法的验证平台与试验方法。

在基于多自主观测器（包括剖面仪、水下航行器）的水下立体协同观测方法方面，针对自主观测器建立多观测单元的数据共享与移动观测网络的建立方法，基于多航行器的协同观测提出海域多参量的在线估计与测量方法，针对基于已构建的移动观测网络，提出观测单元的自主控制方法。

在水下航行器对接（DOCK）、海底近距离非接触能量与信号传输等方面，研究水下声学导航方法，实现水下航行器与水下坞站的对接。同时开展非接触能量与信号传输的传输效率与海底环境的相互关系研究，实现水下航行器的非接触充电与数据传输。

海底观测网的覆盖区域为数百至上千平方千米，对海底观测网络进行稳定性、可靠性研究非常重要。特别需要研究电能输送与控制的稳定性边界条件和负载优化机理，发展具有自主知识产权的光纤中继技术和理论，开发水下高速通信技术，研究不同拓扑结构的整体可靠性和稳定性，开展故障节点对不同拓扑带来影响大小的对比分析。

国家海底长期科学观测系统将根据我国周边典型海域的特点，分别在我国东海陆架区和南海深水区建立基于光电复合缆连接的浅海和深海海底长期观测网络系统，同时辅以建设一定规模的移动观测平台，构建覆盖东海和南海关键海域的国家海底长期科学观测设施，实现对东海陆架区和南海海底及水柱环境的实时、动态和高分辨率立体监测，获取东海陆架区和南海海洋学过程的主要特征，为我国的海洋科学研究建立固定的海底观测公共平台，并同时服务于其他多方面应用的综合需求。

同时，海底观测网将为未来海底城市提供可靠的海底地震安全预警，同时也可为海底城市周边的生态环境监控提供有力支撑。

第四章
未来海洋生活

>>>

第一节 海洋科技发展改变未来生活

在 2049 年，科技高度发达，海洋科技的发展将在多方面改变我们的生活方式。这些改变有赖于多种科学技术的发展，以下是海洋促成未来生活方式发生改变的部分情景描述。

1 风暴潮发电护岸平台

风暴潮发电护岸平台主要是对潮汐能的利用，修建潮汐发电站的目的就是利用潮汐能量，而风暴潮涨潮时的高水位容易登陆近岸造成岸基破坏，潮汐发电站可以将高水位的潮汐势能吸收转化，从而让高水位进入发电站而不是直接涌向岸基，这样就可以把风暴潮控制在潮汐发电站的海岸线之外，当然，这对于发电站的建筑要求极高，既要扛得住流，又要经得住风，否则不仅无法护岸，反倒可能将被破坏的发电站部件推向陆地造成更严重的损失。

情景展现：2050 年 10 月，我国受风暴潮影响最为严重的东部沿海地带，均设置有风暴潮护岸平台。每当风暴潮

来临时，潮汐发电机将风暴潮潮汐能量转化为电能，输送到千家万户，有效地利用了海洋能源，同时大大降低了风暴潮灾害。

2 海上游泳池

海上游泳池是一个非常令人向往的娱乐场，在茫茫大海中构建出一片洁净的水域。将潮汐发电站与海水淡化相结合，在潮汐发电站周围较强的海水与池水交换非常迅速的环境下，设置海水淡化装置，这样将淡化的海水注入水池内，或者直接去掉淡化装置，因为海水与水池的交换本身就是一个净化过程，对人类活动丝毫没有影响，只需要在海里筑起一个可以与海水进行交换的水池即可。

情景展现：2049 年 7 月，杰瑞带着全家去了位于厦门的海上游泳池度假。这个泳池长 300 米、宽 200 米，水质优良，拥有多种海上娱乐设施，还种植着许多观赏植物。杰瑞一家在 7 月明媚的阳光下，享受着一望无际的海上美景的同时，也尽情地体验各种海上娱乐设施。不必局限于室内游泳馆，也不必像以前那样担心自然海洋里存在的海水污染等问题。

3 海水淡化平台

海水淡化平台是一个复杂的工程，到21世纪中叶，已经实现了在近岸处搭建海水淡化平台。海水淡化平台的能量提供装置依托于各类核心技术的搭建，根据环境的不同因地制宜地取材设计。

潮汐能的发电规模最为可观，可与反渗透淡化方法相结合实现大规模的淡化工业过程。而直接将潮汐能聚集可以降低成本提高功效地完成海水淡化，通过一个巨大的聚集装置，将高水位的潮水势能转化为动能，直接驱动反渗透装置实现淡化。同时其建设条件要求也很苛刻，聚集装置要有足够的抗压性，同时聚集装置要与发电装置有所区分，如果同一次涨潮从同一个入口进去，一部分转化为动能，另一部分要继续转化为电能，能量容易分散从而发生更多的功耗，不利于能量俘获。

波浪能和温差能的淡化平台可能规模就要小一些，但是可以用于远洋。在大洋上建立海水淡化平台，可以通过多点采集波浪能转化为电能，然后利用电能进行海水淡化，这是非常典型的可再生能源过程，这也要求这样的平台能经得住大洋面上强烈的风浪冲击。

温差能在大洋中的规模可能要大于波浪能，因为温差能是利用温度差异进行的，例如，从暖池到高纬度地区的温差进行电能采集，就需要一定规模的平台，可能装置平台要横跨几个经纬度才更有利于俘获温差能，否则涉及保温的问题，小平台俘获的温差能温度容易流失，不易储能，也就更不易为海水淡化提供动力。

其余的盐差能、风能与潮汐能相似，也适合在近岸进行海水淡化。海流能可能会像波浪能一样在远海实现海水淡化，不同的是波浪能是多点采集，海流能就是多断面采集了。

情景展现：2049年9月，杰瑞乘船环游世界。船上的一切动力及淡水供应都由船舶海洋能量转化装置和海水淡化装置提供。经过淡化的海水在口感上与陆地淡水无异，海上游客们再也无须担忧淡水供应不足所带来的问题。他们途经了很多海岛，这些海岛以往都因为缺乏电力能源和淡水而生活艰苦，如今有了集成的海水淡化技术平台，可利用海洋能向海岛居民提供生产生活的电力供给和生活必需的淡水资源，海岛居民们可以告别以往缺电缺水的日子，过上便利幸福的生活。

4 远洋发电平台

远洋发电平台是指在远离海岸线的海域通过采集海洋能进行发电的水上台站。海洋能的各种能量中，除潮汐能仅适用于近岸，波浪能、海上风能、海流能都是可以用于远洋发电的能量。全球波浪能的富集区集中在北大西洋东北部海域、太平洋东北部北美西海岸、澳大利亚南部海岸，以及南美洲的智利和南非的西南部海岸。通过波浪能的三级能量转换，来俘获波浪能、短期储存机械能和机电转换来完成波浪能的发电。对于远洋平台来说，波浪能的漂浮技术是非常适用的，利用振荡浮子式装置可以进行点式吸收，浮标体可以为离岸的小型传感器、监测器提供相对高水平的供给能源。

鸭式波浪能装置、筏式波浪能装置和摆式转换装置等发电装置，都可以利用漂浮技术发电，之后通过水下电缆将电量传给台站。大洋内部如果想建设高功效的发电平台，波浪能是采集空间密度、采集频率都相对较高的能量源，只是最初的电能可能是低压的，不能直接供电于大洋上面的船舶，只能服务于传感器、监测仪等小型电力装置，一旦发电平台建立之后，就可以利用成熟的低压转高压来实现高压供电，这样就可以为一些大型的设备进行供给。

在未来的波浪能开发中，做好资源评估的同时，需要综合考虑能流密度的大小、能级频率、有效风速和可用波高出现频率，能流密度的长期变化趋势和稳定性、区域范围内的能量总储量、有效储量、技术开发量等方面。

海上风能是可以和波浪能媲美的远洋发电能源，因为大洋内部的风能资源已经远远高于近海和陆地。风能是太阳能的一种转换形式，是一种巨大的、无污染的、永不枯竭的再生能源。风能的特点就是能量巨大但能量密度较低，流速为 3 米 / 秒的时候，风能能量密度仅为水能的 1/1000，但是风能的持续性是更为长久的。目前，海上风能的发电技术是海洋能利用中最为成熟的一个，但大部分集中在近海海域。海上风能的种种优势决定了建造远洋发电平台势必要将周围海域的风能利用起来。

因此，远洋平台发电首先应当将波浪能和海上风能综合利用起来，由于波浪能、风能的资源分布具有很大的区域性差异，因此大规模开发的基本原则就是做好资源分布的评估，寻找适合波浪能与海上风能联合发电的海域，在此基础上，制定发电和电网配套建设规划，实现波浪能、风能的利用。

波浪能和风能的开发必须关注的是能量转换装置的效率对能量的捕获能力。寻找资源富集、稳定的优势区域，对提高发电装置的采集效率是极为有利的。过去对于波浪能和风能的研究多基于非常有限的观测资料在近岸展开，严重制约了波浪能、风能资源的大规模开发利用。致力于边缘海岛和远洋发电才具有更为实用的价值。

远洋平台的搭建除了要利用好上述的波浪能和风能，海流能作为巨大的动能来源也是可以在大洋中实现的，例如黑潮、墨西哥湾暖流、北赤道流等全球上百条洋流的动能非常巨大。当然这些洋流的主要作用是为全球输送热量和营养物质，同时维持着全球的生态平衡和生存环境。海流能并不一定要用到如此巨大的洋流作为能量源，将远洋发电平台建造在具有海底水道和海峡通道的海域，便可以将海流能

利用起来，而且海流能的装置比较简单，发电机主要分为轴流式和垂直式。

海流能不会像波浪能和风能那样稳定，转化的能量较为有限，但是将这种能量成功俘获还是可以进行有效利用的。

远洋发电平台作为在大洋中支持船舶运输、深井钻探等工作的重要电力设施，必须综合利用所有可以挖掘的海洋能来进行储备，因为这是最为便捷和有利的能量源。当然，无论是波浪能、风能还是海流能，除了其本身固有的技术瓶颈，即便成熟启用，也是需要克服很多困难的。例如，海水的腐蚀和生物污损问题、海水中泥沙对于装置的破坏、漂浮式装置对于台风的抗击能力、位于水道上方的漂浮装置对于航运的影响等这些问题都会成为海洋能开发后必然面对和需要解决的。总体而言，未来实现远洋发电还是海洋能开发利用的最为重要的发展方向。

情景展示：2049 年 3 月，太平洋发电中心的发电平台上有着 5 架战斗机准备起飞，工作人员正在积极地准备中。杰瑞看了看四周平静的海面，将充电电缆从飞机的侧翼拔出，此次的任务是巡视太平洋发电中心所有的远洋发电平台的安全情况。

2049 年 8 月，一艘轮船载着 300 名乘客穿越南极绕极流向赤道进发，他们马上要结束本年度的环球旅行。就在游轮刚刚逃离南极圈打算向北美大陆回航的时候，不幸碰到了冰山，幸好在不远处的无人发电平台有着充足的淡水和电力供应，这次的人员伤亡为 0，避免了当年泰坦尼克号的惨剧再次发生。

5 水下监测 / 检测装备续航技术

水下滑翔机、Argo 浮漂、CTD 等水下装备在未来海洋科技中肯定有更大的需求，但是目前这些装备最受限制的因素之一就是其续航能力。温差能作为表层与深层温度差异所构成的能量，对于这种在水下运行的设备必然是十分便利而且是取之不尽的能量源。30 年后，水下装备将不再是完全的定期充电，而可能变为根据既定路线，定期经过具有明显温度差异的水团和水域，维持装备的动力只需要定期上岸进行维护即可。

但是这种模式并不适合大洋深水，只是在温跃层比较明显的海域更为合适，全球温跃层基本存在于上层海洋当中并且大部分热带和副热带的海域都有明显的温跃层，因此，温差能适用的海域是非常广阔的。温差能驱动的水下装备是一种利用冷暖海水层之间的温差获取能量，并转化为机械能。主要的工作原理是利用动力系统循环工作，将温差能转化为机械能，驱动机械系统做功。这里需要注意的是，温差能在这类设备上并不是转化为电能，而是直接转化为机械能驱动装备运动。简单而言就是由工作流体、工作气体及能量船体液体构成的系统。工作流体是一种感温工质，通过相变温度在冷暖水之间吸收或释放热量，实现相变从而改变体积，进而改变机体净浮力，实现水下沉浮运动。工作气体的任务是在暖水层存储工作流体传递过来的能量，在冷水层释放能量。利用这一技术路线，从而实现水下设备的运动路线的改变。盐差能也有相似的功能，但日前可以开发的主要还是温差能的驱动技术。

情景展示：2049 年 11 月，中国科学院和美国国家海洋和大气管理局的联合考察船分别从北大西洋、印度洋中心和太平洋赤道地区同时投下了海洋动力驱动的水下滑翔机、Argo 浮标、飞行 ADCP 等大洋探测仪器共计 10 万台，这次全球海洋的联合行动计划是将带动全球水体流动的洋流系统彻底查清，数据将在 2050 年 11 月通过卫星完成全部的数据传输，并直接绘制出地球洋流示意图。

6 深海发电平台

海洋科技的发展目标已经从近海走向远洋，从浅水迈向深海。当然，深海的科学研究与资源开发在全世界都是属于开发和尝试阶段，其中除了必要的技术装备、人才储备、船舶设施等硬性条件的限制，其实海底无法持续开发和研究的重要原因是没有持续的动力系统作为支撑。全球已经有不少国家开始进行深海空间站的战略部署，为深度开发做准备。这种战略部署中，动力系统必然是其中不可或缺的支撑体系，因此，随着科技的进步，深海发电平台将会是解决深海空间站最直接的动力支撑系统。

深海发电平台主要依靠的就不是潮汐能发电系统了，而是来源于水下的发电能源。可以选择的有温差能、盐差能和海流能等，甚至内波的动能也可以作为深海发电系统的动力来源。波浪能也是可以为深海发电服务的，利用锚定浮标装置进行能量采集，转化为电能之后通过电缆输送给深海发电站，但是这种模式成本会很高，特别是在深水海域。当然深海发电将面临非常复杂的技术问题，首先是很难选择一个上述几种能量都具备的海域，即便有这样一个海域，同时在深海中建立这样的系统也是困难重重。所以单方面的选择表深层水温差异大的海域，或者存在盐度差异大的水团运动，或者是大洋中深层洋流运动剧烈的海域，从而靠温差能、盐差能或海流能进行发电，从科技理念和科学理论上来讲，是有可能实现的，不过并不会很快，也许需要上百年的时间来突破其中一系列的技术难题。

情景展示：2049 年 10 月，中国首个深海空间站在热带西太平洋水下 4000 米的位置建成，同时在吕宋海峡以东水下 2000 米的位置建成了第一座深水发电平台。这两项工程的主要目的是彻底将热带西太平洋的海底资源和矿藏进行定量探测和采集。

7 其他能源技术

除了上述可以直接提供能源的发电装置，一些相关的二级产品也会相继问世。随着海洋能发电的广阔应用前景，电动船舶在 50 年以后是有可能被广泛应用的，这只需要从各类发电平台延伸出漂浮的充电台站就可以为各式各样的海上交通工具进行充电，包括小型渔船、游艇、摩托艇，大型油轮、货轮等。当然，随着海洋能的广泛推广，多能化交通工具的实现，不同国家之间的海上贸易往来也会变得频繁和高效，将带动各个国家的港口运输业迅速发展，国家之间的外贸交易量也将大幅度提升。很有可能在半个世纪之后，为了配合这样的海上贸易不得不在近岸甚至远海架设海上交易平台，从而更快地完成交易量，提高交易额。海上交易平台也许就可能成为海上城市的先驱，随着海洋工程技术的发展，海上平台的抗击能力不断提高，海面上出现的将不仅仅是钻井平台或者交易平台、发电平台等，而是一个鲜活的城市。

情景展示：2049 年 5 月，当下最流行的海上运动之一便是驾驶新型摩托艇横跨大洋。这种摩托艇自身装备有全球卫星导航系统，可实时定位和监控人员安全，并帮助驾驶员规划路线。摩托艇的动力来源是沿途设置的漂浮充电台站。淡水可以从沿途的海水淡化平台获取。摩托艇自身也装备有小型的海水淡化仪以备不时之需。食物则靠驾驶人员自身从海洋中捕获，或者在沿途的海上平台获取。这种以往只属于冒险家的高危活动，未来将在大众之中普及开来。

除了上述提到的具体技术路径，未来 30 年还需要从整体上做好新产品或者服

务的准备工作。以我国为例，第一，应当将海洋能开发利用功能区划，利用已有的调查数据，根据我国近岸海域海洋能资源蕴藏量、可开发利用量、分布及特点，提出我国海洋能开发利用区域布局，划出海洋能开发利用功能区，纳入国家海洋功能区划。第二，进行全国潮汐能等海洋能发电站的站址保护与规划，进行全球海洋能站址现状与保护研究，调查海洋能电站站址被占用的现状和程度，分析未来海洋能开发中的潜在问题等。第三，开展海洋能电站技术经济评价。海洋能电站技术经济评价的总体目标是科学评价海洋能电站设计和建设的技术经济效益，全面了解海洋能电站建设的可行性。研究电站造价、装机容量、发电效率、电价等技术经济指标对电站经济性的影响；研究费用计算、效益计算、财务评价、不确定性分析、方案比较方法、改建、扩建、复建、更新改造项目等的经济评价。第四，应了解海洋能电站设计和建设的技术方案、技术措施，以及政府的技术政策的经济效果，以提高经济效益；了解海洋能电站建设可能产生的环境和社会经济效益与影响，为企业投资，以及为宏观管理部门、行业管理部门考核、评价、比较、全面掌握海洋能开发利用和生产经营状况提供科学的依据。最后才能根据不同的能量特性进行海洋能产品和设备的研发，争取在21世纪中叶实现我国海洋能的现代化应用。

第二节
人们对未来海洋生活的畅想

21 世纪，人类进入了大规模开发利用海洋的时期。中共十八大作出了建设海洋强国的重大部署，海洋事业日新月异，海洋科技创新与海洋资源利用进入一个新时期。2015 年年末，围绕着“科技将高度发展，新资源和能源被发现，传统海洋资源的利用将更加有效，科技发展和海洋资源利用必将对人类生活产生重大影响”为主题，中国海洋学会和中国海洋报社联合主办了“2049 年的中国——海洋科技与资源利用社会愿景展望”征文活动，面向全国广大大、中、小学生征集关于 2049 年海洋科技发展与资源利用的文章，以此激发青少年对未来海洋科技发展的关注和参与热情，激发广大公众对依靠科技实现未来美好生活的向往。

征文得到了广泛的响应，不仅限于沿海地区，也有许多投稿来自内陆，包括新疆、贵州等地。这次活动共征集 566 篇文章，参加者包括小学生、中学生、大学生、大学和中学教授及社会人士，从各个方面展示了对未来海洋科技和资源利用的蓝色梦想，唱出了中华人民共和国成立 100 周年的蓝色畅想曲……

关于海洋新型探测器，一位三年级的小学生这样描述：

2049 年，我已经 40 多岁，是一名海底生物学家。每天的工作就是坐着像章鱼堡一样的深潜器，潜到海底，为海底生物解决各种各样的难题。

我的章鱼堡深潜器是由我亲自设计的。它像章鱼一样，有一个庞大的身躯和八条可以自由伸展的触手。触手既是固定深潜器的支架，也是发射各种小潜水艇的发射器。章鱼堡里有像灯笼鱼一样的灯笼鱼艇，像旗鱼一样的旗鱼艇，像鲨鱼一样的虎鲨艇。这些潜水艇都是仿生艇，不仅模样像各种海洋生物，连发动机发出的声音、外壳的感觉也跟这些海洋动物很相近，因此，我驾驶着它们在海底穿行，从来不会惊扰到海底动物们，有时还能与海底动物互动呢。潜水艇比深潜器小很多，可以带着我到达海底的各个角落，为海底生物们排忧解难。章鱼堡深潜器和这些仿生艇既可以利用太阳能发电，也可以在海底热液区吸收热量进行发电。

我的主要工作是保护海底生物，同时，我也喜欢探索未知的海域。海底生活着各种各样的生物，它们有时也会产生矛盾、打架，有时它们会生病或者迷路，我就会运用自己的知识，根据它们的生活习性，帮助它们想办法解决问题。海底环境也需要我们去保护，我会和小动物们一起定期修理海藻，清除海底垃圾，我觉得这样既对海洋生物发展有益，也可以保护一些即将灭绝的海洋生物。我在海底每天都会碰到一些稀奇古怪的事情，有些直到现在我还不知道原因，比如：海豚为什么要救人，章鱼的墨汁是从哪里来的，为什么河豚有毒，电鳐和电鳗为什么会发电，等等，还需要努力探索。

（我的海底生活　李瑞琪　青岛大学路小学）

关于未来海洋新材料的利用，一位六年级的小学生这样写道：

我们传统的衣服都是采用棉丝麻毛等天然纤维或人造的化纤纤维为原材料经过编织染色加工而成，这样的生产过程不仅会产生出许多有毒的废物废水，不仅会严重地影响生态环境，还会消耗许多的水、电，占用耕地及劳动力等衍生资源。而海藻纤维衣的问世，彻底改变了这一情况，并且其独特的、巨大的功能也将彻底改变人们的生活。

这种海藻纤维衣厚度仅有 0.1 毫米，它的保温性能好，透气速干，具有恒定的保温效能，能抵御严寒酷暑等恶劣外部环境的影响，其穿着的舒适度也为人们所称赞。海藻纤维衣的原材料来自海洋，是由海洋中极易繁殖的浮游藻类在去除水分后制成，这种繁殖力极强的浮游藻类资源可谓取之不尽、用之不竭。这种资源的开发利用还能从根本上解决由于季节性海洋浮游藻类大爆发而引起的对沿海环境的污染和对海洋生物的破坏。其加工过程也简单环保，采用生化技术，既不会造成浪费，也不会产生污染，还能节约陆地资源，对日益紧迫的资源危机具有重要意义。

此外，科学家还以海藻纤维衣为载体，增加了其多领域的功能。他们在纤维衣中埋入一根直径仅有 10 微米的圆管，并注入一种特殊的流导液，内置许多纳米机器人，机器人可以跟随液体流遍全身。它的作用可多了：在氧气缺乏或有毒气体环境中，衣服可以自行产生氧气供给穿着者自由呼吸；在极端天气下，衣服可以迅速开启自动升温或降温系统，使体感舒适；在受到撞击时，衣服可以马上膨胀，使穿着者得到缓冲不会受伤；在人体外伤出血时，衣服可立刻进行体外血液循环，避开出血点，参与到人体血液循环系统，保护穿着者不因血液流失而造成伤害……它的功能还有许多，科学家们仍在对海藻纤维衣进行着不断的改进和完善。

（海藻纤维衣　高毓锴　青岛同安路小学）

对于未来海洋科技如何改变生活方式，一位初一的中学生这样描述道：

我现在就住在海里，我的房子是一个用特殊透明材质制成的水房子，一半在海面上，一半在海水里。

这时，一个小机器人为我送来了一杯高能量的运动水，是由海水净化提炼成的，又一个小机器人过来对我说："今天是 2049 年 10 月 1 日，是中华人民共和国成立 100 周年的日子，将会在天安门广场和钓鱼岛举行盛大的阅兵仪式。"我这才想起来，今天是国庆节，我已被邀请到钓鱼岛观看海军阅兵。于是，我赶紧换好正装，来到码头，看到我的电鳗已给我的"深海极速"充好电，我的"深海极速"是使用一种合成的高电量电鳗的生物电充电的。我登上"深海极速"潜到海下 200 米，接着开足马力，用了不到 1 小时就到了 1500 千米外的钓鱼岛，将"深海极速"停好，礼宾员带我上了检阅台，我看到检阅台上插着 100 面五星红旗，十分壮观。

阅兵即将开始，这次阅兵所有的装备所用的动力都使用我发明的一种叫"海能 1 号"的可再生能量，它是用一种深海矿物，将其溶解后，就可当能量使用，并且能量转换过程不产生任何废物。

阅兵开始了，主持人首先介绍了各国的来宾，接着海军出场，主持人慷慨激昂地说："现在向我们驶来的这个庞然大物是'海神 1 号'，主要武器是激光放射性电网，使用的是一种深海电能，威力极强！……"

（2049 年 10 月 1 日　尚泽帆　北京市第一七一中学）

关于海洋与未来生活方式，另一位初一的中学生这样描述道：

如此重要的海洋在 2049 年——29 年后会是什么样的呢？

我们生活在一个飞速发展的信息化时代。29 年后，站在海边，海风拂过你的脸，你看到了一个蔚蓝色的世界：空气被净化，海水也用微型机器人将不利于海洋发展的污染物全部进行清理；让我们拥有了一片蔚蓝，一份自然，让我们再次感受到大自然的恩赐。

29年后，站在海边，海风拂过你的眼，你看到了海上一个个各式各样的小房子：它们整齐地排在海面上，而你或许想不到，那些都是住所、医院、学校……简直就是一个海上世界！随着时间的推移，人口还在急剧增加，陆地已无法承载；而在这个飞速发展的信息化时代，一切皆有可能，人类生产出各种各样可代替普通建筑材料的超轻、可浮在海面上的新型建筑材料。而这一切都源于人类想到了海，同时也看到了希望……

29年后，站在海边，海风将你的发丝吹起，若你眺望着海，你会看到一个个小小的透明玻璃房，你会想到它的用途吗？生命都需要水，谁也不例外。人口的急剧增长，加上人类对淡水资源方面认识的匮乏，使淡水资源日渐枯竭。人类生产出用来淡化海水，让海水变为淡水的过滤器。而这一切都源于人类再一次想到了海，同时也再一次看到了希望……

29年后——2049年，将会是发达的信息化时代，海洋与我们的日常生活越来越贴近：衣、食、住、行都变得与海洋有所关联，人类与海洋的关系也越发紧密，以至于密不可分。

29年后，诞辰100周年的中国，将与世界一同，在保护海洋的同时，共同建设海洋，让明日升起的太阳更加耀眼！

（海——2049年　赵正雨　北京市第一七一中学）

关于海洋科学考察，一位地质大学的学生这样写“中华号”科学考察日志：

2049年6月1日

转眼之间，几十年就这样过去了，如今的我已经成为一名海洋科学家，随着国家“海洋强国”战略的提出，我们逐步从浅海走向了深蓝，开始探索那片未知的蓝色领域。我将跟随“中华号”科学考察船，进行一次环球科学考察。“中华号”是我国自主研制的核动力考察船，它所储存的核燃料足够让这艘考察船持续航行近一年的时间。我们即将从青岛港出发，开始这一段传奇之旅。我的家人、同事都来为我们送行，随船同行的还有 7 名中国科学家，另外还有 1 名美国海洋科学家，协助我们完成科学考察任务。中午 12 点，我们准时出发，伴着隆隆轰鸣声，我们驶离了港口，以每小时 20 海里的速度行驶在东海上，轻柔的海风迎面吹来，蓝宝石般的海面平和如镜。相对平坦的大陆架沿着海岸一直向深海里延伸。经过几十年的发展，我国海洋技术和沿海大陆架开发水平已跻身世界前列。

船行驶 5 海里后，我们来到了一个“海洋游乐园”，这个海洋游乐园建在了海平面 70 米以下，是目前世界上最大的海底乐园，它通过一条海底隧道与大陆相连。今天是儿童节，有许多家庭在这里和孩子一起度过他们美好的假期。距离海岸 15 海里的地方是一座大型的海上农场，由于陆地的耕地资源有限，我们在近海区域开发了一些海上农场，用于种植陆地上的蔬菜，研发出一种培养基，能够利用海洋中丰富的无机盐，这样就可以不再使用人工投放营养物质，大大减少了农场工人们的工作量。5 个小时之后，我们来到了距离海岸 90 海里的地区，海上的落日是如此的美丽，金黄色的余晖洒在每个人身上，如此的温暖，美好的一天就这样过去了。

晚上 7 点，我们到达太平洋海洋研究所，这是我国在沿海大陆架建设的一座大型海底研究机构，用于研究海底地形、洋流，以及台风和海底地震等自然灾害，以便及时地做出预警，并能在第一时间做出反应，最大限度地减少灾害对沿海居民的影响。此外，它的另一个用途就是供出海科考的船只短暂的休息和为他们提供补给。快要到达时，我迫不及待地走上甲板，远远望去，金字塔状的建筑物伫立在海平面上。船舶慢慢驶进停泊区，我们下了船，一些同事已经在那里等候着我们，得知我们要途经此处，他们早早就在这里等候，这令我十分感动，在这片远离故土的茫茫大海上，唯有朋友能给我最深的慰藉。随后，我们登上了“金字塔”。来到塔的顶端后，乘坐直通海底的深海电梯去往研究所。为电梯及整个研究所提供电能的是铺在整个“金字塔”上的太阳能电池板，以及海面上的波浪能发电机和几个风力发电机。电梯是由一种新型材料制作而成，能够轻松承受海底巨大的压力。在下降的过程中，阳光逐渐地消散，在海面以下几十米处，阳光就已经被吸收殆尽，取而代之的是一片黑暗和寂静。几分钟后，我们到达了研究所。将在这里停留 2 天，之后我们将会向北驶去，去探索地球最深处——马里亚纳海沟。

［中华号　龚磊　中国地质大学（武汉）］

一位船舶与海洋工程专业的大学生这样描述他向往的未来旅游方式：

在 2049 年，作为有别于乘坐豪华邮轮及直接登岛旅游的新型海上旅游方式，在以桁架式超大型海洋浮动平台为基础建造的大型人工浮岛上度假将会变得越来越受欢迎。在 2049 年，由某旅游公司投资建设的，占地 130 万米 ^{2} 的两座大型可移动人工浮岛“天景 1 号”“海景 1 号”已投入使用，该可移动式人工浮岛自带数个大功率推进电机，能够以 3 节的时速缓慢航行。该浮岛利用风能、光能、潮汐能等可再生能源为其提供全部用电，并自带数个大型蓄电池组和柴油应急发电机组，以达到储存可再生能源、调节电网波动的作用，以及满足无风、阴雨、海面无波、能源功率不足时的应急供电需要。岛上设有可供小型支线客机起降的跑道和直升机场，能够靠泊 7000 吨级别船舶的码头及完备的医疗设施，以卫星通信满足在远洋的通信需求。这种旅游方式首先得益于桁架式超大型海洋浮动平台巨大的面积，可以为旅游者提供数量更多、服务更全面的旅游设施，在提高旅游者旅游质量方面要比直接登岛旅游更胜一筹。同时，丰富多样的人工仿自然环境还会令旅游者享受到不亚于天然岛屿，而且比天然岛屿更为多样化的旅游体验。

（2049——超大型海上平台应用时代　范书华　华南理工大学）

一位大学生这样畅想未来海洋科技发展：

大学生总是充满了幻想，对未来的海洋科技给予希望——作为时代的中坚力量，一位大学生这样写道：我们更应尽全力为祖国贡献自己的一份力量。展望未来，我认为日后祖国可以发展以下海洋科技：

（1）悬浮跨海大桥；

（2）海底跨洋隧道；

（3）海洋悬浮隧道；

（4）高速深水潜艇；

（5）海洋钢架结构式磁悬浮列车；

（6）深海生物仿生学发明（如自持式深潜器供电系统）；

（7）海底高通量甲烷泄漏区天然气回收系统；

（8）热液高温能量回收系统；

（9）海洋垃圾自回收船；

（10）识别富海洋垃圾区的卫星或飞行器及光学系统；

（11）入侵海岸的富营养藻类之自动回收系统；

（12）海洋氢同位素提取技术及其核能利用；

（13）海洋宜居系统之建设；

（14）利用远洋洋流动力的发电系统。

空谈误国，实干兴邦。祖国未来仍需继续重视海洋事业的发展，加大海洋方面的投入。未来要走的路还很长，但我们有理由相信，当2049年来临之际，中华人民共和国成立100周年之时，祖国的海洋科技创新与海洋资源利用将会有质的飞跃，蓝天映衬的碧海天堂也必将造福祖国子民。我知道我并不孤独，我坚信祖国未来必将因海洋而振兴，海洋因精神而发展，精神因有我而传承！

［蓝白映衬碧海天堂　杨晓璐　中国地质大学（武汉）］

一位小学生是这样向往2049年的海洋生活：

我喜欢大海的蔚蓝，我迷恋大海的深邃，我向往大海的神秘。我对大海充满了无限的好奇与渴望。

记得小时候，我最大的愿望就是能够看看令人向往的海底飞船。更希望能到蔚蓝的大海中自由地玩耍，能够和各类的小动物亲密接触……

终于有一天，爸爸妈妈带我来到海边，我一见到海水就兴奋不已，一蹦一跳地冲向海滩。我一边用小脚丫踢着正在如妈妈般拍打着沙滩的大海，一边弯下身去捡着一个个色彩斑斓的贝壳。“哇，好漂亮呀！”我情不自禁地大叫了出来，把爸爸妈妈都吓了一跳。原来，是因为我捡到了一个又大又漂亮、色彩鲜明、光泽匀润的小贝壳。我兴奋极了，对这个小贝壳简直是爱不释手。这一整天，我都舍不得将小贝壳给爸爸妈妈拿一下。晚上，该睡觉了，我怕别人拿了我心爱的小贝壳，便握着小贝壳甜甜地进入了梦乡。

睡得正香甜，突然感觉有人在轻轻地拍我，我迷迷茫茫地睁开眼睛，发现披着一头艳丽红发的小美人鱼竟然站在我的床前。她神秘地笑了笑，指了指我的身后，我顺着她手指的方向看过去，惊奇地发现，身后竟然是一望无际的蔚蓝大海，小美人鱼向我招了招手，一纵身跃入海中，而我呢，竟像被施了魔法一般，也毫不犹豫地投向海的怀抱。

小美人鱼拉着我，飞快地向大海深处游去，鱼儿、海龟“飞”一般地倒退，我还没来得及看清身边的事物，小美人鱼已经在一座熠熠生辉的珊瑚宫殿前停了下来。胭脂红、玫瑰紫、孔雀蓝、祖母绿……五颜六色的珊瑚使这座宫殿如梦幻般美丽，看得我如醉如痴。小美人鱼还告诉我，她带我穿越到了2049年的海底世界。不知何时，一只可爱的小海豚游到了我的身边，正在用它美丽的长嘴巴轻轻地和我打着招呼，我喜出望外，亲昵地抱住了小海豚。“这是我的好朋友欣儿，让她带你去遨游大海吧!”小人鱼轻柔的声音在身后响起，我还没来得及点头回应，欣儿已经把我驮到了她的背上，欢快地向前游去。“小心啊，在你的右前方有一个大断层，下面是几百米的深渊，你千万不要掉下去啊!”小美人鱼焦急的嘱咐声渐去渐远，而我早已经被海底奇妙的景色深深吸引住了。一个个如鹿角状的珊瑚、一只只如玩具般的海星、一片片像锯齿样的水草在我脚下掠过………还没让我反应过来，忽然，欣儿一个急转弯，我没扶稳，从她的背上摔了下去，更可怕的是，我发现我正在掉下小美人鱼说的万丈深渊似的大断层。“啊……”我大叫了出来，被吓得魂飞天外，恰恰在这时，我手中握的小贝壳发出了奇异的光芒，好像被施了魔法一样，一下子变成了一艘豪华、漂亮的海底飞船，而我也被一股神奇的力量稳稳地推入了飞船。我惊得合不拢嘴，透过飞船上方的透明玻璃看见，小美人鱼正向我得意地微笑，我一边抚着胸口一边向美人鱼噘了噘嘴，迈步走进了船舱，四面一看，这飞船居然是完全透明的，自己就像生活在大海中一样，各式各样的小鱼活灵活现地展现在我眼前；再向两边一看，透明的墙面上刻满了活泼可爱的小鱼形状；墙面上还写满了各种各样的海洋生物的生活习性及饮食习惯，灯是水母的样子，小床是鱼儿的形状，椅子是海马的造型，书柜上摆满了许多海洋生物的书籍与造型……我早已看得目不暇接，正在我如梦如痴的时候，突然，一股巨大的力量像一股风似的冲了过来，我霎时间惊呆了，一抬头，竟然是世界上最大的海洋动物：蓝鲸！我吓得浑身冒冷汗，想起老师曾经对我们讲过：蓝鲸长可达 33 米，重可达 200 吨，是一种非常大的动物，它的体形及凶猛程度在动物世界中都算得上独树一帜呢！我不敢再往下想，手忙脚乱地操控方向。可此时，蓝鲸已经张开了血盆大口朝我这里扑过来……我“啊”的一声大叫了出来，一下子从梦中惊醒了。

好奇妙的一段旅程！虽然只是一场梦，但梦中 2049 年海底美丽的景色至今历历在目，令我回味无穷，让我对蔚蓝大海更加充满向往了！

（2049 海之梦　林夕雯　北京市东城区史家小学）

来自新疆的一位中学生这样描述他心目中的未来海洋世界：

我心目中未来的海洋是一个海洋的世界，未来人类会把神秘的海洋当成人间的乐园——海洋的世界。

未来由于气候变暖，地球两极冰层融化，造成海平面上升，世界上大部分地区已是一片无边无际的海洋。这时，人类便可在神秘的海中生活，海底城市已不是幻想。海底城建在水下 50 米深，在海面上有“海底电梯”可以直接通往海底。这里的气压与陆地上的气压截然相同，所以常见的潜水病不会发生。

海底城市外表如同一个巨大的潜水艇，里面划分了不同的区域，人们的住宅就像一个个巨大的鱼缸，墙壁是由特殊材料制成的透明玻璃，十分坚固，绝不会被海底有些巨大生物所撞破。透过玻璃，不仅可以欣赏到海底绚丽的珊瑚美景，而且还可以观赏鱼儿自由嬉戏的场面，多么美妙啊！

不仅如此，海底城市里还有楼房和街道，汽车在马路上行驶，不过汽车的尾气会被“空气转化器”转化成新鲜的氧气，每个人在这里生活得很好。

但是海底城市没有食物，人们应该怎样生活呢？

这不是问题，海底城市的设计师们早就想好这些问题了。把海底城市的四周用来种粮食，与陆地上的城市差不多。可是没有阳光怎么让农作物生长呢？聪明的科学家们收集白天的光照，把阳光“装进”一个巨型的“口袋”里，模拟太阳的光来让农作物生长。

但是海底城市没有淡水，人们又该怎样生活呢？

这也不是问题，充满智慧的科学家们建造出一台神奇的“海水变换器”。每个房间都有一个小的操控台，只要输入需要的水量，再按红色的“转换”键，机器便自动抽取所需要的海水并将咸海水转换成淡水。怎么样？够酷吧！有人可能会问了：这样的海底城市安全有保障吗？我可以负责地告诉你：“绝对安全。”

第一，这里的氧气、二氧化碳及气压等，都是经过周密的计算后，才向海底输送的，完全适宜人类生存。

第二，每个房间都有监视器，密切关注房间里的情况。如果出现意外，设备会发出警报，人们可以迅速进入预备好的小型潜艇，将潜艇开到特制的大型抗压潜艇旁，乘坐抗压潜艇离开海底城市，留下智能机器人维修海底城市。

这下就万无一失了。如果你在海底城市待腻了，想到海洋里走走，也有办法。只要穿上一种高科技潜水服，它能抵挡水压，为你输送氧气。穿好潜水服，无论你是乘坐操作简单的小潜艇，还是骑在已被驯服的海豚身上，都可以去海中畅游一番。多么有趣啊！虽说海底城市只是我心中的一个幻想，但我相信，凭着人类的聪明才智，总有一天，这个幻想会变为现实。让我们共同保护海洋，珍惜海洋资源，共同建设美丽的海洋吧！

（我心目中未来的海洋　孙大众　新疆第二师华山中学）

一位长期从事海洋资源开发利用的老科学家向我们这样讲述：

海洋是人类未来的发展方向之一，也是我国走向深远海发展战略的重要方向。海洋面积广阔，水资源、太阳能资源、风能资源、石油天然气资源、化学元素资源等含量丰富，极具有开发利用的价值和潜力。地球表面被各大陆地分隔为彼此相通的广大水域称为海洋，其总面积约为3.6亿千米^2，约占地球表面积的71%。其中，近海大陆架区的面积约2800万千米^2，其中具有开发前景的近海油气盆地面积达500多万千米^2，油气资源丰富。

（向大海要绿色能源　莫杰　中国地质调查局青岛海洋地质研究所）

来自中国海洋大学的一位博士生向我们描述了未来海洋生活的场景：

未来的半个世纪乃至更加久远的时间，人类仍需扩展生存的领域，而陆地相对于广阔的海洋，在未来将存在种种可预见的问题，比如陆地面积不足、资源匮乏、人类生存空间限制等问题。因此，人们必然会将目光转移至更加广阔的海洋，认识到海洋的优越性。随着科技的不断进步，人们利用海洋、驾驭海洋的能力也会极大提高，通过高新技术、微电子技术、生物技术、光电技术、智能技术等一系列科技能力，人们就可以逐渐将生活区域扩展到海洋，构建未来的海洋社区。

未来的海洋社区，首先是解决居住问题。随着碳纤维等轻型材料的不断进步，可用于海上基础房屋的建设。类似于双体船形式的房屋地基（海基），通过建筑材料的轻型化、强韧化发展，在未来这样的材料将足以用来构建房屋，并具备抵御海洋风浪的能力。当然，海上房屋的形态和内部构造将不同于陆地上的传统房屋结构。因为海上房屋必须解决海上浮力与自身重量的平衡，同时不同于陆地，海洋上的生活必须根据海洋或近海的特点进行调整。其生活的各个方面将发生巨大的变化。例如，生活必需的电将通过太阳发电装置及生活废弃物发电装置满足人们日常所需。同时，通过对海洋油气资源的开发，国家将建立大型的海上油气发电站，将海底的油气资源直接转化成电力资源，输送接入电网使用。

生活饮用水可以通过未来的海水淡化技术，各家各户自备小型的海水淡化装置，通过电能驱动，将海水转化成淡水，随时使用洁净的淡水，同时解决了淡水短缺的现状。

人们的出行将依靠海陆两栖的电动车，外形沿用现在汽车的形状，但是其后备箱将改装成类似于船舶的螺旋桨推进器或者泵喷推进器，以提供海上航行的动力。这样，就可以将陆地和海洋连接成为一个整体，随时随地地进行陆海切换，极大地促进海洋社区的构建与形成。同时，政府也会建设海上公交等公共交通工具，这种海上公共交通将建设一个大型公交站（类似于航站楼结构），通过船只或海上公交运送乘客出行。当然，私人两栖电动车将成为人人必备的出行工具之一，海上社区相对于现在的陆上社区，家庭与家庭之间的距离将大大拉大，每个家庭将拥有一大片的私人海域，而邻居可能在几十里之外。

日常生活的废弃物，会通过水质分离、油质分离等一系列的处理，将其中的水回收，回收的油脂等将直接用于家庭的发电利用，剩下少量的固体废弃物也会通过垃圾回收车回收集中处理。

海洋社区将提供人们一种新的应对人口增长的新思路，随着技术的进步和成熟，将首先会有一些富裕阶层的人们扩展到海洋生存的空间，将进一步刺激企业、技术、资源向海洋社区项目倾斜，加快相关技术的开发和建设。海洋社区具有的广阔空间将极大地满足富豪阶层对自身生活空间的需求，同时，海洋的丰富资源也刺激投资公司扩大海洋的投入和建设，因此，会在海洋投资项目的周边建立社区，不仅便于日常管理，也吸引大众向海洋迁移，渐渐地形成海洋社区的雏形。

（未来海洋社区　刘湘庆　中国海洋大学环境科学与工程学院）

一位来自哈尔滨工程大学的同学向我们描述了2049年我国海洋科技带动海洋新兴产业发展的场景：

中国拥有广袤的海洋领土，拥有着成为海洋强国得天独厚的优势，作为一个正在向着民族复兴的伟大中国梦而奋发前行的大国，要牢牢把握住这份大自然的馈赠，争取夺得海洋工程领域的科学技术制高点，为中华人民共和国成立100周年庆典献上一份丰厚的贺礼。

目前，大规模的海洋资源的开发和利用正如火如荼地进行，相信随着海洋科技的发展，新能源和新资源的发现，传统海洋资源的利用将更加有效，科技发展和海洋资源利用必将对中国乃至世界产生重大的影响。本文将对海洋科技和海洋资源利用的几个点进行畅想和描绘。

1 海洋牧场

海洋资源丰富，对海洋资源的利用自古就已存在，近海岸处的渔业和远洋捕捞已呈一定规模，但这种一味地索取不符合可持续发展的需要，随着人口的不断增加，资源消耗量的成倍增加，终有一天海洋将不堪重负。未来的海洋部分区域将会变成人类“精心耕种的牧场”，其资源的利用将是和谐而高效的。

（1）通过科学技术人为的精心饲养，同比例的增加固定区域的养分，以增大所能承载的海洋生物生存数量。目前，淡水养殖技术已经日趋成熟，这些技术对海洋养殖技术的发展来说是一个较好的基础。

（2）利用新型超声波技术吸引着海洋生物只在相对固定的区域活动，便于捕捞和食物投喂。目前已有超声波技术应用于捕捞时对鱼群的吸引，但持续性的吸引需要新型超声波技术的出现。

（3）通过新型渔网来控制规划牧场的饲养总类配置，避免生物混杂所引起的管理难度加大，并且可以防止天敌的危害。普通的渔网很难满足需要，需要更加坚固耐用、耐腐蚀、耐噬咬、大范围使用时仍能维持网状结构等特点，而且网上要分布监视器或传感器，来监察和反馈信息。

(4)通过改变不同食物的投喂深度使鱼类分层活动，纵向增加生物密度，优化产能机构。

(5)通过改造海底自然环境，来构造更加适合特定生物的生存生长环境，比如鲍鱼、海参需要岩石吸附，则分层增加岩石量或仿生岩石，或呈立式结构，来纵向增加鲍鱼、海参的“居住面积”。

这样人为地对固定区域进行精心改造，可以引爆单位区域的渔业产能，增大效益，极大地满足人类的需求，这样就人为地将其余海洋区域的生物资源保护起来，避免人类对野生资源的豪夺，避免生物被捕捞殆尽，避免海洋肉食生物因缺乏食物而灭绝。

2 海上移动城市

海洋上由于风浪流的联合作用，环境十分恶劣，要想在海上建立可供大量人口生活的“海上移动城市”，必须得向大型化迈进。但大型化将带来结构强度、动力设备、建造维护成本等问题。随着科技的发展，这些将一一解决，按照性价比的考虑，海洋城市将是以深海旅游观光、休闲娱乐等高附加值的方式进行运营，并饱含中国工艺技术的结晶。

(1)结构问题已经解决，新型结构和新型材料被大量应用，无论在怎样恶劣的海洋环境下，海上城市都犹如一个端坐冥想的老者，稳如磐石，泰山崩于前而面不改色。

(2)动力问题已经解决，螺旋桨的推进效率大大提升，空泡减阻、船型减阻等一系列新科技将被应用，能量损失和阻尼效应大大降低。

(3)新型绿色能源将被应用，太阳能板的光电转化效率和风机的风电转化效率大幅提升，可以进行电量持续稳定的输出，满足城市用电需求。风帆的回收与展开、复杂风情下方向操控技术已经突破。

海上城市被包裹在这海天一色的蔚蓝之中，其上的人们可以进行与陆地一样的活动，也可以去享受这汪洋大海。船体外部包裹了新型透明玻璃，抗压耐冲击，游客可以透过玻璃看到周围鱼群的游弋，可以看到牡蛎尝试着吸附在这新型玻璃上，无功而返后诧异地向别处坠落，身为吸附能力大师级“人物”的牡蛎还是小瞧了人类的工艺。人们可以乘着新型透明的、有缆绳的潜水器，下潜到幽深僻静的海底去感悟生命，遥想千百万年以前，生命从大海的襁褓中挣脱，开始进化之旅，而现在没有利齿尖爪的生命作品——人类，以这样一种方式又回到这起源之地，回到她的襁褓，立于幽深之中，见证着这恢宏史诗的首尾衔接，感受着这似轮回般的玄妙之旅。

3 深层水开发和利用

中国未来的深层水开发和利用将十分广泛，深层水在需要大量水资源的农业生产、水生动植物养殖、食品加工生产、冷却和发电领域大有作为，甚至在对人体健康、医疗美容领域也大有应用。沿海地区集中的大部分一线城市巨大的水电需求，部分将依靠深层水去缓解。

阳光照到水里会耗散，所以一般超过 200 米的海水基本上就受不到阳光的影响，也不会受大气与环境的影响，这种水资源被称为深层水。它有以下 4 个特点。

（1）深层水具有 8 ~ 10℃的温度稳定性，可以用于海洋温差发电。

（2）深层水绿色洁净，因为没有光，没有大气化学物质，不适合大部分病菌的存活，受现代工业社会的影响也很小，可用于加工成食用水。

（3）由于外界影响小，深层水富含人类所需的 90 多种无机盐及矿物质，且成分十分稳定，是 100% 的氧还原水，是良好的食用水原料。

(4)深层海水由于亿万年强大水压的作用，其分子结合角远远大于陆地的，与人体内的水分和血液分子结合角相近，容易被人体吸收。而且水分子团中的无机盐和矿物质活性很高，非常适用于做食用水原料。

未来我国将建立集生产、观光和休闲产业为一体的产业园区，包括海洋温差发电厂、深层水汲水及淡化厂、深层海水养殖场、养生美容及观光休闲场馆等，深层水将进行饮品、食品、水产加工品、化妆保健品、水产养殖及休憩等多元化商业开发利用。

4 海底网格化

广袤的海洋环境很难靠为数不多的特种船只全面检测，又由于声波和光波在海洋中传递距离较近，需要靠声呐传播信息，传递效率不高。所以在未来，中国将对海洋环境进行“网格化划分”，建立定点检测站，用点组成一个面，定点中间由不断穿梭的水下航行器采集信息，这样就组成了一张牢固的网来捕捉每一点海洋条件变化，检测海洋环境，随时预报海底火山爆发和海啸等突发情况。

中国在崛起的过程中肯定会受到外界的军事威胁，这种海底网格化的检测系统可以很好地预报来犯之敌，保障中国领土安全。

(1)定点检测站的动力能源一部分可以靠水下发电系统提供。

(2)穿梭的航行器可以在定点检测站进行充电和信息的传输。

(3)对应的小节点还有一个大节点，负责信息的汇总与传输。

(4)水下系统、水中潜艇、水上舰船及空中飞机组成立体检测打击网络。

中国作为一个大国，不仅要做到保护沿海人民免受海啸、地震的危害，更要做到主权领土不受侵犯，海底网络系统将为中国增加一层新的防护。

5 海洋垃圾清理公司

海洋垃圾越来越多，治理需要全球的共同努力，中国未来将领头组办一个海洋垃圾清理公司。

(1)资金来源于全球各个国家，交款比例按国家主要参数来分配，主要参数为一个国家的土地类型——内陆、半岛和岛屿、国家的海岸线长度、年垃圾总产量、垃圾处理方式等，对这些参数进行机体讨论，合理优化成一定的系数或分数，用此核算每个国家所需提供的资金。

(2)中国组建成建制的海洋清理船队，船队里有专业垃圾回收船、垃圾焚烧船、海洋生物医疗救护船(为被海洋垃圾困住的海洋生物提供专业援助)。

(3)中国建立相关的配套产业和科研机构，解决就业问题，并培养新型特种船舶制造的大量人才。

(4)中国作为发起国，不会再受人非难。

中国达到技术资金和人才培养的双赢，赢得了一个良好的国际口碑，树立了一个负责任的大国形象。

……如今的科技进步，使社会日新月异，30 年的时光所发生的新科技很难猜想和估量，但是可以肯定的是中国伟大的复兴之梦，必将带动中国海洋工业的腾飞。在中华人民共和国成立 100 年之时，中国将以海洋强国的姿态傲立全球。

(未来海洋　祝庆斌　哈尔滨工程大学)

青少年的海洋情怀，让我们深深地受到感动；青少年畅想未来海洋生活，丰富的创造力和想象力，让我们也深深地受到触动。为中华民族的伟大复兴，为建设美丽中国，为建设海洋强国，我们一方面要普及海洋知识和意识，另一方面要展现海洋为中国未来的发展所能产生的作用和影响。21 世纪是海洋开发的新世纪，海洋为中国的强国建设将产生巨大的影响。

第三节 未来海洋社会特征

在未来几十年的时间内，我国社会需求和经济发展对海洋资源的利用提出了重大、急迫的需求，海洋资源的合理开发、海洋环境的保护修复、海洋食品安全、可再生能源的持续利用等海洋资源产业依赖于海洋科技发展的重大突破。

一、海洋科技发展和资源利用对未来生活经济发展的影响

海洋能提供的新产品和服务将会是人类进步的重要里程碑，因为它对于未来经济社会发展的影响是不可估量的。从海洋能可以最直接受益的是沿海和海岛的生产生活，以我国为例，我国面积大于 500 米^2 的海岛近 7000 个，其中有居民的海岛 433 个。居民海岛能源十分紧张，这些海岛大多远离大陆，不可能进行电力输送；海岛植被脆弱，也无法解决薪材问题。由于长期缺乏能源，生活和生产都受到了极大的限制，甚至难以脱贫。海洋能的开发利用就是解决海岛电力供应的有效途径。综合利用可以带动和促进水产养殖、旅游等产业发展，创造更多的就业机会，对海岛居民生活水平的提高会有很大帮助。海洋的开发需要海洋能，例如钻井平台需要大量的能量，长期以来只能靠船舶运送燃油供能。由于成本过高，限制了我国开发海洋的能力，直接影响经济增长。海防的建设也需要海洋能，我国的海防任务

繁重，东海和南海有大量的岛屿受到别国的觊觎，一旦造成领土纠纷，会直接影响我国海防安全。而能源和淡水匮乏是我国海防建设的一大难题，长期以来严重制约着我国海防的建设和发展。利用海洋能进行发电和海水淡化可以大大促进我国海防建设。自然环境的保护更需要海洋能，因为海洋能的开发利用可以改善我国的能源结构，缓解资源紧缺，符合全面建设资源节约型和环境友好型社会的战略需求。据统计，全国烟尘排放量、二氧化硫排放量、氮氧化合物排放量和二氧化碳排放量总体的 80% 来自煤炭。由此可以看出，居民生活质量的提高对海洋能的需求是多么的迫切。

同时，海洋能开发是解决 21 世纪能源问题的一条重要途径，我国“十三五”规划中已经明确提出大力发展海洋经济，而海洋能是海洋经济发展的重要一环。从国家角度讲，海洋能是一个国家社会持续发展的需要，也是环境保护的需要，国家需要依靠海洋能开发调整能源结构，解决能源危机。海洋能对社会经济发展的影响主要是指海洋能资源在开发利用过程中给社会经济生活所带来的影响。从区域经济来看，海洋能开发可以带动相关产业的发展，海洋能发电具备良好的市场竞争力。发挥沿海可再生能源的资源优势，不仅能缓解沿海地区对能源的大量需求，而且对

沿海地区经济发展也起到直接的促进作用。从居民生活质量考虑，海洋能开发利用是解决沿海与海岛电力供应的有效途径。通过综合利用，可带动和促进水产养殖、旅游等产业的发展，创造更多的就业机会，对海岛居民共享科技发展成果和提高生活水平具有重要意义。

海洋能的开发利用对于未来社会经济发展是多方面、多层次的。第一，从社会层面来讲，它包括了居民生活质量、能源结构、技术进步、环境保护等。第二，就经济方面而言，海洋能的利用可以促进经济增长、优化产业结构、提高行业生产力等。

居民生活质量主要是指人们受到客观条件的影响而产生的对生活及周边环境的认可度和幸福感。海洋能开发对居民生活质量的影响可以从海洋能的就业人数比重和增长率、产业人均纳税额、产业人均可支配收入、产业人均消费水平、发电服务人数、人均储蓄额、灾害损失的递减率等方面考证。海洋能的产品主要是围绕电力服务的，电力行业作为人类社会发展最为基础的生存条件，可以从根本上增加就业人数，特别是在世界生产力落后和贫困的国家，合理的开发利用海洋能发展电力行业可以带动全国的社会产业链，人民的生活水平会大幅度提高。对于发达国家和发展中国家而言，海洋能发电可以作为未来重要的支柱产业，从而培养大批的技术人员和配套的工作人员。而通过整个社会对海洋能利用率的增长，必然拉高该产业的消费水平，例如上述提到的海洋能储蓄电箱、浮标充电站、海上游泳池等都是针对个体和家庭的产品，它们都将是沿岸建立的，为人们的生活带来相当大的便利，同时促进旅游业、捕鱼业、港口航运业的工作效率。另外，近岸的发电厂具有稳定水体和吸收海洋动能的作用，因此一个大型的近岸海洋能发电站是能够起到护岸作用的，对风暴潮、台风甚至小型的海啸所产生的破坏都可以起到一定的缓冲作用，进而降低由于海上自然灾害对陆地造成的破坏程度。

能源结构在海洋能作为新兴可再生能源成熟推广之后，将会有巨大的改善。海洋能的储量、开发利用量、利用比例、开发增长率、利用海洋能产电减少的二氧化碳排放量、发电站的数量、发电量及其年增长率、发电效率和发电贡献率等都将是海洋能改善能源结构的重要反映。目前，进行发电的技术模式主要包括火力发电和水力发电，这两种发电站不仅需要巨大的热能和动能，而且成本较高。而海洋能本身的储备量就非常巨大，尽管也需要一定的成本，但是对大自然的需求仅仅是洁净的动能，而火力发电就需要消耗大量的煤、气等。同时对环境的污染和破坏也是非常巨大的，特别是二氧化碳的排放量直接限制了发展中国家的进步。水力发电尽管相对污染小很多，但是需要找到合适的选址才能建设，而且要耗费巨大的人力物力来建设。核电站的建设运行成本就更加昂贵了，而且存在巨大风险。因此，海洋能一旦成熟推广，立刻就会取代火力发电与核电站，海洋能的开发利用量、利用增长率等指标会立刻占据一席之地，一些对电力需求不是非常大的用户，完全可以由海洋能发电站进行供给。

对于社会发展最重要的一个影响便是海洋能相关的技术进展，其专业技术人员数、科研项目数、科研项目与其他项目协作比例、科研机构数目、科技经费的投入、论文的发表及专利的授权等都会相应的有大幅度提升。整个社会与海洋能相关的科技水平都会相应提高，这可能不仅仅有利于人类利用海洋能，同时对于海洋科学的发展，以及未知海域的探索都是大有裨益的。

系统来讲：①海洋能的科研水平提高和科研经费的增长会相应促进海洋能科技专利的产出。海洋能专业技术人数的增加和专利授予数的增加又会使相关论文的发表量不断提升，共同促进海洋能技术的进步。②海洋能发电量年增长率或者说发电量会促进海洋能发电贡献率的增长，海洋能产电取代部分老式的产电模式，又会减少二氧化碳的排放量。这两者共同促进了能源结构的改善。③海洋能人均可支配收入会促进人均消费水平，海洋能产业人数的增加提升了人均纳税额，海洋能灾害状况又会调整产业从业人数。这几方面的直接作用会改变居民生活质量。总体而言，就是技术进步推动能源结构改善，能源结构改善提高居民生活质量。

人类的社会进步自工业时代发展以来，对大自然的破坏和伤害是致命的。人类寻求海洋能、太阳能等能源都是为了修复已经被我们开发的支离破碎、几近枯竭的自然环境和自然资源。所以，海洋能等洁净可再生资源的寻求与开发是人类发展的必然，也是保护自然的必要。除了已经提到可以保护岸基等人工措施和减少二氧化碳排放量的优势，靠潮汐能发电站、温差能和盐差能发电站都可以对海洋生物分布，以及渔业资源产生重要影响。潮汐能加强了海水与水池内的水体交换，有利于开展近海海产养殖，而盐差能和温差能的发电装置或者发电站的附加效应可能会引起邻近水域的温度和盐度变化，进而调整水体内部的营养物质分布，利用得当就可以将附近的渔业资源吸引到发电站周围从而形成天然的渔场。同时，海水淡化的实现不仅是解决人类的用水问题，更有利于其他动植物的生存。通过海水的淡化，可以将盐分大大降低，从而实现土壤植被的灌溉，未来通过淡化海水的调度对干旱地区进行灌溉，可能是改善生存环境的重要模式。

如果说社会影响是人们可以直接感受到的海洋能福利，那么经济影响就是无形中改善人类生活的保障。海洋能的发展对经济方面的影响主要表现在经济增长和产业结构优化两个方面。海洋能的产业贡献度随着其成熟发展和广泛应用必然会不断增加，由此海洋能产业作为全球能源产业的 GDP 比重会大幅度上涨，特别是在海洋能发达的国家，GDP 的占比会彻底改变其整体结构。同时，由海洋能带动的运输业、二级产品的劳动生产率、产品出口额、利税总额等都会从根本上有所转变。海洋能产业的上市公司会成为能够与石油、化工、煤炭等相媲美的大型产业。海洋能产业固定资产投资额、固定资产占全球的比重、资本引进、产业产品及服务的国际市场占有率、产业水平满足率、实际引用外资额等经济指标，都会发生不小的调整。从产业结构的角度讲，海洋能产业对第二产业的增加值增长率影响、产业聚集指数影响、消费诱发指数的影响、出口诱发指数的影响、劳资产出率的影响、海洋产业影响力系数的影响、工业内部结构的调整等都是非常巨大的。

具体来说，一方面，海洋能产业产品的出口额增加值会引起进出口总额的变化，进而通过产业人均纳税比率影响纳税额；另一方面，海洋能开发增长率通过开发利用率影响利用量，海洋能的发电效率又会对二氧化碳的排放量产生作用；海洋能产业的总体增加值会受到产业资金利用率、劳资产出率、增长弹性系数的影响；总体来说，海洋能产业对经济结构的影响会从产品及进出口、能源开发、发电量、资本投入等几个方面开始发散，向整个经济体发出波动信号从而对整个经济架构产生影响。一方面，海洋能产业的技术进步速度、产业扩张弹性会影响产业劳动资金产出率；海洋能产业的利税总额、产业增长弹性系数和产业工业内部结构化会调整海洋能产业增加值比例；海洋能产业引用外资额和产业影响力系数会影响产品进出口额和产业聚集指数，它们共同开始优化产业结构。另一方面，固定资产投资、实际应用外资额和产业资金利用率会促进海洋能产业上市公司数量；海洋能产业利税总额会调整产品出口额，产业水平满足感会影响劳动生产率，产业利税总额占全国的比重会促进产业增加值；产业增加值直接促进产业贡献率；最后形成海洋能经济的增长。

二、海洋科技发展和资源利用对社会发展的影响

通过海洋能得到储蓄电箱、远洋发电平台、漂浮充电站、海水淡化平台等一系列的产品，不仅可以从宏观上改善社会经济状况，同时也给社会生产生活带来巨大的变化。例如，通过海上浮动的充电装置和远洋发电平台，可以产生电力驱动的游艇、科考船甚至货轮；通过储蓄电箱可以为海滨城市提供充足的后备电力；通过海水淡化平台可以在生活环境中随处安装淡化水饮用装置；通过海洋能发电站建立的近海海产养殖场可以大大地提高海产品的产量，增加更多的种质源，丰富海产品的种类。

从海洋能的一级产品衍生出的二级产品会进一步改变生活质量，丰富社会活动。基于电力驱动船舶的发生和发展，海面上的船舶会与日俱增。这将大幅提升海

上贸易量，进而提高国家进出口额。从社会生产生活来讲，任何一个国家的产品都更容易全球化，从而提高人们的生活品质，拉动全球消费。充足的后备电力可以在人类触及的地域，特别是海洋能丰富的国家和地区，建设多种多样的供电设施。到2049年，全世界的任何一条公路、街道、海面通道等都会随处可见供电设施，为人类生产生活提供更大的便利。海水淡化的工业化、产业化进程，会伴随着新兴的水质来源，矿泉水的品牌不再局限于山泉、冰泉等，而是有了供应量最为充足的海泉。同时海水淡化也会改变人们的灌溉模式，特别是海滨城市和海岛地区，建立相应的从近岸到陆地的灌溉渠道系统，全面提高人类的粮食产量。海水养殖也是如此，在海洋能高度开发利用的未来，海面上的养殖区划分会更加丰富和多样，海产品在每个家庭的餐桌上随处可见，海洋生物饱含的丰富营养物质有可能将人类的人均寿命提高到一个新的阶段。

海洋能的开发不仅仅影响以上这些方面，更涉及行业、产业、多种群体等方面。由海洋能产业化延伸出的各类产品也好，服务也好，都将全方位对社会生产生活带来或大或小的影响，人类需要做的是合理利用，适度开发。

三、海洋科技发展和资源利用对人类生活的改变

新兴的产品和服务必须要接受用户的检验和反馈，不同的产品当然也会带来正面或负面的感受。海洋能作为大自然巨大的清洁能源，在开发利用的过程中，必然对人类社会的生产生活产生极大的影响，对文化形态、科学技术乃至世界格局的影响都会是深远的，所以面对100年甚至50年之后的海洋能利用，人们的感受也将会是喜

忧参半。

新兴的产品必然会带给大众一定的新鲜感和刺激感，特别是小型的便于个体和家庭享用的产品会更受大众欢迎。例如，通过海洋能供电的电力驱动船舶，鉴于利用潮汐能、波浪能、海上风能所建的近岸固定发电装置，利用波浪能建立的远洋发电站及漂浮发电装置，利用潮流能的随船发电装置，还有海上风能、温差能等基本的海洋能都可以转化为电能，50 年后海面上可以成规模地建立海上充电平台，因此，电力驱动船舶的续航能力是丝毫不成问题的。这些产品，一方面改善了船舶运输业，人类不需要因为石油资源的限制而控制船舶运输产量，进而航运产业会变得更加快速、高效，全球的物流速度和货运量都会大大增加，因此也会极大地拉动不同国家的贸易往来，彻底地颠覆传统模式下的贸易额。另一方面，必然会让用户得到充分的满足感，发达国家的海洋能利用可以带给民众满足感和自豪感。

综合利用波浪能和温差能及潮流能进行的远洋发电如果可以顺利实现，那么深远海发电平台就不仅仅是为运输行业服务了，军事用途会是非常重要的一环，为军舰、潜艇甚至是航母的备航充电将是海洋能发电可以提供的军事化服务内容。自工业化时代以来，人类迟迟不能在大洋上大规模地开展资源开发、产品加工、生产生活等内容，不仅是由于大部分国家受到的海岸工程技术的限制，更为重要的一环是在海面上，特别是远海上难以实现长期、稳定、高效的供电系统，因此限制了人类拓展工作和生活的空间能力，也局限了人类开发新的产品和技术的能力。21 世纪中后期，

这个情况会有明显改善，人们的生活空间会更加广阔，海上城市会应运而生，自然人类生活的幸福指数会大大提高，这都有赖于海洋能的利用。

生产模式的改变必然会引起生活的变化。海水淡化的工业化技术水平就直接影响了民生状况。对于一个国家干旱地区的饮水问题，例如，我国的西北部，如果海洋能海水淡化可以顺利实现并规模化生产，就可以从根本上解决这个问题，人民群众的幸福感会油然而生。而利用海洋能在近海的海产养殖能够大规模生产的话，那么鲍鱼、海参等稀有珍贵的海产品就可以上到人们日常的餐桌上面了，生活质量的大幅度提高也会让民众有极大的满足感和幸福感。海洋能在未来的主流开发是发电，如前文所提出的储蓄电箱的概念，由于海洋能的能量巨大，将其转化为电能不仅要直接用于生活供电，还需要储蓄后备，因此储蓄电箱作为储蓄海洋能的重要装置，必然在人类生活模式中扮演重要的角色。大到为一幢高楼储蓄电力，小到可以为一辆车、一个手机进行充电，相应的就可以有新型的洁净电能充电器诞生，成本可想而知是非常低廉的，因为它的来源是可再生能源。这些都会从生活细节上给人们以幸福感。

一种新能源的利用技术所引发的不仅仅是正面的能量，其连锁效应有可能会造成负面影响，是需要人类去协调和解决的。海洋能的开发一旦广泛推广，势必会对社会形态、生产生活、文化结构上都有所影响，其中最重要的一个方面就是军事应用。如果发达国家率先大规模地成熟应用海洋能，并且有了相关的产品，例如远洋发电平台、温差能的水下滑翔机、电力驱动舰艇等，其应用可以给舰艇、潜艇乃至航母充电，大批量电动的探测性武器会应运而生，势必会对其敌对国家构成新的军事威胁。同时，一些不存在海洋能的内陆国家，或者领海有交叉的国家之间为了争夺海洋专属权和使用权等相关问题，在海洋能成熟推广后会变得更加尖锐，也就是由于争夺海洋能而发生的矛盾有可能会是新的能源战争。能源战争一旦爆发，相当一部分国家的人民不可能感到幸福和满足，这是新能源、新产品间接可能引发的连锁效应。

直接的能源产品负面影响也是存在的，例如，由于海洋能的开发可能导致的原始生态景观的破坏，由此有可能会影响海滨城市的旅游。海洋能的发电稳定性和持久性也是有待进一步研究的，所以对于一些用电设施，如果用储蓄电箱供电可能会稳定一些，如果用海洋能直接转化供电，电压有可能会出现间歇式的不稳定，这会让用户反感。当然，这种可能性是极小的，相信到 21 世纪中叶这个问题应该是可以彻底解决的。

在自然生态的调节方面，人类如果过度开发海洋能，有可能会影响大洋自身的调节与运转。例如，潮汐、波浪、海流等都是大洋自我净化的重要途径，同时海洋承担着为地球分解大量有毒物质和输运能量的重要工作，如果过度地在沿海地域建立各类海洋能发电站的话，那么会影响海洋在大自然环境中本身的角色和作用，从而引发生态不平衡，这就得不偿失了，所以人们也应考虑到这一点。

对于海洋能的开发利用是需要一个认真的考察、探索和研究的过程，一旦人类的技术和能力达到了可以任意开发海洋能的地步，那么对于人类生存的影响也就随之产生，人类的进步史已经在很多国家成了大自然的毁灭史，所以如何合理地利用海洋能，同时保护好自然环境的平衡也将是人类需要考虑和合理计算的一个重要问题。

第四节 海洋城市

近年来，越来越多的国家已在关注全球气候危机。气候危机首先影响的是沿海低地和一些海拔较低的岛屿，例如，图瓦卢、马尔代夫便面临着可能被淹没的危险。越来越多有着敏锐眼光的建筑设计师希望将海洋变为新的生活空间，他们以各自独特的设计理念来应对气候危机所带来的问题。海洋面积约占地球总面积的 71%，随着陆地资源的日趋减少，以及海洋工程、海洋材料、海洋防腐、生态承载、清洁生产、海洋能利用等技术的发展和进步，人类可以实现到海洋居住、生产和生活的梦想。

一、海上城市

海上城市的设想来自海上漂浮建筑。海上漂浮建筑是宏观意义上漂浮而非飘移的建筑，是一个与陆地相连的漂浮载体，以漂浮建筑为起点，通过陆路和水路进入海上规划区。海上漂浮建筑居住空间具备灵活性和多变性。它用锚定系统固定在某一位置不随风浪流任意漂移，住户可通过拖船拖移来实现住所移动，其结构特点是柔性非常大。海上城市（海上部分、海下部分）由泡沫浮基、混凝土基座和轻质上部三部分组成。建筑的上部包含各个预制单元，如太阳能电池板、玻璃板、通风设备板，通过智能制造技术实现建筑耗能最低和产能最大化。建筑规划中包含两个相互联系的处理系统：废水处理净化系统和给排水系统来解决海上污水处理、水供给问题，且建筑要实现循环利用和水资源的清洁。同时包括供能系统，可利用的能源包括海洋能和太阳能等。

1 海上城市模型

地球上近 3/4 的面积是海洋，建设未来海上城市是解决因人口增长带来的居住问题的重要途径。早期，法国作家罗维达在《21 世纪》中提出了在太平洋上兴建大型大陆的想法，法国作家凡尔纳幻想了未来人类在机器岛的生活。近代，美国海洋学家斯皮尔豪斯博士曾经撰文描述了未来的海上城市。在他的描述中，未来海洋城市将是科技高度发达的新型人类活动地区，未来海上城市的周围将围绕着海洋农场、海洋牧场和海底油田，这些设施将为海上城市的居民提供生存食物，为海上城市中的工厂提供生产原材料，给整座海上城市提供能源。未来海上城市会建立在离繁华海岸线较近，却又保持一定距离的海面上，以解决未来陆地城市的居住压力，既保持方便的交通，又远离陆地的空气污染和水质污染。

在现代，人们设计了一种锥形的四面结构浮体，使用特殊轻质材料建造，可高达 20 层，漂浮在浅海和港湾，利用桥梁同陆地相连，成为名副其实的“海上城市”。人们设想把动力装置安置在浮体底层，将商业中心和公共区域设置在浮体内部，最上层的居住区可眺望大海，运动场在甲板上，一些无害的轻工业制造工程也可以设置在浮体上。每一座海上城市可容纳上万人。

据了解，目前最大的海上城市是日本神户的人工岛，位于神户港口外，水深达 10 米。人工岛从 1966 年开始建造，1980 年正式完工，总面积达 436 万米 ^{2}，可供 2 万多人居住。在人工岛里建有住宅、公园、医院、工厂、宾馆等各种建筑。人工岛通过神户大桥同陆地连接，由无人驾驶的全自动电车往返陆地。

2015 年，世界首座半潜式圆筒型海洋生活平台“希望 7 号”在上海绿华山锚地启航，前往巴西海域开展作业。“希望 7 号”是由中国南通中远船务设计建造的世界上第一座圆筒型海洋生活平台。平台主体直径 60 米，底部直径 74.3 米，主甲板直径 66 米，船体深 27 米，吃水 7.5 米，运输重量约 22615 吨。“希望 7 号”拥有先进的 DP3 动力定位系统，能够在 3000 米水深的海域平稳运行。“希望 7 号”上配备了完善的生活设施，可供 490 人在平台上正常生活。“希望 7 号”平台独特的圆筒型设计理念，能够适应各种恶劣海域环境。

人类活动导致的全球气候变暖影响着海平面的变化，这已成为全球科学家的共识。为改善和适应海平面上升造成的人类居住问题，法国的建筑师设计了一艘名为“丽丽派德”的人工浮岛，造型犹如一朵巨大的百合花在海面盛开。“丽丽派德”是一个真正的“双栖海上城市”和“海上生态城市”。它的上半部分露出海面，与陆地建筑没有区别，下半部分则浸没在水下，可以像船只一样随着不同季节的洋流变化从赤道漂流到南北极。“丽丽派德”设计可供 5 万人同时居住，并且拥有循环水源和丰富的动植物资源，最大限度地复原陆地上的生物生态系统。设计师还计划了世界上最大的海上体育馆、剧院、医院、公园、高尔夫球场，就像陆地居住环境一样方便惬意。

在亚洲，日本清水建设株式会社提出了一个全新的未来都市计划——海洋螺旋。这个海上城市也是半潜式设计，顶部是圆形球体，由巨人的螺旋体支撑。海洋螺旋漂浮在海面及以下，依靠海洋能发电提供城市电力能源，每个球体都设计有物资存储、水资源处理等设施，保证居民的正常生活。根据设计规划，海洋螺旋一个圆球可容纳 5000 人，人们食用海洋生物，喝淡化后的纯净水，内部各类生活设施齐全，可以满足所有人的生活需求。

2 海洋城市建造技术

海上城市的发展离不开海洋高新技术，如海洋废污水处理系统、海上太阳能发电、海洋能发电技术、海洋防腐、海洋生物技术等，这些技术的发展使海上城市成为可能。

海上城市轻质上部的建设运用建筑仿生学理论。建筑仿生是根据对自然界动植物的生存规律及其构造进行研究，应用其不同的形态规律，从而创造出较为节能和人性化的建筑。建筑设计师会参照自然界中生物体的形态和生长机理进行建筑的设计，以保障建筑物的整体结构和布局的科学合理。仿生建筑不仅模仿生物体的形态，同时还会参照生物体的生存规律对建筑物进行仿生设计。仿生建筑的科学合理性就在于自然界中的生物体大都经过了较为漫长的进化历史及亿万年的优胜劣汰，其形态及发展规律已经逐渐适应了生存的环境，它们的自身结构是合理的、完美的。

根据创作领域的不同，建筑仿生分为建筑形态仿生、建筑结构仿生、建筑功能和能源利用及材料利用仿生等方面。建筑仿生学的应用范围很广，涵盖了从城市总体到单体建筑、从居住环境到应用材料等方面。形态仿生建筑也称造型仿生建筑，是指模仿自然界的万千生物的一种建筑形态仿生设计，一般是模仿自然界有特色的造型。建筑设计师和结构师从生物形象（如海螺、贝壳、骨骼、林木花草、蜘蛛网、巢穴等无数优美的、可供人类建筑模仿的自然生物）中找到适合的元素进行设计再加工，将其自然形态应用于建筑中。建筑可以模仿海螺螺旋形状，根据天然海螺壳承受水压力、弯矩和其他外力的空间螺旋构造，确定了空间螺旋悬挑结构体系方案应用于建筑物结构，可以满足建筑物强度和空间使用需求。结构仿生是从自然界中生物体的力学特性、结构关系、材料性能等方面汲取灵感，应用于建筑结构设计中。生物界的各种蛋壳、贝壳、乌龟壳、海螺壳及人的头盖壳等都是一种曲度均匀、质地轻巧的“薄壳”。这种结构表面虽然很薄但非常耐压。壳体在外力作用下，内力都沿着整个表面扩散和分布的力学特征，可以应用于海上城市的建设中。植物茎秆的中央支撑受力特点、抗风荷载能力和特有的弹性，对高层建筑的结构设计很有启发作用。国外的科学家早在20世纪便已做了对谷类植物茎秆的分析，从谷类茎秆的横断面上可看出，纵长形的硬化蛋白细胞与圆管管壁形成中空的横断面，可以减轻重量。除此之外，植物的茎秆还有着特殊的弹性，这是由于各种不同的细胞差异化成长所产生的结果。髓细胞与外部细胞生长得快，由此产生的内部压力就在外部范围造成延性和弹性。植物茎秆的抗风荷载能力也十分出众，我们可能曾注意到草茎和树干在风的作用下是如何作弹性倾斜的。一般来说，直向悬臂结构在受到水平力作用的时候其顶端的挠曲力矩实际上为0，此处就不会有因挠曲而发生变形的危险。在根部则与之相反，由于水平的风力荷载，在夹紧的位置上就发生最大的挠曲力矩，此处的破裂危险性最大，因为风力经常是水平方向起作用并与高度的平方成比例地变化，所以力矩曲线呈抛物线形。通过对植物茎秆的模仿，设计出相仿的材料和建筑结构，使海上城市具备一定的风暴、台风抵抗能力。随着未来施工技术的发展及仿生材料技术的进步，轻质高强的仿生建筑结构材料可以被研制出来，通过与生物工程、基因工程、高分子化学、智能控制技术等学科的交融渗透，降低建筑对其周遭环境的影响，以最优化的方式利用资源，完成海上城市的设计。

运用建筑景观学和海洋工程材料学对海上漂浮居住模式的规划开发进行总体的规划，包括海上环境容量、设施设备、材料、风格、形态、数量，并进行功能分区，对海洋环境采取保护措施。设计游乐、居住、商业性质功能区，以供开展旅游居住活动。

3 2049年的海上城市

以良好的海洋环境为依托，围绕海上景观特色，结合丰富的海洋文化资源，将海上景观的观赏、海洋文化体验、海上娱乐休闲度假相结合，打造绿色海洋居住模式。

2049年后，许多沿海城市将成为重点旅游城市。在沿海发达城市，以及具有较高旅游价值的沿海城市发展海上漂浮居住模式的海上城市将会成为趋势。这些城市的海滨具有丰富的海洋旅游资源及独特的景观，特别是南方沿海城市，具有国内少见的一级沙质海岸，以及冬季旅游的最佳舒适室外温度，且旅游资源分布广泛，在地域上相对聚集，地域组合良好。随着环保意识的增强，热带海域海洋生物资源保护良好，海洋生物种类繁多，热带观赏性海洋生物种类不在少数，其中不少是珍稀物种。通过海上城市居住模式形成旅游资源的集中开发和旅游线路的组合，充分挖掘文化价值、海洋景观观赏价值、科学研究价值、海洋工程技术价值、海洋生态环境保护教育价值和经济价值。随着人们生活水平的提高，人们的消费欲望日益旺盛，人们对自然性的资源有着比较广泛的需求和浓厚的兴趣。旅游消费群体将进一步扩大，旅游者出游次数将增多，旅游消费将提高，旅游的时间也会延长，这对旅游资源、产品、服务便产生了更高的要求，海上城市居住模式将提供更加优质的场所来满足日益增长的需求。

打造海上城市居住模式，将为海上城市居住模式的发展带来条件和机遇，不仅满足旅游市场需求，并成为所在地区和城市旅游市场的主导项目。喜欢寻求浪漫、刺激的年轻人可以到海上城市进行娱乐、休闲活动，其独特的居住模式可以满足青年人爱玩的天性，进而缓解压力。对于老年人来说，开阔的视野、清新的海洋空气、舒适养眼的海洋视觉色彩，将是个清静的休养佳地。

海上城市的能源供应可以依靠自身解决。近海有利用风能、潮流、海流驱动发电的机组，或者是海洋温差能、盐差能发电站。此外，可以在海上城市建筑表层覆盖太阳能发电设备。海上城市的供水依靠海水淡化技术，可以通过基于海洋温差能的海水淡化技术，原理就是利用储藏在海洋表层和深层温差中的热能进行海水淡化，可以作为海洋温差能发电系统的副产品。潮汐能、波浪能、海上风能、海洋温差能的储蓄电箱将多余的能量进行储存，可以为海上城市交通工具（电动汽车，电动船舶，小型渔船、游艇、摩托艇，大型油轮、货轮等）提供动力能源。海上城市周围发展海底农场，为海上城市提供粮食、农副产品及海洋生物资源。采用新兴的绿色科学技术实现海上城市零废弃物排放，通过垃圾转化成为能量回收利用，实现海上城市的独立生存。

二、海底城市

海底城市是指建立在海面以下的可供人类居住、生存并发展的建筑群落。目前在技术成熟度上最接近满足人类水下生活基本功能的就是深海空间站。深海空间站自 20 世纪 60 年代出现开始，在海洋权益维护、海洋安全保障、海洋环境监测、海洋资源开发、海洋科学研究等方面有着众多的应用需求，多个国家研发出了不同形式、不同功能的深海空间站。根据现有的资料，深海空间站有固定式和移动式两种，固定式深海空间站的建造深度不超过 200 米，而移动式深海空间站类似潜深较大的潜艇，最大设计潜深可以达到 3000 米。

1 海底城市模型

海底城市的雏形也是世界上第一座在水下居住的房间，是由法国人制造的“海中人”号，于 1962 年在法国的里维埃拉附近海域 60 米深处试验成功。一名潜水员在“海中人”号里生活了 26 个小时。同年，法国制造的“大陆架”Ⅰ号居住室，也被沉放在马赛港附近 10 米深的海底。“大陆架”Ⅰ号像个横放的大木桶，由几根沉重的铁链固定在海底。“大陆架”Ⅰ号里的空气由岛上的地面压缩机通过气管提供，居住室里面设有淋浴室可以洗热水澡，也可以看电视、听音乐，2 名潜水员在“大陆架”Ⅰ号里生活了 7 天。此后，法国又研制了“大陆架”Ⅱ号、Ⅲ号，“海中人”Ⅱ号和“海底实验室”Ⅰ号、Ⅱ号。同时期，德国研制了“赤尔果兰特”号等海底实验室。迄今，全球已有上百个海底居住室被设计制造并投入使用。

美国制造的“海洋实验室号”是众多水下居住室中近乎完美的设计。“海洋实验室号”最大工作深度为 305 米，可连续置于海底 7 个月之久。水下居住室还配备救生系统，当遭遇恶劣的天气和海况时，生活在海底层住室里的人们可使用救生系统安全地离开。

在实现人类可在水下居住生存的条件后，全球科学研究者将目标转向深海和海底试验。

美国在距离佛罗里达海岸不远的海底建有一个叫做“水瓶宫”的水下实验室，这个实验室相当于固定式空间站，位于海平面下近 20 米，距离佛罗里达凯斯国家海洋保护区海岸约 5600 米，水下实验室总长度 13.7 米，直径 3 米，建有生活空间和实验室，美国航空航天局（NASA）利用它来模拟太空环境开展研究。在进入国际空间站工作前，NASA 的宇航员首先需要到“水瓶宫”水下实验室接受训练。他们在这里熟悉太空生活状况，模拟进行太空科技实验。

美国国家水下研究中心花费 5 亿美元在夏威夷等地研发深海空间站，希望建立一个在与外界隔绝的恶劣环境下能够维持生活数周的实验室。该计划设想在水下 139.7 米的大陆架上，建设占地 2580 米^2，分海上、中部和海底三部分的深海空间基地。设计一个水密的柱式电梯往返水下实验室和海面居住室之间。建设固定式海底居住作业站，配备水下机器人 ROV、移动式可对接载人深潜器等先进设备。

俄罗斯开展了大型深海核动力深海工作站的技术方案研究。研究设计的深海工作站类似于大型核潜艇，主体尺寸为长 117 米、宽 15 米、高 16.2 米，设计排水量 5900 吨，工作深度为 400 米，续航 30 天，可承载 40 人及潜水员 8 人，出舱深度可达 300 米。

法国也提出了“海洋空间站”（Sea Orbiter）新型海洋科学考察船的建造方案，该计划得到法国海军造船局、大型军工企业泰雷兹阿莱尼亚宇航公司等企业的支持。“海洋空间站”在设计中将导航设备、通信设备和一个瞭望平台置于海面之上，科考船其他部分都放在水下。“海洋空间站”排水量 1000 吨，高约 51 米，2/3 位于水下，载员 18 人，携带机器人下潜深度为 6000 米。“海洋空间站”的建造是为探索海洋提供科考平台，帮助科学家们研究海洋与全球气候变化之间的联系。

在科学家们着手设计建造海洋空间平台的同时，设计师们提出了未来海底城市的概念，目前较为完整的海底城市概念设计包括以下 6 个。

（1）海底生物圈 2 号

海底生物圈 2 号 (Sub Biosphere 2) 是一个水下城市，设想了由 8 个生活、工作与农场生物群落围绕组成一个大型群落建筑，农场生物群落建筑设计有维持整座水下城市运转的所有必需设施。从维持生命的理论上讲，海底生物圈 2 号有充足的食物和物品补给，实现完全自给自足，可维持居民长时间的水下生活。同时海底生物圈 2 号的特殊设计可承受从台风（飓风）到核战争等各种灾难，能够根据实际需要漂流至海洋中任何地方。

（2）澳大利亚海洋城“Syph”

有些水下城市不是为了变成可以下沉的现代化大都市，而是为了成为海洋生态系统的一部分而建造的。澳大利亚以水母为灵感打造了海洋城“Syph”，每一个“Syph”都是一个“生物体”，每个“生物体”都有特定的任务，比如生产食物、为居民提供住所、工业制造和转化能源等。一群“生物体”构成一个完整的海洋生态系统。

（3）水中刮刀

马来西亚设计师设计的水中刮刀 (Water-Scraper) 是一个水中倒立式的摩天大楼，设计还运用了奇特的仿生学技术。水中刮刀设计了类似生物发光触角的装置，可为海洋生物群提供生活和繁殖条件，同时通过生物群的运动收集能量，转化为动力能源。

（4）海洋研究城

海洋研究城（Facility at Sea）是一个灵感来自《星球大战》、树木及海上平台的设计。每一个建筑的主要构件是一个类似树干的圆柱，海洋研究城设施的重要组成部分放置于圆柱之内，例如，能量转化储存、动力装置和控制室。海洋研究城内部建造了实验室、教室和办公室，海上平台设计为生活区。海洋研究城可以根据需要沉于海下或漂浮在海上。

（5）海洋螺旋

日本清水建设株式会社在 2014 年发表了海洋螺旋（OCEAN SPIRAL）海底城市的建筑构想，计划在海底建造一座可直达水面的未来都市建筑。海底螺旋可供 5000 人居住，由海水温差能发电，还通过海底微生物将二氧化碳转换成沼气燃料。

根据海底城市效果图显示，建筑将分为三个部分：球体城市、螺旋形通道及海底沼气制造厂。海洋螺旋的球体城市可在海面到水深500米的深度漂浮，中部的这条螺旋形通道连接着位于海底3000～4000米处的沼气制造厂。当遇到恶劣天气，球体城市将会潜入水中15千米长的螺旋形通道中，以躲避自然灾害。球体城市规划了住宅区、商业建筑、休闲场所。螺旋通道的中间配置了发电站和深海探查艇的补给基地。设计师以树脂代替混凝土，并用巨大的3D打印机进行建设，预计整个工程将耗资3万亿日元（约合人民币1568亿元）。目前清水建设正在进行技术开发，计划在2030年实现这一项目。

（6）“海神”水下度假村

“海神”水下度假村是基于海面下度假酒店的设想。度假村位于海中，通过潜艇往来于陆地和码头。设计师设计了位于水下12米深的豪华房间，由电梯连通水面，将客人运送至水下“豆荚”房间内，房间由透明的丙烯酸树脂壁构成，可以多方位欣赏海中的生物和景色。

2 海底城市的建筑材料——海洋工程材料

海洋工程材料宏观上是指能从海洋中提取的材料和专属用于海洋开发的各类特殊材料。海洋新材料主要分为海洋用钢（钢筋和各类不锈钢）、海洋用有色金属（钛、镁、铝、铜等）、防护材料（防腐、防污涂料、牺牲阳极材料）、混凝土、复合材料与功能材料等。海洋新材料的主要应用有造船、港口码头及跨海大桥、海底隧道、海洋平台、海水淡化、沿海风力发电、海洋军事等，主要用于船舶、海洋工程装备、海洋涂料、发电、海上钻井平台、海洋污染治理等行业。

（1）海洋钢材料

海洋工程用钢（简称海工用钢）主要是针对海洋工程装备所需的钢材品种。与陆地环境不同，海洋环境装备除要面对高低温、高压、高湿、氯盐腐蚀、微生物腐蚀，以及承受海风、海浪、洋流作用，还要面对台风、浮冰、地震等自然灾害，总体上，钢材需要满足极端、特殊环境下的性能需要。因此，一般情况下海工用钢也是钢材品种中的精品，需要采用高精技术手段和工艺生产，对产品的可靠性和安全性要求较高。由于海洋工程装备及结构件是在苛刻的腐蚀性环境下工作，其水下结构长期受到海水及生物的侵蚀，因此对其耐蚀性提出了较高的要求。

目前深海建筑物或装备的耐压壳体材料分为金属材料和非金属材料。金属材料主要在深潜器上使用，主要包括钢和钛合金。美国深潜器的耐压壳主要使用 HY 系列高强韧性钢（HY80、HY100 和 HY130）和沉淀强化型 HSLA 系列，生产工艺以调质工艺（淬火 + 回火）为核心演变为以 TMCP 工艺为核心，强化机制由马氏体相变强化演变为贝氏体相变强化和沉淀强化。日本潜艇用钢有 NS-30、NS-46、NS-63、NS-80、NS-90 和 NS-110。英国在第二次世界大战后研制了 QT 系列潜艇用钢建造潜艇，1968 年制定了 Q1（N）钢的规范，后来还仿制了 HY100 和 HY130。

我国现有 9XX 系列的舰船用钢和较多规格的海洋平台用钢生产能力，但在高强度、高韧性、焊接性能和工艺、大厚度材料等方面与国际水平还存在着差距。我国需要发展的重点在于提高钢材综合性能，包括强度、韧性、塑性、抗爆性能、抗脆性破坏、抗疲劳等性能的提高；改善冷热加工和焊接工艺，开发出超高强海洋用钢的高效焊接技术；注重高强结构钢的成分设计、制备、应用技术的理论和方法研究；给出合金元素、组织状态对耐腐蚀性能的影响规律，开发出高耐蚀海洋用钢。

（2）复合材料

复合材料是由 2 种或 2 种以上不同性质的材料，通过物理或化学的方法在宏观上组成具有新性能的材料。各种材料在性能上互相取长补短，产生协同效应，使复合材料的综合性能优于原组成材料而满足各种不同要求。复合材料作为新型功能结构材料，在海洋环境中可表现出优异的性能，因此，海洋工程中使用的复合材料，如海军军舰、潜水器、海底油田、海缆、管道系统、浮岛建设、潮汐发电等方面具有独特优势。

美国是复合材料科学技术发展最先进、复合材料应用最广、用量最大的国家，利用树脂基复合材料建造了GFRP游艇、帆船、扫雷艇、巡逻舰、渔船等。20世纪90年代，美国建造了MHC-1级复合材料猎/扫雷艇、海猎雷艇"鱼鹰"号，艇体采用高级间苯聚酯树脂，并以半自动浸胶作业制造。随后，美国又将复合材料引入深海潜器的制造上，采用了石墨纤维增强环氧树脂的单壳结构，下潜深度可达6000米。

日本是亚洲复合材料船舰制造大国。近年来日本又开始发展高性能复合材料军用船只，其第一艘玻璃钢复合材料扫雷艇"江之岛"号已经于2012年3月下水。日本中岛螺旋桨公司已开始研发采用碳纤维加强型塑料（CFRP）材料的船用螺旋桨。一艘几乎全部采用轻质高强度碳纤维复合材料制成的双体船即将以太阳能为动力开始环球航行。该船使用了三种不同的碳纤维形式：单向织物、300～400克/米^{2}的双轴向织物和相同密度的碳纤维编织物。

最新统计数据显示，复合材料行业的重心已经从北美洲和欧洲向亚洲转移，目前亚洲复合材料年产量为270万吨，年产值已经超过了180亿欧元。到2013年，亚洲占据世界复合材料市场51%的份额，中国占据世界复合资料市场43%的份额。2019年，中国复合材料制品总产量达到445万吨。我国复合材料工业的发展速度很快，产量居世界第二位，并接近居世界首位的美国水平，但在先进复合材料涉及和应用领域，仍然处于落后地位，如水面复合材料缺乏长期可靠的适用复合材料与基础原材料，更缺乏长期性能考核，尚不能支持舰船建造的规模应用。

一些工业先进国家从20世纪60年代末开始研制高强度水下用轻质复合材料。复合材料可用于深海浮力材料。固体浮力材料可以按材质和性能的不同分为3大类，即化学泡沫复合材料、微球复合泡沫材料（这二者也被称为两相复合泡沫材料）和轻质合成复合材料（又被称为三相复合泡沫材料）。这3类材料在海洋环境中应用范围各不相同。其中，美国和俄罗斯等国固体浮力材料密度在0.4～0.6克/厘米^3，耐压强度为40～100兆帕。此外，国外的固体浮力材料大多是轻质合成复合材料浮力材料，这种材料主要以环氧树脂为粘结剂，并大量填充空心玻璃微珠及其他添加剂形成，其在深海中可以承受较高的压强，并且在长时间内基本不吸收水分。美国伍兹霍尔海洋研究所的“海神号”ROV，在2010年潜入太平洋11000米海底，使用了浮力材料。著名导演卡梅隆乘坐“深海挑战者号”HOV于2012年下潜至10898米深水，由特瑞堡公司生产的玻璃微球增强树脂制造的浮力材料体积占到整个下潜器的75%。我国的蛟龙号也使用了大量的浮力材料。

复合材料技术研究中，我国应重点向低成本、高性能、集成化生产的方向发展，建立健全海洋工程用复合材料的原材料体系，重点开发大型结构/功能一体化复合材料。

(3) 合金材料

合金材料主要包括钛合金、镍合金、铝合金及铜镍合金。钛材料是现在使用的工业用金属材料中耐腐蚀性能最好的材料，其突出特点是密度低、比强度高、耐蚀性强，同时具有优良的耐海水冲刷、无磁性、无冷脆性、高透声性系数及优异的中子辐照衰减性能。早在1974年，美国用Ti-6Al-2Nb-1Ta-0.8Mo钛合金做“阿尔法”深潜器的耐压壳体，并用Ti-6Al-4V钛合金做深潜器的浮力球和高压气瓶。此后，美国海军又用Ti-6Al-7Nb-1Ta-0.8Mo钛合金建造了“海崖”号深潜器，该深潜器下潜深度达6000米。在20世纪90年代，日本用Ti-6Al-4V钛合金建造了深海6500号HOV，法国也采用同样的钛合金建造了下潜深度超过6000米的“SM97”号潜水调查船和半球状海底实验室。我国用钛合金（TC4）建造了“蛟龙号”载人深潜器，最大下潜深度达7000米。

镍合金是海水或海洋环境用紧固件可选用的一种材料，这类合金的强度比铜镍合金、不锈钢和镍基合金高得多，含9%～16%镍的镍基合金具有非常好的耐海水腐蚀性能。为了获得好的力学性能，可以对这种合金进行冷加工，用于允许出现腐蚀的场合。沉淀硬化镍基合金是通过添加铝、钛、铌和钴进行强化的，是高强度紧固件最适用的一类合金，采用这类镍基合金，屈服强度可达825～952兆帕，还有一种名叫MP35N的合金，性能类似于钛合金。当不锈钢和镍基合金制造的紧固件被置于海水下（部分或全部）时，耐缝隙腐蚀是最重要的特性，缝隙腐蚀随合金成分、冶金状态和缝隙的严重程度而不同。

海洋的特殊环境对深海材料提出了一些特殊的要求，比如，深海材料要具有耐蚀性、水密性、轻质性和防止生物附着性等，而铝合金的密度小、轻度高、导电导热性好、耐腐蚀易加工的特性使其很好地符合了这种要求，因而在海洋环境中得到了很好的应用。铝合金在大气腐蚀下会形成高附着性水合氧化铝薄膜，这些不溶于水的牢固的连续钝化膜可以阻挡腐蚀介质。但是铝合金在海洋环境中的腐蚀除了与自身的因素有关，还要受到海水环境因素的影响，比如海水中的二氧化碳－碳酸盐体系等。由于铝合金材料的优异性能及特殊的海洋腐蚀环境，各国都广泛开展了将铝合金材料应用于深海的研究，尤其是提高其抗腐蚀性能的研究，使这种材料将在更广泛的领域内得到应用。

一些海洋系统，如热交换器、阀门、仪器、管道等通常要承受温度、压力及海水流速的变化，同时又要抵抗海水的腐蚀，这些都对建造这些系统的材料提出了特殊的要求。研究表明，铜镍合金作为调幅分解强化型合金，具有很好的抗腐蚀性能和抗海洋生物生长能力，并且强度高，具有较好的导电导热性、优良的抗热应力松弛性能及较好的疲劳特性，这些都使铜镍合金在深海材料的研制中得到了广泛关注。其中，含镍 10% 的铜镍合金，又称为低镍白铜（B10），其抗腐蚀性能更好，对腐蚀的温度敏感性较低，抗污性能好，并且生产工艺难度小，成本低廉，得到了世界各国的普遍青睐。

我国应重点发展高性能钛合金材料的低成本加工制造技术、稳定化生产技术、焊接技术等，特别是超大规格钛合金的加工制造技术。

（4）海洋防腐涂料

海洋防腐属于重防腐领域，因此对涂料的质量要求较高，要有良好的附着力和机械强度，并且具有耐盐雾性能、耐老化性能、粘接性能及工艺性能。目前，国外主要是规模较大的公司或者政府部门在研发海洋防腐涂料，代表性产品有英国的棕榈酸异丙酯（IP）、日本关西涂料、丹麦赫普涂料（Hemple）、荷兰式玛（Sigma）涂料等。主要的海洋防腐涂料包括水性涂料、油性涂料、醇酸涂料、氨基甲酸酯涂料、乙烯基涂料、氯化橡胶、环氧（树脂）涂料、硅酮涂料、锌涂料及煤焦油。其中，水性涂料几乎无气味，具有应用简便并且容易清除的特征；油性涂料价格相对便宜，具有可渗透性，适于在温和的大气条件下使用；醇酸涂料的防腐性能好于油性涂料，但是不适用于防化学物质；氨基甲酸酯涂料的防磨损性和防腐蚀性均较好；乙烯基涂料不容易变湿和黏着，有着较好的防酸碱液性能；氯化橡胶不容易变湿，并且变湿后很容易干，有较好的防水和防无机物性能；环氧（树脂）涂料应用简便，防水防潮，并有较好的防无机酸和防化学物质特性；硅酮涂料的斥水性非常好，但不适于防化学物质；锌涂料主要用于电蚀防护，在中性和微碱溶液中使用更有效；煤焦油主要是热用，并且在地下有较好的应用效果。

我国海洋涂料市场几乎被国外占领，所以支持和培育我国专业海洋用腐蚀防护技术的生产厂家成长为自由民族品牌是重点工作。

3 海底城市的能源供给——温差能

海洋温差能是指以表层、深层海水的温度差的形式所储存的海洋热能，其能量的主要来源是蕴藏在海洋中的太阳辐射能，海洋温差能储量巨大，体积为 6000 万千米^3 的热带海洋的海水所吸收的能量相当于 2450 亿桶原油的热量。800 米以下的海水温度恒定在 4℃左右，因此海洋温差能的资源分布主要取决于海水的表层温度，而海洋表层海水温度主要随着纬度的变化而变化。可开发的温差能资源，即水深超过 800 米、温差超过 18℃的海域，广泛分布在除了南美洲西岸海域的北纬 10° 到南纬 10° 的赤道地区（图 4-1、图 4-2）。

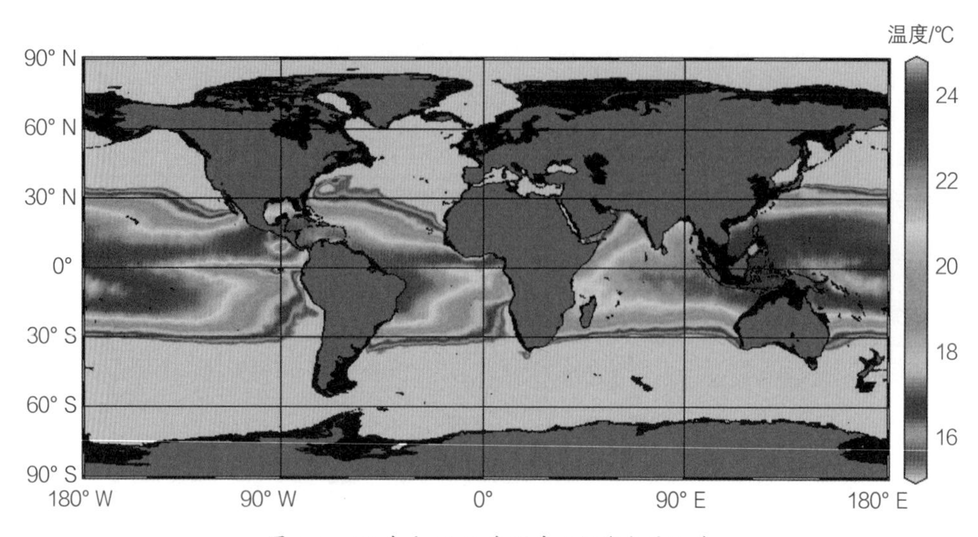

图 4-1　20 米和 1000 米深度之间海水的温差

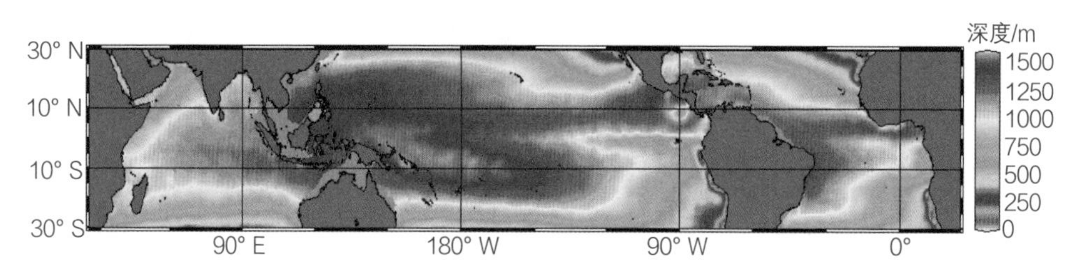

图 4-2　海洋温差能年度平均功率 8.77 亿千瓦时 / 年

海洋温差能发电即利用表层温海水加热某些低沸点工质并使之汽化（或通过降压使海水汽化），以驱动汽轮机发电；同时利用深层冷海水将做功后的乏汽冷凝重新变为液体，形成系统循环。1881 年，法国物理学家达森瓦第一个提出利用海洋温差发电的具体设想，此后他的学生克劳德于 1929 年 6 月在古巴马但萨斯海湾的陆地上建成了一座输出功率为 22 千瓦的温差能开式循环发电装置。20 世纪后期，相关研究曾一度放缓，但在 2008 年后全球新能源经济政策的推动下，关键技术的研究已有较大的突破，已示范运行的小规模温差发电装置也取得一定效果，商业化装置已经被提上日程。

1979 年世界上第一个具有净功率输出的海洋温差能转换（OTEC）装置，名为“MINI OTEC”的 50 千瓦漂浮式 OTEC 电站在美国夏威夷建成。2003 年，日本佐贺大学研制了30千瓦的小型OTEC综合利用实验电站，并成功输出电力。2005年，印度国家海洋技术所在卡瓦拉蒂岛建造了日产10万升淡水的岸基闭式循环电站。2009年，美国政府拨出1.48亿美元专款支持洛克希德马丁公司开发OTEC关键组件和完善实验电厂方案设计，并成功建造了位于美国维吉利亚州马拉萨斯的2000～4000千瓦的测试装置，在可变状态下进行模拟试验，输出功率40千瓦。2011年，由洛克希德马丁公司主持建造的、位于夏威夷州柯纳40千瓦"海洋热能转换系统"（OTEC）实验电厂在该年4月投入运营。

从我国海南省南面经东沙群岛至中国台湾东岸以南海域水深陡然降至1000米以上，海水表面温度常年在26℃左右，海水表深层温差约为20℃，具有非常优越的可开发海洋温差能资源，可以作为近期温差能开发主要的目标地区。例如，在距离我国海南岛东南部沿海地区（主要包括三亚市、陵水市和万宁市）100千米以内的海域，以及距离中国台湾岛东海岸的陆地城市25千米以内的海域，都存在水深超过1000米的区域。这些地区非常适合建设温差能发电站，为附近居民提供电力和综合利用。我国西沙、中沙和南沙群岛所在海域同样具备温差能开发的条件。西沙群岛附近水深1500～2000米，海水表深层温差22℃；中沙群岛附近水深4000米，表深层海水温差22℃；位于我国南海最南端的南沙群岛附近水深在2000～3000米，表层水温接近30℃，表深层海水温差26℃。西沙群岛有较多常住人口，需要淡水和电力的供应，且距离大陆位置相对较近，适宜在近期开发温差能资源；而中沙、南沙及南海其他地区可以作为温差能开发的远期规划目标。

海洋温差能发电装置除了发电，还在制造淡水、空调制冷、海洋水产养殖及制氢等方面有综合利用前景。在海洋温差发电过程中，如果将表面海水放入特殊的真空容器里使其迅速蒸发，然后用深层海水进行冷却可得到淡水，这对于解决水资源匮乏地区的淡水供应问题有重要意义。由OTEC系统得到的寒冷海水还可为附近居民提供相当数量冷却水作为冷水空调。另外，海洋温差能发电装置还可以采用抽取的海水来养殖鱼类。此外，科学家还设想用海上温差能发电装置产生的电力来分解海水制备氢气，并将氢气运送到岸上作为燃料使用。现有技术已经可以建造小于

1万千瓦的离岸式闭循环海洋温差能发电装置。海洋温差能发电装置的一些关键技术已经成熟，但是针对10万千瓦以上的大规模装置在冷水管技术、平台水管接口技术和海底电缆技术方面还存在着一些显著的技术瓶颈。因此，大于10万千瓦的离岸式海洋温差能发电装置目前还处于概念设计阶段。

我国应重点发展以降低成本、提高效率为主要目标的海水温差能技术，包括泵与涡轮机技术、热交换器技术、冷水管技术、海底电缆技术和集成技术等。

4 海底城市的空气供给——供氧与 CO_2 清除

水下常用的供氧形式有气态氧、液氧、超氧化物、氧烛、电解水等。气氧、液氧、超氧化物、氧烛等供氧技术都是资源消耗型，一次性使用。因此，对于需要长期供氧的水下大型空间，这些技术均满足不了使用要求，只能作为备用和应急手段。碱性电解水制氧技术具有结构简单、操作方便、成本低的优点。目前，国外大量核潜艇采用这种传统的制氧方式，但该技术的缺点是电解效率不高、设备体积大、电解液为热的强碱性溶液，会对环境与人员带来危害。固体聚合物电解质电解水制氧装置具有体积小、重量轻、效率高、性能安全可靠、产生的气体纯度高及无污染等特点，将逐步替代碱性电解液电解技术，成为新的技术发展方向。美国国家航空航天局在20世纪70年代开始研究SPE供氧技术用于载人宇宙飞船。1975年，美国通用电气公司为美国海军研制了核潜艇用SPE制氧装置，现已装备于“海狼”级和“弗吉尼亚”级核潜艇。同时，英国约翰布朗造船公司研制的SPE电解水制氧装置也已装备多艘潜艇。世界各国都在加紧SPE制氧的研究，采用该技术的制氧设备将成为各国未来核潜艇的主要供氧设备。

水下人员在呼吸过程中不断呼出 CO_2，平均每人每小时呼出20 ~ 25升。当 CO_2 浓度达到5%时，将严重影响人员生活和工作。水下常用 CO_2 清除方式包括碱石灰、超氧化物、氢氧化锂、分子筛、一乙醇胺、固态胺等。20 世纪 80 年代初，美国和日本开始进行固态胺清除 CO_2 的技术研究。目前，美国已开发出潜艇用 1∶10 固态胺 CO_2 清除系统；日本成功研制出 71 人型固态胺 CO_2 清除系统；德国已研制出固态胺 CO_2 吸收装置样机，并安装在 205 级潜艇进行了性能试验。固态胺清除 CO_2 技术是潜艇清除 CO_2 技术的发展方向，与一乙醇胺技术相比，固态胺法具有控制舱室 CO_2 浓度低（可将 CO_2 浓度控制在约 0.3%）、吸收剂使用寿命长、装置简单且无二次污染等优点。目前，各国都在加紧固态胺技术的研究，采用该项技术的设备将成为未来水下密闭空间清除 CO_2 的主要设备。

微藻类具有生长繁殖快、光合速率快、固定 CO_2 效率高，以及环境适应性强、易与其他工程技术集成等优点，其潜在应用领域是类似海底城市的密闭空间内。日本等国家已从 20 世纪 90 年代开始研究微藻在生命保护系统和环境控制等领域中 CO_2 的去除和转化。根据微藻的不同营养模式，其培养方式主要有混养、异养和光自养。由于混养或异养过程中有光合能力较低、易染菌等缺点，使光自养培养成为微藻固定 CO_2 技术的主要方式。目前，微藻的高密度光自养培养方式是降低其培养成本的一条有效途径。实现微藻高密度光自养培养主要采用优化培养条件，控制培养过程和开发具有高光传递效率的光生物反应器等途径。目前全球有多家公司在研究开发藻类生物反应器系统，将其用于各种废气中 CO_2 的吸收与资源化利用。这一系统可与发电厂及产生 CO_2 的大型工业设施相结合，将排放的废气直接通入人工的“藻类农场”生产出的藻类可用来生产生物柴油、酒精及动物饲料。如亚利桑那公共服务公司和美国绿色燃料公司在亚利桑那州建立的商业化系统可与 100 万千瓦电厂烟道气相连接，利用烟道气的 CO_2，大规模培养微藻，并将其转化为生物燃料。在过去的几十年中，藻类的工业化研究一直是热点，但由于应用藻类固定 CO_2 需要较大的培养面积，同时对光照、水分和温度等培养条件要求较高，目前还不能在工业废气的处理中大规模推广应用。

我国前期研究已从沿海表层海水筛选富集到非光合固碳微生物菌群，并通过电子供体的优化，大幅度提高了其固碳效率。但是由于海水在全球分布面积广，所处地理环境、自然条件差异多样。尤其不同深度的自然环境差异很大，因此不同区域、深度海水的微生物群落结构可能不同，主要固碳菌基因和非光合微生物固碳潜能分布及非光合微生物固碳潜能对不同电子供体的响应也可能有异，所以未来利用微藻类在海底城市中固碳同时转化成生物燃料是有望实现的。

5 海底城市的淡水供给——海水淡化

海水淡化是将纯净水从盐水中分离的过程。根据物理过程可以分为两大类：一类是基于蒸发原理的热分离法，包括多级闪蒸、多效蒸馏、压气蒸馏法；另一类是基于溶解，扩展和筛选过程的膜分离技术，包括反渗透法、纳滤和电渗析法等。

反渗透是渗透的逆过程。正常的渗透是稀溶液中的溶剂通过半透膜进入浓溶液中的自发过程，而反渗透则是浓溶液中的溶剂受压而通过半透膜的反自发过程。反渗透海水淡化技术具有设计和操作简单、净化效率高、建造设计周期短的优势。自 20 世纪 70 年代进入海水淡化市场后，发展十分迅速，现在已占全世界淡化水总产量的 44%。随着膜材料技术的进步和成本的降低，该技术日益成为海水淡化的主导方式。

我国海水淡化技术的研究始于 1958 年。通过国家科技攻关的持续支持，我国在海水淡化关键技术方面取得了重要进展，已掌握反渗透和低温多效等国际商业化主流海水淡化技术，开发了一批关键设备，建成了一批示范工程，相关技术达到或接近国际先进水平。在能源问题日益严峻的今天，选择一种合适的海水淡化方法，对能源的需求不得不作为首选考虑对象。目前来看，风能、太阳能、核能、波浪能、潮汐能和液化天然气等新能源是海水淡化技术中可利用的清洁能源。作为海底城市，利用海洋温差能海水淡化技术的基本原理是：利用真空泵为海水淡化系统提供压力约为 2 千帕的工作环境，表层温海水进入负压闪蒸室后迅速蒸发为脱盐蒸汽，脱盐蒸汽通过冷凝器时被深层冷海水冷凝为脱盐水。与海洋温差能发电技术相比，由于不需要推动巨大的汽轮机，在海洋温差能制淡装置中，闪蒸器和冷凝器之间的压降较小，仅作为蒸汽流通的动力，相应的海水温差不小于 10℃即可满足要求。针对海洋温差能的低品位属性，减少海水输送能耗、提高换热器传热效率仍是今后海洋温差能淡化技术研究的重点。

6 海底城市的交通工具——载人潜水器

载人潜水器包括大深度型和中浅水型载人潜水器。中国、法国、俄罗斯、日本、美国等国家研制了当前世界上仅有的几艘大深度载人潜水器（下潜深度大于 4500 米）。据美国海洋技术协会（MTS）的载人潜水器分会的数据库统计，世界上共有近百台比较活跃的载人潜水器，它们被广泛地应用在海底观光、水下科研、商业、军事安全。载人潜水器按照使用用途划分，又可分为研究型载人潜水器和商用载人潜水器两大类。

近期的“深海挑战者”号载人潜水器的设计思路体现了众多新技术的应用。它长 7.3 米，重 11.8 吨。在 2012 年 3 月 26 日，詹姆斯·卡梅隆搭乘它完成了在马里亚纳海沟开展的单人下潜的壮举，下潜到 10908 米的极限深度区域。该潜水器经历了 10 年的计划和不断创新，最终目标是缩减潜水器的下潜上浮时间，并采集尽量多的海底图片、视频。潜水器设计的核心是利用设计尽量小的载人舱空间来增强舱体的耐压能力及减小自重。潜水器的外径约为 122 厘米，钢制球体可以容纳一人。利用钢制材料建造使载人潜水器设计方案变得更加简单、稳定和可靠。权衡点使人体可以在舱内相对比较舒适，然而亚克力观察窗的观察范围却变得非常有限。该潜水器建造的第二个关键点是一种新的高性能浮力材料的应用，它占据了潜水器 70% 的空间。该潜水器的第三个特点是潜水器具有垂直下潜上浮的特性，这将缩短潜水器下潜上浮所用的时间，提高潜水器坐底后的工作效率。值得一提的是，潜水器在布放入水之前，一直处于水平状态，一旦入水，潜水器将慢慢由水平姿态变向垂直姿态。此时，载人舱将处于潜水器垂直姿态的底部。这种设计方式使潜水器可以以 150 米 / 分钟的速度垂直运行。同当今大多数载人潜水器仅有 18 ~ 30 米 / 分钟的下潜上浮速度相比，这无疑具有很大的优越性。减少下潜时间所带来的效果是可以增加在海底 20% ~ 30% 的作业时间。同传统的研究型载人潜水器一样，“深海挑战者”号同样利用约 1000 克的钢制球形压载铁，用于潜水器下潜和上浮的浮力调节。该潜水器通过锂电池为推进器、导航和通信系统供电。在潜水器本体外侧，布置有丰富的 LED 光源、高清照相机，以及纤小的 3D 视频系统。

其他值得关注的还有维珍海洋公司正在设计研制的“深海飞行挑战者”号全海深载人潜水器，下潜深度可达 11000 米。该载人潜水器的载人舱是由复合材料制成的，观察窗为天蓝色，该观察窗的成形工艺持续了 1 年之久。该载人潜水器计划正在进行中。

2013 年 5 月，美国 OceanGate 公司联同华盛顿大学应用物理实验室（APL）和波音公司，开始了 3000 米载人潜水器“独眼巨人”号的研制。该潜水器可搭载 5 人，包括 1 名潜航员、4 名乘客。该潜水器的布放回收系统及下潜上浮过程非常独特。该艘载人潜水器的研制将扩充 OceanGate 公司的商业、研究及海上探险。

该潜水器具有 180 度的观察窗，舱体为碳纤维玻璃，还具有先进的控制系统。“独眼巨人”号载人潜水器已于 2015 年投入应用。

“蛟龙号”载人潜水器（图 4–3）是一艘由中国自行设计、自主集成研制的载人潜水器，设计最大下潜深度为 7000 米级，也是同期世界上下潜能力最强的作业型载人潜水器。

为推动中国深海运载技术发展，为中国大洋国际海底资源调查科学研究提供重要的高技术装备，同时为中国深海勘探、海底作业研发共性技术，2002 年，中华人民共和国科学技术部将深海载人潜水器的研制列为国家高技术研究发展计划（863 计划）重大专项，启动“蛟龙号”载人深潜器的自行设计、自主集成研制工作。中国大洋矿产资源研究开发协会（简称中国大洋协会）具体负责“蛟龙号”载人潜水器项目的组织实施，并会同中国船舶重工集团公司七〇二研究所、中国科学院沈阳自动化所和声学所等约100家中国国内科研机构与企业联合攻关，攻克了中国在深海技术领域的一系列技术难关。

“蛟龙号”载人潜水器长8.2米、宽3.0米、高3.4米，空重不超过22吨，最大荷载240千克，最大速度为每小时25海里，巡航每小时1海里，当前最大下潜深度7062.68米，最大工作设计深度7000米，理论上它的工作范围可覆盖全球海洋面积的99.8%。“蛟龙号”载人潜水器具备深海探矿、海底高精度地形测量、可疑物探测与捕获、深海生物考察等功能。可运载科学家和工程技术人员进入深海，在海山、洋脊、盆地和热液喷口等复杂海底进行机动、悬停、正确就位和定点坐坡，有效执行海洋地质、海洋地球物理、海洋地球化学、海洋地球环境和海洋生物等科学考察。

图 4-3 “蛟龙号”载人潜水器

2009—2012年，“蛟龙号”载人潜水器接连取得1000米级、3000米级、5000米级和7000米级海试成功。2012年6月，在马里亚纳海沟创造了下潜7062米的中国载人深潜纪录，也是世界同类作业型潜水器最大下潜深度纪录。2014年，“蛟龙号”载人潜水器搭乘“向阳红09”船停靠国家深海基地管理中心码头，正式安家山东省青岛市。2017年“蛟龙”号载人潜水器完成在世界最深处下潜，潜航员在水下停留近9小时，海底作业时间3小时11分钟。

“蛟龙号”载人潜水器成功突破7000米深度，意味着它将可以在全球99.8%的海底实现较长时间的海底航行、海底照相和摄像、沉积物和矿物取样、生物和微生物取样、标志物布放、海底地形地貌测量等作业。

“深海勇士”号载人潜水器是中国第二台深海载人潜水器，作业能力达到水下4500米。“深海勇士”号载人潜水器是“十二五”863计划的重大研制任务，由中国船舶重工集团公司七〇二研究所牵头，中国国内94家单位共同参与研制。历时8年，于2017年完成验收交付使用。“深海勇士”号载人潜水器在“蛟龙号”研制与应用的基础上，进一步提升中国载人深潜核心技术及关键部件自主创新能力，降低运维成本，有力推动深海装备功能化、谱系化建设。“深海勇士”号浮力材料、深海锂电池、机械手全是中国自己研制的，国产化达95%以上。“深海勇士”号的载人舱、推进器、海水泵等十大关键部件性能可靠，未来将带动这十个方面海洋装备科技的国产化水平，为中国未来全海深科考奠定坚实基础。

科学家基于未来海底城市设计了一种全栖海洋飞行器设计方案：全栖飞行器可从海底城市的航运港出发，经过水下潜航、浮出水面、水面起飞、空中飞行、最后降落到地面机场等阶段，实现一站式交通运输，极大地缩减运输时间。

这个设计采用飞翼式布局，以得到尽可能干净的外形来降低飞行器在空中和水下的阻力。机翼采用形状记忆材料和变形结构，能调整到相应的状态以适应空中、水面、水下运行的不同环境。吸气式脉冲爆震发动机进气口位于机身背部，这样的构型可以防止水面起降时溅起的浪花被吸进发动机。机身采用船身式“V”形底部，并在机身后部设置两个凸起的浮筒，在飞机从水面起飞时可大大降低水的阻力，并且在浮筒上各设置一个进水口，进水用于泵喷推进。为了减小阻力，本设计不采用任何常规的操纵翼面。飞行器的滚转控制由翼尖的整体变形实现；俯仰和偏航由与脉冲爆震发动机高度协调的流体矢量控制尾喷口控制；整个机翼的弯度可调，以适应各种运行状态。所有的控制由高度智能化的电传操纵系统统一协调，以得到最佳性能。拟采用吸气式脉冲爆震发动机和海水磁流体发动机分别实现空中和水下的推进。在海面调度时用海水泵喷推进系统作为脉冲爆震发动机的辅助。飞行器后部布置氧气储气罐，在水下缺氧的情况下为燃料电池提供氧气，同时能为浮力控制系统提供气压。旅客舱位于机身中段，飞翼式布局使旅客舱相当宽敞，给内部布局带来极大的方便。另外，由于飞行器要在水下航行，其结构需要承受较大的水压，除了采用高性能材料，还应尽量保持飞机结构完整。对此，本设计的旅客座舱用电子视觉系统取代传统的舷窗。需要突破的关键技术包括脉冲爆震发动机技术、变形结构和形状记忆材料、高性能材料（高强度、防腐、抗蠕变、密封材料）、脉冲爆震发动机的流体矢量控制技术、海水磁流体推进及相关的高温超导体技术和燃料电池技术等。

三、2049 年的海洋城市愿景

2049 年，我国建造了一座海上“小城市”。它由新型海洋钢材料筑成，具有动力装置，可以在海上自由行驶。城市中有纵横交错的街道网络相连，拥有世界上最大的海上体育馆、圆形剧院、医院、户外公园、高尔夫球场等公共设施，还规划有栽种水果蔬菜、养殖家禽的农场。城市中央是一座十几层楼的大厦，建筑全部的墙和屋顶都经过了绿化，上面覆盖着草坪，中间部分则是微型的绿洲，水下部分用作自然海洋浮游生物和植物的温床。大厦下部分的外壳为全透明材料制造而成，让城市居民能在水下餐厅一边进餐一边欣赏海底美景。整个城市依靠海洋能利用、海水淡化等技术，水、电、动力、淡水等全部实现自己供给，能满足海上居民的生活需要。这个浮动的“小城市”由数根高大的柱子托起，可以在浅海区“抛锚”固定，如果将柱子收起来，海上城市就可以像船一样在海上自由航行。每天晚上，人们可以枕着海浪声入睡，早晨起来，能够在第一时间里欣赏到海上日出的美景。等到海上工厂在附近的海域兴建起来之后，海上城市的居民就能过上自给自足的富足生活了。

同时我国计划建设世界首座“海底城市”来解决未来人类的居住问题，为人类提供生存拓展空间。海洋城市将建在百米深的海底，有多层楼高的钢骨平台，由数万根坚固的柱子支撑，柱子附近配备感应装置，能够预测台风、海啸等，从而自我调整力度以抵抗这些外来的压力，保持海底城市的平稳。城中除了住宅区域，海洋城里还建设有商业中心、体育场、医院等公共设施。各类开发部门可利用这座城市进行海洋资源开发，可进行渔业捕捞、油气勘探、海洋调查等海洋作业，发挥海上救援、物资补给、机械设备的维修和人员的医疗救护等作用。海底城市的能源由海洋能发电供给，还可通过海底微生物将二氧化碳转换成沼气燃料。海底城市产生的物质能可全部循环，海洋生态系统能产生氧气，同时回收再利用二氧化碳和废弃物，水的净化和软化均采用生态系统完成。这座“海底城市”的居民容纳人数将达10万人以上。

第五节 海底工厂

随着陆上资源的日益枯竭，海洋特别是深海成为世界资源开发的重要领域之一。由于海上设施及作业不可避免地面临风、浪、流、冰、雾等恶劣环境影响，海洋石油工业向更深、更远、更冷区域发展，为了实现深海资源的开发及有效利用，科学家们研发出了一系列的高新技术，解决含水率不断升高、超深水人工举升难度大、平台油气处理能力有限、边际油田开发成本高等问题。因此，石油公司大都已实施海上设备海底化，其中包括海底工厂技术。海底工厂技术研发，是复杂深海环境下油气田开发的一个重要突破，为极地等条件下的油气资源开发提供参考。

一、海底工厂的特点

海底工厂是将海底生产和处理技术要素与长距离多相运输、浮式生产设施及管网等核心业务要素之间进行有机结合，利用水下设备对生产出来的油气进行处理，实现海洋油气经济高效开发，并尽可能减少对环境产生的影响。

海底工厂要素由处理系统和支持系统两大部分组成，是一个集油气水三相分离技术、水下增压技术、处理后的原油存储海底，以及产出处理后进行回注于一体的水下处理平台。

为了能够适用于多种类型的海上油气田，挪威国家石油公司 2013 年将海底工厂分为 3 类：①褐色油田海底工厂，实现老油田提高采收率，维持和提高产量；②绿色油田海底工厂，实现海洋油气开发向更深、更远、更冷领域拓展；③面向市场的海底工厂，对模块进行灵活组合，满足不同类型油田开发需要。

第一代海底工厂是为油气输送提供处理的技术，目的是使油气能够通过管线安全传输到陆地或海洋平台接收站，包括气液分离、油水分离、除砂和热交换等。新时代海底工厂将由更复杂、更成熟的处理要素组成，所有处理设施放在海底，通过远程遥控海底的各种设备，实现油气处理。同时将构建一个海底中枢，来自不同油田的油气在不同时间流入海底中枢，并混合在一起。海底中枢在需要的时候注入水处理、加压并注入各井。目前，海底工厂相关技术能够满足 3000 米水深的作业要求。为了进一步向更远、更深、更冷的区域发展，将需要提高现有要素性能，增加和开发新的要素，包括：①复杂和多样化设计的海底中枢，适应新油田的开发；②海底石油和化学品的储存；③更为成熟的分离和处理设备，包括高效的湿气冷凝、气体脱硫、原油处理、海水和生产水的处理和监控、新一代发电技术；④满足监测、维护和维修（IMR）目的。

海底工厂关键技术包括海底增压系统、海底气体压缩系统、海底分离与产出水回注系统、海底输配电系统等。海底增压系统是海底工厂的核心，作用是将海底采出来的油气举升至海上平台，主要装备包括气体冷却器、气液分离器和增压机等。辅助设备包括水下管汇、增压机基座、电路控制系统、高压配电箱等。海底气体压缩系统是实现挖掘剩余油气资源、提高气藏最终采收率的关键。海底分离系统是在海底实现油、气、水的分离。海底输配电系统的高可靠性对于未来海底工厂的成功应用具有非常关键的作用。

海洋油气资源特别是深水油气资源是未来能源的主要来源之一，已成为世界各国争相开发的重要领域。海底工厂系统在其中扮演着重要角色。其中，最前沿和最核心的技术是油气井采出流体的海底增压和分离技术，其成功实施能够提高油气最终采收率，减少海面处理设备的投入，减少对环境的破坏，在海底进行水和砂的处理，从而提高海洋油气田的经济效益。海底气体压缩系统能够远程控制油气输送，这是实现海底工厂的重要技术，打开了传统技术无法实现的新领域，将成为实现海底工厂道路上最重要的一步。

挪威国家石油公司是海洋油气开发海底化的先驱，其进行的项目涵盖了海底开发的所有主要类型。Lufeng、Troll、Tordis 与 Tyrihans 油田是新型海底设备安装与应用的代表。挪威国家石油公司于 2012 年启动了海底工厂技术研发计划，并于 2020 年成功实现 34 万吨 / 日的生产目标。挪威北海 Asgard 油气田首次商业化部署了海底天然气压缩系统，包括气体冷却器、气液分离器、增压机和水下管汇等，可将 Asgard 油气田的采出流体经相同管线输送至 50 千米外的海洋平台。

巴西坎坡斯盆地 Marlin 油田部署了世界上第一个用于分离深水海底重质油与水的系统，可以在水深 900 米处分离油、气体、砂屑和水，打破了浮式生产瓶颈。

二、2049 年的海底工厂

我国高度重视海洋技术业的发展，并加大对海洋技术人才的培养，尤其是研究海洋资源利用高科技的专业人才。通过不断与国外海洋资源开发技术研究公司、石油公司开展合作，到 2049 年我国将在海洋资源开发与利用领域取得突破性进展。海底工厂技术的不断突破，出现了海洋矿产资源、海洋生物资源、海洋化学资源等海洋资源开发等专门的海底工厂（图 4–4）。

海底城市建设全面开展，研发的海洋油气开发海底工厂配套技术已实现商业应用，带来了巨大效益。海底工厂促使海洋油气开发向更深、更远、更冷区域拓展，利用现有设施和资源不仅可以尽可能地提高采收率、维持产量稳定，延长海洋油气田的开采寿命，同时也是深水和恶劣环境下油气田开发技术的一个重大突破，更是面对北极等恶劣环境、开发深水卫星油田的有效手段，有助于提高油气采收率、增

图 4-4　未来海底工厂日

加油气产量、提高能源利用效率、减少新油田开发的平台处理设施占用空间和重量，开发边际油田及解决开发中的流动保障风险。面向市场的海底工厂是以需求为导向的油气处理和输送海底工厂，在符合市场规范的情况下，根据不同开发对象对模块进行灵活组合，以满足不同类型油气田开发需求。

海洋生物资源是人类赖以生存的物质基础，提供给人类生存所必需的食品、医药和工业原料及能源。目前全球范围内，由于人类活动，历经上百万年形成的生物群落，包括热带雨林、珊瑚礁、温带原始森林和草原正遭受破坏，成千上万的物种和独特的种群在未来几十年将遭受灭顶之灾。据联合国统计，全球 1/3 的海岸生态系统面临严重退化的危险，由于人类活动导致的海洋生境、生态系统及生物资源的衰退引起了世界各国的高度重视，对于海洋生物资源的开发利用已经上升为国家发展战略。我国海洋生物资源种类繁多，渔场面积广阔，丰富的海洋资源可以弥补陆上资源的不足，对我国经济发展和社会进步具有重要意义。通过采用生态型捕捞技术，最大限度地降低捕捞作业对濒危种类、栖息地生物与环境的影响，并借助日趋成熟的资源承载力监测及预警技术、人工鱼礁制造及海藻场建设技术，建立海洋生物资源高效利用的海底工厂，为国家和人民提供了大量的水产食品和工业原料。

海水化学资源开发利用的历史悠久，主要包括海水制盐及卤水综合利用和海水提镁、提溴、微量元素等。专门的海底化学工厂建成后，可以采用先进的处理设备和水下机器人，直接提取海洋天然有机物质及化学元素，并根据要求合成人类生产、生活的物质。

随着对海底工厂认知度的不断提升，更低成本的海洋油气开发解决方案、更高的标准、更有效率的物流和操作流程亟待研究。人类不仅有太空梦，还有深海梦！

第五章
构建实现蓝色梦想的支撑体系和政策环境

>>>

第一节 构建起适应海洋科技向创新引领型转变的支撑体系

一、培养打造海洋科技创新团队

建立以人为本的海洋科技创新人才管理制度和以创新效能为中心的科研活动评价体系。实施“泛海人才战略”，从单纯侧重于学术性高端人才培养，向多层次、体系化的新型人才培养方式转变。加强对企业优秀创新人才的培养，实施“提供中小型企业创新能力资助计划”，支持企业开展国际科技合作，欢迎外国科技人员在中小企业从事研发工作。着力打造海洋科技人才群体，形成规模适度、结构优化、布局合理、素质优良的海洋科技人才队伍。

1 培养世界一流水平的海洋科学家和技术专家队伍

根据提升海洋科技创新能力和国际竞争力的需要，以引进和培养高层次创新型领军人才为重点，依托国家重大科研和工程项目、国际合作项目、重点学科和科研基地，建设多领域、多学科交叉的国家级实验室，组建由国际一流科学家领衔的科技创新团队和科学家工作室，培养一批世界一流科学家、技术专家和高水平创新团队，包括海洋物理、海洋生物、海洋化学、海洋地质等学科的专业化人才，从事生物地球化学、水生科学、陆生科学的跨学科人才，以及能联系海洋学、生物医药学、工程学、经济学、信息科学、公共健康和社区规划等不同学科的跨界人才，适应海洋科技多学科交叉发展趋势，带动海洋科技人才队伍的整体发展。

2 培养海洋资源开发利用和工程装备技术人才队伍

围绕海洋资源开发利用、海洋工程和海洋装备制造业的巨大需求，制定海洋资源开发利用和工程装备技术人才培养与激励政策，加大具有自主创新能力的海洋资源开发利用和海洋工程装备技术研发人员的培养力度。以高层次创业型领军人才为重点，依托科技兴海计划、国家海洋公益类科研项目、海洋创新示范工程项目和海洋高新技术企业，建设多领域的工程技术研究中心和企业技术中心，注重在研发实践中培养和选拔理论基础扎实、实践经验丰富、创新性强、发展潜力大的优秀专业人才主持和承担重点研究课题或重大攻关项目；通过技术转让、技术入股、聘用兼职等途径，加强国外海洋资源开发利用和海洋工程装备技术专家的引才引智工作，完善海洋资源开发利用和海洋工程技术带头人培养模式，加大海洋监测观测、海洋船舶工程、港口和航道工程、海洋渔业工程、海洋矿产资源勘探开发、海洋油气资源勘探开发、海洋能源利用、海水综合利用和深海工程等领域人才的培养力度，造就一支研发设计制造能力强、专业配套合理、综合素质高的人才队伍。

3 培养海洋公益服务专业技术人才队伍

围绕海洋公益性事业发展需求，不断提升海洋公益服务人才的整体专业知识水平和业务化工作能力，采取培养与引进相结合的方式，培养适应现代海洋监测预报和海洋信息化发展需要的交叉学科和边缘学科人才。重点培养海洋环境监测与保护技术、海洋灾害预报预警技术、海洋渔业防灾减灾技术、海洋突发事件应急处理技术和复合型海洋信息技术等人才，打造一支既掌握海洋专业知识，又掌握专门技术的海洋公益服务专业技术人才队伍。

4 培养海洋高技能人才队伍

围绕海洋环境调查、资源开发和海洋产业发展的需要，健全和完善以涉海企业为主体、职业院校为基础、政府推动与社会支持相结合的海洋高技能人才培养体系。建立海洋高技能人才培训基地，优化海洋高技能人才校企合作培养模式，积极开展海洋新技术、新设备等方面的技能培训，着重提升海洋高技能人才在技术攻关、技术改造等方面的实际能力。创新海洋高技能人才评定模式，推进高技能人员考评制度改革，完善海洋行业特有工种职业标准，健全海洋高技能人才考核鉴定模式。大力培养海洋观测员、调查员、船员、潜水员、深潜器潜航员、领航员及海洋装备制造人员等高技能人才。打造一支以技师和高级技师为骨干，以高级工为主体，熟悉海洋领域新技术、新工艺、新材料和新设备，规模稳定的高技能人才队伍。

二、建设国家重大基础设施和海洋技术创新平台

(1)在我国管辖海域建设离岸科学观测大平台网络。分别在黄海、东海和南海布局建设若干个兼具科学观测和目标管控的综合平台，实现数据自动采集和实时传输，并以此为支撑点，建设海底观测网。

(2)创新发展海洋观测卫星、海上无人机及遥测系列技术，实现长期、高效、全天

候和全球覆盖的有效天基观测平台建设，为国家安全与海洋经济发展提供长期、连续、全球化的海洋环境立体监测信息。

(3)在持续推进国家海洋高技术产业基地建设的同时，建立配套的技术创新中心和研发基地。通过在沿海城市试点建设，探索海洋高技术产业发展的新机制、新方法，建设以企业为主体的技术创新体系，推动海洋高技术产业高端发展、集聚发展。

(4)优化实验室和海洋调查船队布局。支持建设海洋国家实验室、海洋研究中心等国家重大基础设施，大力发展陆海学科融合的、为创新提供交叉平台的新型重点实验室。加强国家海洋调查船队建设，建造多功能、综合型海洋调查船，满足远洋及重点海域的常态化调查需求，主导国际海洋科学合作计划海洋调查需求。

(5)大力推进技术创新基地和试验场建设，为海洋产业技术原始创新和工程装备产品检验试验提供服务。优化工程技术中心和产业化基地，新建一批海陆优势融合的工程技术中心，提升关键核心技术创新能力。建立海洋观测技术重点实验室、浅海综合试验场、海洋能专业试验场、深海综合试验场、服务于深远海高压模拟技术研究的专业型海上试验场，以及支持地方和沿海单位研建若干小型功能试验场区。

(6)以海洋信息资源共享与服务为重点，构建信息服务创新平台，实现海洋信息资源的高效利用。建设海洋信息资源共享平台，有效整合和高效利用全国的海洋信息资源；建设海洋信息产品服务平台，针对海洋科研技术发展的需求，实现订制服务；建立基于自主技术的海洋高性能计算平台，为海洋科学研究、海洋高技术产品开发提供高性能计算和大数据分析服务。

三、构建各具特色的区域海洋科技创新体系

制定实施方案和支持措施，进一步推进各具特色和优势的区域海洋科技创新体系建设。统筹规划区域海洋科技创新能力建设，推动北京、上海、青岛、大连、杭州、厦门、广州等地建设具有全球影响力的科技创新中心。做实做大科技兴海规划，推动京津冀海洋科技创新行动计划、长三角海洋科技创新行动计划、海峡西岸海洋科技创新行动计划、珠三角海洋科技创新行动计划的编制与实施，促进区域协同创新共同体建设。推动以长江口海域生态环境与资源可持续利用能力建设，支持和维护长江经济带创新发展。

组织实施区域海洋产业科技行动计划，联合发展一批区域海洋产业技术研发转化中心和孵化基地；进一步完善区域海洋生态与环境研究、监测、示范、推广基地和网络，形成合理的区域海洋科技创新平台布局，提高区域创新竞争力，促进区域协调发展。

在现有的广州、湛江、厦门、舟山、青岛、烟台、威海、天津 8 个城市开展国家海洋高技术产业基地试点工作基础上，进一步扩大特色基地建设，坚持高标准依托创新特色鲜明、综合实力和区域代表性强的高新区建设国家海洋科技自主创新示范区，支持示范区深化改革和政策先行先试，开展高新区创新驱动发展示范工程，加快创新型产业集群建设，推动高新区提质增效。

在国家现有海洋经济创新发展示范区有序、成功推进的情况下，针对沿海其他省市海洋经济发展情况，继续适时、适当扩大海洋经济创新发展示范区，形成沿海各省市协同发展，达到公共财政资源的合理配置、全国海洋经济布局的优化均衡，逐步做大做强海洋各产业发展方向。

四、构建国际化海洋科技创新网络

建立开放的国际合作与交流体系，引进国际智力和创新资源，激发创新活力，实现海洋科技的开放性创新；积极参与并逐步引导国际和区域大海洋科学计划。以维护国家海洋权益和实现在海洋的认知深入、经济延伸、空间拓展、资源替代为战略目标，以稳定周边、拓展海外利益为基本任务，建立海洋领域的国际合作服务于海洋科技开放创新的机制。从参与走向引导，从近海走向大洋和全球，从海面走向大气和海底，从应变走向规划和计划，从项目走向基地和领域。围绕共同关心的区域性问题，形成区域性合作的机制。充分发挥亚太经济合作组织、中国—东盟合作、上海合作组织等国际平台的作用，积极推进我国海洋科技创新的成果转化和输出，在区域上尽快提升我国对区域和全球的服务能力与贡献率。加速深化与海洋强国和国际组织合作，拓展与发展中国家合作，提高海洋资源开发、深海探测、海外权益维护、重要海上通道保障和战略性新兴产业培育的能力，开创海洋领域国际合作的新局面。

1 增强双边海洋科技合作

与发达国家合作，引进技术和成果，培养高端人才和团队，紧跟国际前沿；与发展中国家合作，培养海洋科技专业人员；与周边国家合作，建立共同保护海洋环境、提升防灾减灾能力、维护海洋权益的渠道；强化与两极周边国家的合作，巩固和发

展两极事业。加强与周边国家在低敏感领域的合作，构筑以海洋为基础的睦邻友好、和平共处局势，着力扩展南海低敏感领域的合作、黄海大海洋生态系合作、东海大海洋生态系合作，逐步推进南海大海洋生态系统合作机制的建设，至 2049 年形成全球海洋多领域科技合作。

2 积极参与国际组织或国际地区合作计划

扩大与国际组织的合作，以重大科学计划、海外科研合作平台等方式，增强我国在南海、印度洋、西北太平洋、东北亚、南北极等海洋区域的科学研究能力，参与国际规制的制定和为国际秩序提供科学基础。增强与“金砖四国”“小岛屿国家”之间在海洋领域的合作，形成新的国际合作体系。强化与政府间海洋学委员会及其西太分会的合作，进一步发挥我国在海洋科学、海洋观测、海洋灾害预报警报及海洋环境评价等领域的作用。

3 积极提倡或主导重大海洋领域的国际合作

推进并积极主导地区组织的合作，拓展在重要海域的合作；大力推进与发达国家的技术合作与转让，加大成熟技术和经验模式的引用；通过示范带动，推进形成具有中国特色的海洋领域的体系和模式。增强我国参与相关国际事务的适应能力，改善我国参与国际计划的能力和适应性，通过未来 30 年的努力，可完成在应对气候变化、生物多样性、深海基因资源、海洋保护区等领域的认知和新技术引进与示范取得重大突破。

第二节 政策环境

一、编制出台《国家海洋科技创新总体规划》，高端布局，整体推进

按照习近平总书记“要搞好海洋科技创新总体规划”的指示精神，在海洋领域贯彻落实《关于深化中央财政科技计划（专项、基金等）管理改革的方案》[国发（2014）64号文]，科学谋划“十三五”阶段及中长期海洋科技创新的顶层设计和发展布局，联合编制《国家海洋科技创新总体规划》。

强化海洋科技创新在海洋强国建设中的核心作用，将《国家海洋科技创新总体规划》纳入国家海洋委员会的高层次议事协调机制下，并作为国家科技计划（专项、基金等）管理部际联席会议的工作内容之一。完善国家科技计划管理统筹决策和咨询机制体系，做好海洋领域专业化科技管理制度的改革与创新。根据国家战略需求、科技创新规律和海洋科技行业属性，在国家自然科学基金、国家科技重大专项、国家重点研发计划、技术创新引导专项（基

金）、基地和人才专项等国家科技计划（专项、基金等）布局下，形成国家对海洋科技创新的重大战略布局。

二、构建新型海洋科技创新体系，政府主导，市场互动

按照国家科技改革的总体部署，瞄准海洋科技创新体制机制的关键问题，推动海洋科技向原始创新和创新引领型转变。不断完善以政府为主导的海洋科技管理体系，政府重点支持市场不能有效配置资源的基础前沿、社会公益和重大共性关键技术研究等方面，完善项目形成机制、需求导向、分类指导、超前部署、瞄准突破口和主攻方向，做好海洋科技发展战略、规划、政策、布局、评估和监管等。

大力发展以科研事业单位、大学和民间科研实体相辅相成的海洋科学技术创新体系，积极推动形成以企业为主体、产学研互动的海洋技术研发转化创新体系。发挥好市场配置海洋技术创新资源的决定性作用和企业技术创新主体作用，突出成果导向，以税收优惠、政府采购等普惠性政策和引导性为主的方式支持企业技术创新和科技成果转化活动。

三、加强海洋科技能力和基础设施建设，陆海统筹，海天融合

优化配置用于海洋科技创新的基础设施建设，在国家层面上统一规划、协调海洋科技创新基地和基础设施及其地域分布，优先发展跨学科、跨地域的海洋公共研究平台，建成若干世界一流的多学科海洋实验平台和大型科研基地。

按照“有所为、有所不为”的原则，在确定海洋领域优先发展的重大科学前沿问题和重点方向、重大科学研究专项计划的基础上，对适用于海洋基础科学创新研究的优势资源进行优化配置，整合过小、局部、分散的研发力量，抓大放小，集中优势资源推动海洋认知原始创新的重大突破。加大对适用于海洋核心技术和关键共性技术开发的优势资源配置力度，探索陆海统筹、海天融合，借用陆地和空间优势学科、优势领域的创新能力，实现海洋技术原始创新的重大突破。

四、建立健全海洋技术标准体系，拓展竞争，服务社会

加快构建适应海洋强国建设需求和国际竞争需要的海洋标准化管理体制和运行机制，制定促进海洋科技研发与标准制定协调发展的政策措施，积极发挥技术标准在推动海洋科技成果转化、提高现实生产力方面的桥梁纽带作用，推进海洋科技创新标准制定与国家经济社会发展紧密结合。

高度重视深水、绿色、安全的海洋高技术领域的标准制定工作，形成系列化国家技术标准，适时提交国际标准化组织，以赢得话语权和控制权，确保我国海洋科技创新工作在国际相关领域中处于优势地位。强化我国企业在海洋标准制定中的主体地位，鼓励企业参与海洋标准制定和标准国际化工作，提升我国海洋自主创新技术的标准制定能力和国际标准转化率，提高海洋标准的市场适应性和国际竞争力，为我国海洋科技创新创造良好环境。

五、建立军民兼用的海洋科技创新互动机制，双向转移，融合发展

围绕海洋强国建设军民两条线任务，建立密切的互动机制。着力提高海洋技术军民双向转移能力，推动军民兼用技术快速发展。

兼顾军民需求，鼓励平行支持、交叉支持和联合支持。重点在海洋防灾减灾、战场环境、科学数据传播等领域优先交叉立项。兼顾军民需求，合力攻关。配合“一带一路”倡议实施，共建军民共管共用的海洋科技研发与业务平台，建立沟通机制和通报制度。在关键技术领域，集中军民两类资金投入，加大支持力度，实现目标集成、任务衔接、资金互补的军民海洋科技创新融合发展。

主要参考文献

[1]兰玉琦. 地球科学概论[M]. 杭州：浙江大学出版社，1992.

[2]冯士筰，李凤岐，李少菁. 海洋科学导论[M]. 北京：高等教育出版社，1999.

[3]周廉. 中国海洋工程材料发展战略咨询报告[M]. 北京：化学工业出版社，2014.

[4]鹿守本. 海洋管理通论[M]. 北京：海洋出版社，1997.

[5]夏东兴. 海岸带地貌环境及其演化[M]. 北京：海洋出版社，2009.

[6]鹿守本，艾万铸. 海岸带综合管理—体制和运行机制研究[M]. 北京：海洋出版社，2001.

[7]管华诗，王曙光. 中华海洋本草[M]. 上海：上海科学技术出版社，2009.

[8]宋正海，郭廷彬，叶龙飞，等. 试论中国古代海洋文化及其农业性[J]. 自然科学史研究，1991(4)：55-65.

[9]丘刚. 海南岛史前遗址中的海洋文化特质[J]. 南海学刊，2015(3)：106-109.

[10]赵君尧. 石器时代中国海洋文化及其对大陆中原文化的影响[J]. 职大学报，2002(3)：101-104.

[11]赵君尧. 先秦海洋文学时代特征探微[J]. 职大学报，2008(2)：12-17.

[12]孙关龙，孙永. 古代海耕与今日海洋农牧化[J]. 固原师专学报，2002，23(5)：30-35.

[13]郑华琛. 以《更路簿》为中心的渔业权研究[D]. 海口：海南大学，2015.

[14]林树涵. 中国海盐生产史上三次重大技术革新[J]. 中国科技史杂志，1992(2)：3-8.

[15]王明德，张春华. 盐宗“宿沙氏”考[J]. 管子学刊，2013(2)：59-63.

[16]张杰，程继红. 浙江海洋古文献考略[J]. 浙江海洋学院学报：人文科学版，2013(5)：11-18.

[17]宋正海. 中国古代的潮田[J]. 自然科学史研究，1988(3)：273-279.

[18]罗会同. 贝用作古代货币的历史演变[J]. 华南师范大学学报(社会科学版)，1993(3)：125-126.

[19]刘斐. 中国货贝产于南海[J]. 社会科学战线，1986(2)：205-207.

[20]李川. 海草房：古老珍贵的渔村符号[J]. 神州，2014(25)：101-103.

[21]王莹莹，刘艳. 浅析胶东民居海草房中的"真"与"美"[J]. 美与时代·城市，2013(5)：10-11.

[22]吴天裔. 威海海草房民居研究[D]. 济南：山东大学，2008.

[23]陈小斗. 广东徐闻珊瑚石乡土材料建构艺术研究[D]. 广州：华南理工大学，2011.

[24]李黎，张中俭，邵明申. 中国古代建筑中的蛎灰及其基本性质[J]. 中国文物科学研究，2015(1)：91-94，66.

[25]廖晨宏. 古代珍珠的地理分布及商贸状况初探——以方位称名的珍珠为例[J]. 农业考古，2012(1)：221-225.

[26]王子今. 中国古代文献记录的南海"泥油"发现[J]. 清华大学学报(哲学社会科学版)，2015，30(6)：116-122.

[27]赵君尧. 福建古代海洋文化历史轨迹[J]. 集美大学学报：哲学社会科学版，2009，12(2)：10-16.

[28]李陈章，丁爱侠. 中国古代海洋文明与西方海洋文明的比较[J]. 学理论，2013(5)：139-140.

[29]刘振伟，蔡勤禹. 中国古代渔民对若干海洋现象及活动的认知和把握[J]. 青岛职业技术学院学报，2013(5)：16-18.

[30]顾其胜，位晓娟. 我国海洋生物医用材料研究现状和发展趋势[J]. 中国材料进展，2011，30(4)：11-15.

[31]陈新明. 中国深海采矿技术的发展[J]. 矿业研究与开发，2006，26(B10)：40-48.

[32]许东禹. 大洋矿产地质学[M]. 北京：海洋出版社，2013.

[33]袁俊生，张林栋，刘燕兰，等. 我国海水钾资源开发利用技术现状与发展趋势[J]. 盐科学

与化工，2002，31(2)：1-6.

[34]袁俊生，韩慧茹．海水提钾技术研究进展[J]．河北工业大学学报，2004，33(2)：140-147.

[35]烟伟，黄西平，张琦，等．我国海水提钾的产业化前景[J]．盐科学与化工，2004，33(4)：13-17.

[36]袁俊生．离子交换法海水提钾技术的应用基础研究[D]．天津：天津大学，2005.

[37]袁俊生，杨树娥，邓会宁．连续离子交换技术及其在海水提钾的应用[J]．盐科学与化工，2007，36(3)：27-30.

[38]大连工学院化工系、旅大市化工研究所海水提钾研究组．天然沸石海水提钾－热法联碱新工艺试验(提钾部分)[J]．大连工学院学报，1979(2)：148-163.

[39]薛美兰．国外海水提钾的方法[J]．广西化工技术，1980(1)：52-70.

[40]贾丽丽，陈华艳，吕晓龙．浓海水提镁过程中碳酸钠法除钙研究[J]．无机盐工业，2009，41(10)：15-17.

[41]佚名．海水提镁关键技术获新突破[J]．盐科学与化工，2011(1)：44.

[42]刘孔增，杨淑真，郑帝基．海水提镁的试验研究[J]．轻金属，1979(2)：7-14+21.

[43]佚名．海水提镁关键技术获新突破[J]．盐科学与化工，2011(1)：44.

[44]马成良．海水化学资源的开发[J]．海洋开发与管理，1987(3)：58-61.

[45]吴丹，武春瑞，赵恒，等．鼓气膜吸收法海水提溴研究[J]．水处理技术，2010(2)：76-79.

[46]徐枫，金耀明，张岗，等．海水提溴技术现状及前景[J]．广东化工，2013，40(11)：103-104.

[47]王和锋，孙婷，黄根华．海水提溴技术的研究进展[J]．中国新技术新产品，2009(5)：2.

[48]刘立平．浓海水提溴方法及存在问题的研究[J]．盐科学与化工，2012，41(1)：38-40.

[49]周佳，裘俊红．海水提溴的研究进展[J]．浙江水利科技，2012(2)：10-13.

[50]林源，王浩宇，周亚蓉，等．海水提溴技术的发展与研究现状[J]．无机盐工业，2012(9)：5-7.

[51]李萌．海水提溴技术的研究与发展[J]．盐科学与化工，2014，43(11)：1-4.

[52] 魏钊，张嗣红，崔拥军. 利用空气吹出法从海水中提溴工艺简介[J]. 化学教育，2011，32(7)：1-2.

[53] 沈江南，林龙，陈卫军，等. 吸附法海水提铀材料研究进展[J]. 化工进展，2011(12)：17-23.

[54] 佚名. 海水提铀研究[J]. 核技术，1980(3)：4-11.

[55] 陈树森，任宇，丁海云，等. 海水提铀的研究进展[J]. 原子能科学技术，2015.

[56] 熊洁，文君，胡胜，等. 中国海水提铀研究进展[J]. 核化学与放射化学，2015，37(5)：257-265.

[57] 张慧. 探索海水提铀[J]. 能源，2013(8)：96-97.

[58] 高丛階. 加快我国海水利用技术产业发展及政策[J]. 中国海洋大学学报(社会科学版)，2004(3)：1-4.

[59] 杨金森，刘容子. 2020 年中国海洋开发战略前瞻[J]. 海洋开发与管理，1999(4)：7-11.

[60] 王爱武，王和平. 海底采矿的研究与开发[J]. 可编程控制器与工厂自动化，2004(11)：9-12.

[61] 张国辉. 海水淡化与直接利用产业发展研究[J]. 建设科技，2013(23)：31-36

[62] 王静，刘淑静，侯纯扬，等. 我国海水淡化产业发展模式建议研究[J]. 中国软科学，2013(12)：29-36.

[63] 王世昌. 海水淡化及其对经济持续发展的作用[J]. 化学工业与工程，2010，27(2)：95-102.

[64] 李崇超，刘庆江，李睿. 海水淡化技术浅析[J]. 锅炉制造，2009(3)：58-61.

[65] 孙育文，周军. 低温多效蒸馏法海水淡化技术的应用[J]. 华电技术，2009，31(7)：65-67.

[66] 黄逸君，陈全震，曾江宁，等. 海水淡化排放的高盐废水对海洋生态环境的影响[J]. 海洋学研究，2009(3)：103-110.

[67] 金亚飚. 关于钢铁工业海水直接利用的技术探讨[J]. 环境科学与管理，2009(10)：64-67.

[68] 蔺智泉. 海水淡化对海洋环境影响的研究[D]. 青岛：中国海洋大学，2012.

[69] 王俊红，高乃云，范玉柱，等. 海水淡化的发展及应用[J]. 工业水处理，2008(5)：11-14.

[70] 王琪，郑根江，谭永文. 我国海水淡化产业进展[J]. 水处理技术，2014(1)：12-15.

[71] 吴礼云，李杨，孙雪，等. 低成本海水淡化集成技术探讨[J]. 中国环保产业，2014(7)：48-52.

[72] 谭永文，谭斌，王琪. 中国海水淡化工程进展[J]. 水处理技术，2007(1)：7-9.

[73] 刘洪滨. 青岛市海水利用产业发展现状及展望[J]. 海洋通报，2006，25(2)：34-40.

[74] 阮国岭. 海水淡化及其在电厂中的应用[J]. 电力设备，2006，7(9)：1-5.

[75] 高从堦. 反渗透膜分离技术的创新性进展[J]. 膜科学与技术，2006，26(6)：1-4，11.

[76] 伍联营，夏艳，高从堦. 海水淡化技术集成的研究进展[J]. 现代化工，2006，26(12)：13-16.

[77] 何季民. 我国海水淡化事业基本情况[J]. 电站辅机，2002(2)：35-43.

[78] 丁晖. 海水直接利用及含海水城市污水的处理[J]. 环境保护与循环经济，2002(4)：13-14.

[79] 尹建华，吕庆春，阮国岭. 低温多效蒸馏海水淡化技术[J]. 海洋技术学报，2002，21(4)：22-26.

[80] 解利昕，李凭力，王世昌. 海水淡化技术现状及各种淡化方法评述[J]. 化工进展，2003(10)：55-58.

[81] 苏保卫，王志，王世昌. 采用纳滤预处理的海水淡化集成技术[J]. 膜科学与技术，2003，23(6)：54-58.

[82] 谢勇，曹瑞钰. 利用海水解决城市淡水紧缺问题[J]. 城市公用事业，2003(2)：18-19.

[83] 朱伟军. 多效降膜太阳能海水淡化技术研究[D]. 杭州：浙江大学，2013.

[84] 解利昕，阮国岭，张耀江. 反渗透海水淡化技术现状与展望[J]. 中国给水排水，2000，16(3)：24-27.

[85] 刘洪滨. 我国海水淡化和海水直接利用事业前景的分析[J]. 海洋技术学报，1995，14(4)：73-78.

[86] 尤作亮. 海水直接利用及其环境问题分析[J]. 给水排水，1998(3)：64.

[87] 籍国东，姜兆春，赵丽辉，等. 海水利用及其影响因素分析[J]. 地理研究，1999，18(2)：191-198.

[88] 高培然. 天津滨海新区海水利用管理研究[D]. 天津：天津大学，2009.

[89] 刘崇义. 缓解水源紧缺的最佳选择——谈青岛市的海水直接利用[J]. 海岸工程，1996(1)：29-33.

[90] 刘崇义，高仁先. 滨海城市缓解水源紧缺的最佳选择——谈青岛市的海水直接利用[J]. 山东水利，1997(1)：41-43.

[91] 赵建民. 蓬勃发展的国外海水直接利用技术——二论海水直接利用技术[J]. 海洋技术，1992(1)：76-79.

[92] 邬晓龄，黄肖容，邓尧. 海水淡化技术现状及展望[J]. 当代化工，2012(9)：964-966.

[93] 胡玲. 海水淡化高效预处理及其联用工艺研究[D]. 上海：同济大学，2008.

[94] 肖胜楠. 水电联产海水淡化系统的生产调度[D]. 青岛：中国海洋大学，2013.

[95] 王慧敏. 多级闪蒸水电联产集成系统的模拟与优化[D]. 青岛：中国海洋大学，2011.

[96] 袁俊生，纪志永，陈建新. 海水化学资源利用技术的进展[J]. 化学工业与工程，2010(2)：110-116.

[97] 刘骆峰，张雨山，黄西平，等. 淡化后浓海水化学资源综合利用技术研究进展[J]. 化工进展，2013(2)：446-452.

[98] 王国强，冯厚军，张凤友. 海水化学资源综合利用发展前景概述[J]. 海洋技术学报，2002(4)：61-65.

[99] 张绪良，谷东起，陈焕珍. 海水及海水化学资源的开发利用[J]. 安徽农业科学，2009，37(18)：8626-8628.

[100] 崔树军，韩惠茹，邓会宁，等. 海水淡化副产浓海水综合利用方案的探讨[J]. 盐科学与化工，2008，37(1)：36-38.

[101] 陈侠，陈丽芳. 浅谈我国浓海水化学资源的综合利用[J]. 盐科学与化工，2008，37(5)：47-50.

[102] 袁俊生，杨利恒，纪志永，等. 功能分离材料在海水化学资源利用中的应用[J]. 化工新型材料，2011，39(12)：1-5，21.

[103] 蔡邦肖. 日本的海水化学资源提取技术研究[J]. 东海海洋，2000.

[104] 杜攀. 影响海水淡化产业发展的两个重要因素[D]. 青岛：中国海洋大学，2013.

[105] 徐丽君，于廷芳，于银亭，等. 海水化学资源镁系产品技术研究与开发中的几个问题[J]. 海洋科学，1998，22(6)：59-63.

[106] 徐丽君，于银亭，殷丽，等. 我国21世纪海水化学资源综合利用技术发展战略[J]. 盐科学与化工，1999(6)：21-25.

[107] 周仲怀，王建华. 我国海水化学资源综合利用技术研究与开发[J]. 海洋科学，1997(2)：59-62.

[108] 李增新，孙云明. 海水化学资源的开发与利用[J]. 化学教育，1998，19(12)：1-3.

[109] 苏佳纯，曾恒一，肖钢，等. 海洋温差能发电技术研究现状及在我国的发展前景[J]. 中国海上油气，2012(4)：88-102.

[110] 光新军，王敏生，李婧，等. 海底工厂——海洋油气开发新技术[J]. 石油科技论坛，2016，35(5)：57-62.

[111] 阳宁，王英杰. 海底矿产资源开采技术研究动态与前景分析[J]. 矿业装备，2012(1)：54-57.

[112] "中国海洋工程与科技发展战略研究"海洋生物资源课题组. 蓝色海洋生物资源开发战略研究[J]. 中国工程科学，2016，18(2)：40-48.

[113] 莫杰，肖菲. 世界深海技术的发展[J]. 海洋地质前沿，2012，28(6)：65-70.

[114] 董冰洁. 我国海洋多金属矿产资源研究现状及战略性开发前景[J]. 世界有色金属，2016(6)：168-169.

[115] 隆颜徽. 我国海洋风能资源开发利用现状与前景分析[J]. 低碳世界，2016(4)：194-195.

[116] 周庆伟，白杨，张松，等. 海洋盐差能资源调查与评估方法探讨[J]. 海洋开发与管理，2016，33(1)：82-85.

[117] 郑崇伟，黎鑫，陈璇，等. 经略21世纪海上丝路：海洋资源、相关国家开发状况[J]. 海洋开发与管理，2016(3)：3-8.

[118] 王春华. 人类移居海洋的伟大构想[J]. 科学24小时，2010(7)：18-19.

[119] 杜立彬，李正宝，刘杰，等. 海底观测网络关键技术研究进展[J]. 山东科学，2014，27(1)：1-8.